Entwicklung technisch - wirtschaftlich optimierter regionaler Entsorgungsalternativen

Wirtschaftswissenschaftliche Beiträge

Band 1: Christof Aignesberger
Die Innovationsbörse als Instrument zur Risikokapitalversorgung innovativer mittelständischer Unternehmen
1987. 326 Seiten. Brosch. DM 69,-
ISBN 3-7908-0384-7

Band 2: Ulrike Neuerburg
Werbung im Privatfernsehen
1988. 302 Seiten. Brosch. DM 69,-
ISBN 3-7908-0391-X

Band 3: Joachim Peters
Entwicklungsländerorientierte Internationalisierung von Industrieunternehmen
1988. 165 Seiten. Brosch. DM 49,-
ISBN 3-7908-0397-9

Band 4: Günther Chaloupek
Joachim Lamel und Josef Richter (Hrsg.)
Bevölkerungsrückgang und Wirtschaft
1988. 478 Seiten. Brosch. DM 98,-
ISBN 3-7908-0400-2

Band 5: Paul J. J. Welfens und Leszek Balcerowicz (Hrsg.)
Innovationsdynamik im Systemvergleich
1988. 466 Seiten. Brosch. DM 90,-
ISBN 3-7908-0402-9

Band 6: Klaus Fischer
Oligopolistische Marktprozesse
1988. 169 Seiten. Brosch. DM 55,-
ISBN 3-7908-0403-7

Band 7: Michael Laker
Das Mehrproduktunternehmen in einer sich ändernden unsicheren Umwelt
1988. 209 Seiten. Brosch. DM 58,-
ISBN 3-7908-0413-4

Band 8: Irmela von Bülow
Systemgrenzen im Management von Institutionen
1989. 278 Seiten. Brosch. DM 69,-
ISBN 3-7908-0416-9

Band 9: Heinz Neubauer
Lebenswegorientierte Planung technischer Systeme
1989. 183 Seiten. Brosch. DM 55,-
ISBN 3-7908-0422-3

Band 10: Peter Michael Sälter
Externe Effekte: „Marktversagen" oder Systemmerkmal?
1989. 196 Seiten. Brosch. DM 59,-
ISBN 3-7908-0423-1

Band 11: Peter Ockenfels
Informationsbeschaffung auf homogenen Oligopolmärkten
1989. 163 Seiten. Brosch. DM 58,-
ISBN 3-7908-0424-X

Band 12: Olaf Jacob
Aufgabenintegrierte Büroinformationssysteme
1989. 177 Seiten. Brosch. DM 55,-
ISBN 3-7908-0430-4

Band 13: Johann Walter
Innovationsorientierte Umweltpolitik bei komplexen Umweltproblemen
1989. 208 Seiten. Brosch. DM 59,-
ISBN 3-7908-0433-9

Band 14: Detlev Bonneval
Kostenoptimale Verfahren in der statistischen Prozeßkontrolle
1989. 180 Seiten. Brosch. DM 55,-
ISBN 3-7908-0440-1

Band 15: Thomas Rüdel
Kointegration und Fehlerkorrekturmodelle
1989. 138 Seiten. Brosch. DM 49,-
ISBN 3-7908-0441-X

Band 16: Konrad Rentrup
Heinrich von Storch, das „Handbuch der Nationalwirthschaftslehre" und die Konzeption der „inneren Güter"
1989. 146 Seiten. Brosch. DM 55,-
ISBN 3-7908-0445-2

Band 17: Manfred A. Schöner
Überbetriebliche Vermögensbeteiligung
1989. 417 Seiten. DM 98,-
ISBN 3-7908-0446-0

Band 18: Paulo Haufs
DV-Controlling
1989. 166 Seiten. DM 55,-
ISBN 3-7908-0447-9

Band 19: Rainer Völker
Innovationsentscheidungen und Marktstruktur
1989. 221 Seiten. Brosch. DM 65,-
ISBN 3-7908-0452-5

Band 20: Petra Bollmann
Technischer Fortschritt und wirtschaftlicher Wandel
1989. 184 Seiten. Brosch. DM 59,-
ISBN 3-7908-0453-3

Band 21: Franz Hörmann
Das Automatisierte, Integrierte Rechnungswesen
1989. 408 Seiten. Brosch. DM 89,-
ISBN 3-7908-0454-1

Band 22: Winfried Böing
Interne Budgetierung im Krankenhaus
1990. 274 Seiten. Brosch. DM 69,-
ISBN 3-7908-0456-8

Band 23: Gholamreza Nakhaeizadeh und Karl-Heinz Vollmer (Hrsg.)
Neuere Entwicklungen in der Angewandten Ökonometrie
1990. 248 Seiten. Brosch. DM 68,-
ISBN 3-7908-0457-6

Band 24: Thomas Braun
Hedging mit fixen Termingeschäften und Optionen
1990. 167 Seiten. Brosch. DM 55,-
ISBN 3-7908-0459-2

Band 25: Georg Inderst, Peter Mooslechner und Brigitte Unger (Hrsg.)
Das System der Sparförderung in Österreich
1990. 126 Seiten. Brosch. DM 55,-
ISBN 3-7908-0461-4

Band 26: Thomas Apolte und Martin Kessler (Hrsg.)
Regulierung und Deregulierung im Systemvergleich
1990. 313 Seiten. Brosch. DM 79,-
ISBN 3-7908-0462-2

Band 27: Joachim Lamel/Michael Mesch/Jiři Skolka (Hrsg.)
Österreichs Außenhandel mit Dienstleistungen
1990. 335 Seiten. Brosch. DM 79,-
ISBN 3-7908-0467-3

Fortsetzung auf Seite 240

Rudolf Hammerschmid

Entwicklung technisch-wirtschaftlich optimierter regionaler Entsorgungsalternativen

Dargestellt für Reststoffe aus der Rauchgasreinigung für Baden-Württemberg

Mit 40 Abbildungen

Physica-Verlag Heidelberg

Reihenherausgeber
Werner A. Müller

Autor
Dipl.-Ing. Dr. Rudolf Hammerschmid
Institut für Industrielle Produktion
Universität Karlsruhe
Hertzstraße 16
D-7500 Karlsruhe 21

ISBN 978-3-7908-0499-7 ISBN 978-3-642-52076-1 (eBook)
DOI 10.1007/978-3-642-52076-1

CIP-Titelaufnahme der Deutschen Bibliothek

Hammerschmid, Rudolf:
Entwicklung technisch-wirtschaftlich optimierter regionaler Entsorgungsalternativen: dargestellt für Reststoffe aus der Rauchgasreinigung für Baden-Württemberg / Rudolf Hammerschmid. - Heidelberg: Physica-Verl., 1990
(Wirtschaftswissenschaftliche Beiträge; 37)
ISBN 978-3-7908-0499-7
NE: GT

7120/7130-543210

Vorwort

Wenn uns die 60er Jahre durch die Aktivitäten des Club of Rome klar gemacht haben, daß die irdischen Rohstoffquellen begrenzt sind, so machten uns die 80er klar, daß die Oberfläche der Erde und die Atmosphäre nur eine begrenzte Aufnahmefähigkeit für feste, flüssige und gasförmige Reststoffe haben. Die logische Lösung des Problems liegt in der Rückkehr zu geschlossenen Kreisläufen, wie sie die Natur für alle Prozesse in menschlich relevanten Zeitabschnitten nutzt.

Vermeidung, Verwertung und Recycling sind die aktuellen Ausdrücke für diese Rückkehr in den natürlichen Kreislauf, der das Problem der Rohstoffbeschaffung und der Abfallbeseitigung löst. Der Weg dahin scheint mit Einsatz moderner Technik durchaus gangbar, er ist aber mit wirtschaftlichen und politischen Schwierigkeiten gespickt.

Die vorliegende Arbeit befaßt sich mit der methodischen Planung regional vernetzter Stofffluß–Umwandlungsstrukturen, die auf eine möglichst wirtschaftliche und weitgehende Verwertung von Reststoffen abzielen. Speziell werden Reststoffe aus der Rauchgasreinigung betrachtet, die bei Anlagen zur Verbrennung fossiler Energieträger anfallen. Dazu erfolgt auch die Entwicklung optimierter Entsorgungsalternativen für das Land Baden–Württemberg.

Aufgebaut wurde auf einem umfangreichen Forschungsprojekt, das im Auftrag des Umweltministeriums Baden–Württemberg am Institut für Industrielle Produktion der Universität Karlsruhe (TH) in den Jahren 1987–1990 durchgeführt wurde.

Für das Ermöglichen der Forschungsarbeiten, die vielfältigen Anregungen und die Übernahme des Hauptreferates gilt mein besonderer Dank Herrn Prof. Dr. O. Rentz. Ebenso danke ich Herrn Prof. Dr. W. Domschke für die wertvollen Verbesserungsvorschläge zum Planungsmodell und Lösungsverfahren sowie für das Korreferat, wofür ich auch Herrn Prof. Dr. G. Strassert verbunden bin. Weiterhin danken möchte ich neben anderen besonders meinen Kollegen Dipl.-Ing. K. H. Gruber und Dipl.-Min. R. Winkler für die vielen konstruktiven Diskussionen und die stetige Hilfsbereitschaft sowie den Herren Dipl.-Wi.-Ing. H.-J. Stauss und Dipl.-Wi.-Ing. P.-W. Zahnow für die mühsamen Softwareentwicklungen. Nicht zuletzt ist diese Arbeit zustande gekommen, weil Gertrude Schlemmer mit großer Sorgfalt das Manuskript schrieb und verständnisvoll die Entbehrungen der letzten Jahre auf sich nahm.

Karlsruhe, im Juni 1990 Rudolf Hammerschmid

Inhaltsverzeichnis

1 ZUSAMMENFASSUNG 1

2 GEGENSTAND UND AUFBAU DER UNTERSUCHUNG 5

2.1 Einleitung und Problemstellung 5

2.2 Zielsetzung und Vorgehensweise 9

3 ANALYSE DER EINFLUSSFAKTOREN AUF DIE ENTSORGUNG 12

3.1 Träger und Durchführung der Planung von Entsorgungsalternativen 12

3.2 Gesetzliche Vorgaben und Rechtsgrundlagen 17

3.2.1 Bundes-Immissionsschutzgesetz (BImSchG, 1985) . . . 17

3.2.2 Abfallgesetz (AbfG, 1986) 17

3.2.3 Gesetzliche Anforderungen an Errichtung und Betrieb von Reststoffaufbereitungsanlagen 21

3.2.4 Bodenschutzkonzeption (BSK, 1985) 22

3.2.5 Prioritäten der Entsorgung 23

3.3 Entsorgungsstruktur 24

3.3.1 Grundstruktur, Reststoffklassifizierung und Entsorgungsfunktionen 24

3.3.2 Entsorgungsweg und Entsorgungsalternative 27

3.3.3 Reale Entsorgungsstrukturen und Marktbeziehungen . 29

3.4 Einflußfaktoren auf den Reststoffanfall 37

3.4.1 Brennstoffe und Emissionen 37

3.4.2 Emissionsgrenzwerte 43

3.4.3 Emissionsminderungstechnik 45

3.5 Einflußfaktoren auf das Verwertungspotential 50

4 KONZEPTION UND BEWERTUNG VON TECHNISCHEN ENTSORGUNGSWEGEN 55

4.1 Einleitung 55

4.2 Technische Entsorgungswege für Steinkohlenflugasche aus Rostfeuerungen . . . 57

4.3 Technische Entsorgungswege für Wirbelschichtaschen . . . 62

4.4 Technische Entsorgungswege für Trockenadditivreststoffe . . . 67

4.4.1 Calcium–Trockenadditivreststoff . . . 67

4.4.2 Alkali–Trockenadditivreststoff . . . 70

4.5 Technische Entsorgungswege für hochcalciumsulfithaltige Reststoffe . . . 75

4.5.1 Sprühabsorptionsreststoff und Trockensorptionsreststoff aus Strömungsreaktor . . . 75

4.5.2 Calciumsulfit-/Calciumsulfatschlamm . . . 81

4.6 Technische Entsorgungswege für hochcalciumsulfathaltige Reststoffe . . . 83

4.6.1 Trockensorptionsreststoff (Schüttgut–Tiefbett–Reaktor) 83

4.6.2 REA–Gips . . . 86

4.7 Technische Entsorgungswege für Alkaliwäschereststoffe . . . 88

4.8 Transportsysteme . . . 91

4.9 Lagersysteme . . . 95

5 ENTWICKLUNG EINES PLANUNGSMODELLS ZUR ERSTELLUNG REGIONALER ENTSORGUNGSALTERNATIVEN **99**

5.1 Aggregationen und Abbildungen . . . 99

5.1.1 Quellen- und Senkenstruktur . . . 99

5.1.2 Abbildung der Reststoffaufbereitung . . . 100

5.1.3 Spezifische Transportkosten und Transportentfernung 109

5.2 Problemformulierung und Modellbildung . . . 111

5.2.1 Entsorgungsalternativen und Entsorgungsweginterdependenzen . . . 111

5.2.2 LP–Formulierung des Planungsmodells . . . 115

5.2.3 LP–Formulierung des modifizierten Planungsmodells . 122

5.2.4 Formulierung des modifizierten Planungsmodells als Netzwerkflußproblem . . . 128

5.2.5 Einbeziehung des Umweltparameters 132
5.3 Verfahren zur Lösung gemischt-ganzzahliger Probleme 136
5.3.1 Dekomposition des modifizierten Planungsmodells . . 136
5.3.2 Branch-and-Bound Verfahren 139
5.3.3 Dekompositionsverfahren von Benders 142
5.4 Spezielles Verfahren zur Generierung guter Lösungen 142
5.4.1 Ausgangssituation und Lösungsweg 143
5.4.2 Problemgröße 145
5.4.3 Superpositions-Verfahren 146
5.4.4 B&B-Verfahren 154
5.4.5 Prozeduren zum B&B-Verfahren 164
5.4.6 Optimierungsstrategie 169
5.5 Der quantitative Planungsprozeß 172
5.5.1 Ablauf und Struktur der quantitativen Planung 172
5.5.2 Implementierung des Planungsmodells 175

6 ZUR AUSWAHL POTENTIELLER AUFBEREITUNGS-STANDORTE 177

6.1 Zielsetzung 177
6.2 Methode zur Standortauswahl 178
6.2.1 Standortfaktoren 178
6.2.2 Vorgehensweise 180
6.3 Wesentliche Planungsgrundlagen 185

7 ANWENDUNG DES PLANUNGSMODELLS FÜR BADEN-WÜRTTEMBERG 187

7.1 Ausgangssituation in Baden-Württemberg 187
7.1.1 Bereich - Großfeuerungsanlagen 187
7.1.2 Bereich - TA Luft-Feuerungsanlagen 191
7.2 Relevante Entsorgungsstrukturen 195
7.2.1 Reststoffanfall - Anfallszenarien 195

7.2.2 Technische Entsorgungswege und Aufbereitungsstandorte . . . 199

7.2.3 Verwertungsmöglichkeiten . . . 203

7.3 Ausgewähltes Planungsszenario . . . 205

7.3.1 Entsorgungsstruktur und technische Entsorgungswege 206

7.3.2 Entsorgungsalternativen . . . 208

7.3.3 Stoffströme und Entsorgungskosten für Alternative–4 211

8 ERKENNTNISSE AUS DER MODELLANWENDUNG UND AUSBLICK 217

9 LITERATURVERZEICHNIS 220

10 ABKÜRZUNGSVERZEICHNIS UND ANHANG 233

1 ZUSAMMENFASSUNG

Die Beherrschung der Umweltbelastung, die insbesondere in industrialisierten Regionen mit hoher Bevölkerungsdichte aus Energieverbrauch und der Umwandlung bzw. Nutzung von Stoffen/Produkten resultiert, ist in der Gegenwart bekanntlich eine besondere Herausforderung. Zur Eindämmung dieser Umweltbelastung wurde vielfach eine Reihe von Gegenmaßnahmen ergriffen, die mit Vokabeln wie Emissionsminderung, Ressourcenschonung, Recyclinggebot, Exportverbot für Abfälle etc. verbunden sind. Ein weiterer wesentlicher Aspekt ist in diesem Zusammenhang die transmediale Problemverlagerung, die hier die mit einer umfassenden Rauchgasreinigung verbundenen Abwasser- und Abfallprobleme meint. So z. B. stieß die Novellierung der TA Luft 1986 insbesondere auf die ungelösten Entsorgungsprobleme für Reststoffe aus einer Rauchgasreinigung.

Speziell der Einsatz fossiler Energieträger in den Bereichen öffentliche Energieversorgung und Industrie führt über den Zwang zur Emissionsminderung (Rauchgasreinigung) zur erheblichen Abwasser- und Abfallfolgeproblemen. Beispielsweise fallen in der Bundesrepublik Deutschland derzeit pro Jahr 14 Mio. t Reststoffe, darin 3 Mio. t REA-Gips, aus der Rauchgasreinigung fossil befeuerter Kraftwerke der öffentlichen Energieversorgung, die der Großfeuerungsanlagenverordnung unterliegen, an. In Baden-Württemberg sind dies entsprechend 0,6 bzw. 0,25 Mio. t pro Jahr.

Für den Bereich der Feuerungsanlagen, die der TA Luft unterliegen und deren Anzahl wesentlich größer ist (z. B. in Baden-Württemberg: 46 Großanlagen nach Großfeuerungsanlagenverordnung gegenüber 950 Anlagen nach TA Luft) ist die künftige Entsorgung der Reststoffe aus der Rauchgasreinigung, die bis zu 400.000 t pro Jahr betragen können, bislang ungelöst. Die Unbekannten in diesem Zusammenhang sind im wesentlichen:

- eingesetzte Rauchgasreinigungsverfahren in Abhängigkeit der künftigen Emissionsgrenzwert- und Brennstoffpreis-Entwicklung,
- resultierender Reststoffanfall (Art, Menge, Qualitäten),
- Konzeption und Umsetzung einer regionalisierten Entsorgungsstruktur.

Diese Ausgangslage führt für die vorliegende Arbeit zur folgender **Problemstellung:**

Für Baden–Württemberg ist ein Entsorgungskonzept für die Reststoffe aus der Rauchgasreinigung von TA Luft–Anlagen zu entwickeln, das auf eine wirtschaftliche und möglichst weitgehende Verwertung der Reststoffe abzielt.

Hierzu wurde folgender **Lösungsweg** eingeschlagen:

Für den Bereich der TA Luft–Anlagen wurde erstmalig das Entsorgungspotential regionalisiert geschätzt. Da aber wegen der Qualitäten/Mengen der in diesem Bereich anfallenden Reststoffe eine direkte Verwertung in gängigen Produktionsbereichen (wie Zementindustrie, Betonwarenindustrie, ...) nicht möglich ist, wurden technische und logistische Entsorgungswege neu entwickelt, die auch eine Aufbereitung in sogenannten Aufbereitungszentren beinhalten. Wesentliche Komponenten dieser technischen Basisarbeiten waren u. a. aufbauend auf Prozeßanalysen die Erstellung von entsorgungswegspezifischen Stoffbilanzen sowie die ökonomische Bewertung dieser neuen Techniken über Investitionen und/oder Kosten, um so zu einer hinreichend zuverlässigen Datenbasis zu gelangen.

Bisher übliche OR–Modelle sind für die Generierung von Entsorgungskonzept–Lösungen (d. h. regionalisierte Anfallorte/Quellen, regionalisierte Verwertungsorte/Senken und dazwischen eine optimierte Stofffluß–Umwandlungs–Netzwerkstruktur) nicht geeignet. Daher wurde ein neues Modell erstellt, das als spezielles Standortverteilungsproblem erstmalig für die Entsorgungsproblematik die Interdependenz von Stoffströmen abbildet und zu Flußmustern/Standortmustern/Entsorgungsmustern führt. Das neu entwickelte Modell ist ein gemischt ganzzahliges linearisiertes Optimierungsproblem.

Es zeigte sich indessen, daß mit bekannten Algorithmen Lösungen des formulierten Optimierungsproblemes nicht generierbar waren. Daher wurden auch algorithmische Weiterentwicklungen betrieben, die mit Hilfe eines Superpositionsverfahrens nach einer entwickelten Optimierungsstrategie zu Subproblemen führen, die dann mit Branch&Bound–Verfahren lösbar sind.

Letztendlich wurde das entwickelte Instrumentarium auf den Fall Baden–Württemberg angewandt.

Als wesentliche **Ergebnisse** sind festzuhalten:

Methodisch entspricht das entwickelte Modell einem sogenannten zweistufigen kapazitierten Ware–house–Location–Problem (WLP), das durch folgende Merkmale gekennzeichnet ist:

1. Bei der Aufbereitung finden **Stoffumwandlungen** statt, die in Abhängigkeit des technischen Entsorgungsweges zu Massenveränderungen zwischen der antransportierten Reststoffmenge und der abtransportierten Endproduktmenge führen.

2. Die **Kosten der Aufbereitung** sind vom Reststofftyp, von der Aufbereitungstechnik, vom Standort, von der Anlagengröße (Kapazitätsbereich) und von den Stoffströmen (d. h. von der Entsorgungsalternative) abhängig.

3. Das Problem umfaßt **mehrere Reststoffe**, die voneinander abhängig sind, und zwar in bezug auf die Stoffströme (Stoffstromzusammenführungen) und auf die Aufbereitungskosten.

4. Durch die in einer Entsorgungsalternative begrenzte Anzahl von Aufbereitungsstandorten besteht eine sogenannte **Konfigurationsbedingung**.

5. Die **Transportkosten** sind für die jeweilige Transportart von der Transportentfernung **linear** abhängig.

Über die angeführten Merkmale hinaus existiert noch der Unterschied zu herkömmlichen Ansätzen, daß bei WLP üblicherweise eine Nachfrage nach Gütern befriedigt wird, hier aber die anfallenden Reststoffe vollständig entsorgt werden müssen. Darüber hinaus besteht auch noch die Forderung, daß die Verwertung Priorität besitzt und demnach ein höchstmöglicher Anteil des Reststoffanfalls zu verwerten ist.

Faktisch ergibt sich für Baden–Württemberg: Ein komplettes technisch-wirtschaftlich optimiertes Entsorgungskonzept (Anfallorte, Verwertungsorte, Aufbereitungsstandorte, regionalisierte Stoffstromstrukturen, Kosten) liegt nun erstmalig vor. Es ist u. a. dadurch charakterisiert, daß Aufbereitungszentren vor allem im Dreieck Stuttgart – Heilbronn – Karlsruhe anzusiedeln sind. Weiter sind die entwickelten Entsorgungsalternativen durch relativ wenige Standorte mit großen Einzugsbereichen gekennzeichnet, da die Transportkosten in der Regel im Bereich zwischen 10 – 35 % der Aufbereitungskosten liegen. Ferner ergeben sich in Abhängigkeit vom Reststofftyp Gesamtentsorgungskosten bis zu 300 DM/t.

Damit ist auch eine wesentliche Grundlage geschaffen für eine künftige verwertungsorientierte Steuerung von Reststoffströmen bzw. für ein "Recycling" in Baden-Württemberg.

2 GEGENSTAND UND AUFBAU DER UNTERSUCHUNG

2.1 Einleitung und Problemstellung

Die Zunahme der Luftverschmutzung durch antropogen freigesetzte Stoffe hat in den letzten fünfzehn Jahren in der politischen und gesellschaftlichen Diskussion eine kontinuierliche Bedeutungssteigerung erfahren. Diese Entwicklung wurde vor allem durch das auftretende Phänomen der "neuartigen Waldschäden" (FBW, 1986) sowie von Gesundheitsschäden (Schmitt, 1987; Schmidt et al., 1987; BLU, 1984), die vermehrt auf den Einfluß der Luftschadstoffbelastung zurückzuführen sind, verstärkt.

Als Folge davon wurden auf dem Gebiet der Luftreinhaltung große Anstrengungen zur Verbesserung der Situation initiiert, wobei neben anderen die Stoffe Staub, Schwefeldioxide und Stickstoffoxide im Vordergrund standen und stehen. [1]

In der Bundesrepublik Deutschland wurden die neu formulierten Zielsetzungen der Luftreinhaltepolitik im wesentlichen durch eine drastische Herabsetzung der Emissionsgrenzwerte konkretisiert. Diese sind für Feuerungsanlagen der Industrie sowie der öffentlichen Energieversorgung, die zusammen die Hauptemittenten von Staub und Schwefeldioxid sind, durch die Verordnung über Großfeuerungsanlagen (GFAVO, 1983), die novellierte Technische Anleitung zur Reinhaltung der Luft (TA LUFT, 1986) sowie länderspezifischen Vereinbarungen zwischen Anlagenbetreibern und Administration festgelegt (SMBW, 1983; SMBW, 1984; SMBW, 1986).

Die dadurch notwendige Implementierung von Emissionsminderungsmaßnahmen im Bereich Kraftwerke und Industriefeuerungen wird bis zum Jahre 1995 das Emissionsniveau in der Bundesrepublik Deutschland gegenüber 1986 für Staub um ca. 30 %, für Schwefeldioxid um ca. 75 % und für Stickstoffoxid um ca. 55 % vermindern (Immissionsschutzbericht, 1988). Darüber hinaus ist bereits ein Ansatz für eine weitergehende Emissionsminderung in den angesprochenen Regelwerken durch die Dynamisierung, die eine Ausschöpfung der Möglichkeiten zur Emissionsminderung in Abhängigkeit vom technischen Fortschritt verlangt, festgelegt. Dieser Ansatz wird mittelfristig vor allem bei kleinen und mittleren Anlagengrößen zum Tragen kommen.

---

[1] Zusehends erweitert sich die Diskussion bzw. die Aktivitäten auch auf flüchtige organische Verbindungen sowie Kohlenmonoxid und Kohlendioxid.

Ausgehend von dem Problembereich Luftreinhaltung ergibt sich in der Folge eine teilweise Problemverlagerung zu den Medien Boden und Wasser, da die Rauchgasreinigung bei Feuerungsanlagen, die auf chemischen und/oder physikalischen Verfahren basiert, einerseits eine Aufspaltung der Stoffströme (Teilströme) und andererseits eine Umwandlung in verschiedene Aggregatzustände/Reststoffe verursacht.[2] Damit ergibt sich das in Abbildung 1 dargestellte System, welches innerhalb gewisser Grenzen und unter Berücksichtigung vorgegebener Beschränkungen variierbar ist.

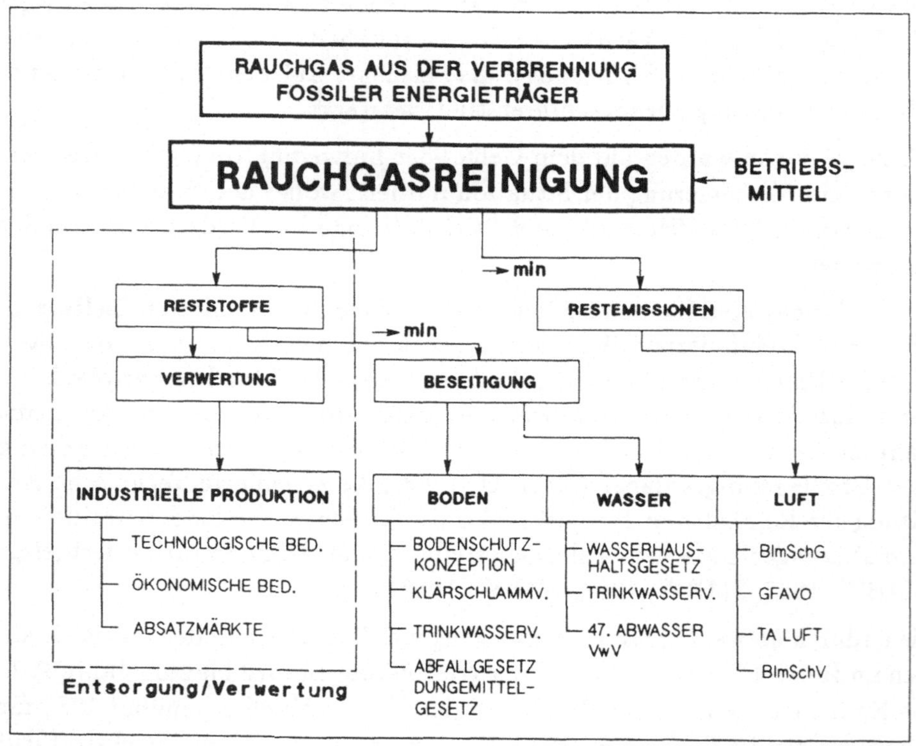

Abbildung 1: Systemdarstellung der Stoffströme unter Berücksichtigung von Rahmenbedingungen (UMBW, 1988)

Das erklärte umweltpolitische Ziel ist, die Belastung der Luft sowie von Wasser und Boden durch das Gebot der Vermeidung und Verwertung (AbfG,

[2]Der Anfall von Reststoffen bezieht sich praktisch nur auf die Staubabscheidung und Entschwefelung, da für die Stickstoffoxidminderung von Rauchgasen fast ausschließlich SCR-Anlagen eingesetzt werden und diese im Betrieb keinen direkten Reststoffanfall verursachen.

1986) zu minimieren und darüber hinaus lokale und temporale Problemverschiebungen zu vermeiden. Dies bedeutet, die Stoffströme so auszuwählen und durch das System zu schleusen, daß sowohl möglichst wenige umweltbelastende Komponenten (in allen 3 Medien) entstehen, als auch ein möglichst großer Anteil der Stoffströme als Wirtschaftsgut einer Verwertung zugeführt wird. Insofern werden die Rauchgasreinigung (Verfahrenswahl, Auslegung etc.), die Umwandlungsstufen von Reststoffen in Wirtschaftsprodukte sowie die Aufbereitung nicht verwertbarer Produkte durch die gesetzten Rahmenbedingungen für die Medien Luft, Wasser, Boden mitbestimmt. Eine solche umfassende Konzeptentwicklung bzw. ein so umfassender Optimierungsansatz für Rauchgasreinigung und Entsorgung muß notwendigerweise regionalisiert vorgenommen werden, da lokale Optima (bezogen auf eine Anlage) und überregionale Optima möglicherweise verschieden sind. Diese Konzeptentwicklung ist bisher als Globalansatz noch nicht erfolgt.

Der Rahmen für die Problemstellung dieser Arbeit ist die Konzeption guter Lösungen für das Subsystem "Entsorgung der Reststoffe". [3] Dafür ist von grundlegender Bedeutung, welche Diskrepanzen zwischen der Anfallcharakteristik der Reststoffe einerseits und der Anforderungscharakteristik der relevanten Entsorgungsmöglichkeiten andererseits bestehen. Die Charakteristiken heben im wesentlichen auf die Kriterien[4] Stoffart, Qualität, Menge, Ort, Zeit und Preis ab.

Zur Überwindung diesbezüglicher Unterschiede bestehen in der Regel jeweils mehrere Möglichkeiten, die für die Konzeption der Aufbau- und Ablauforganisation von regionalen Entsorgungsalternativen[5] zur Verfügung stehen. Im Hinblick auf die Verwertung der Reststoffe sind meist eine Aufbereitung zur Verbesserung der Stoffqualität sowie ein Transport erforderlich. Demzufolge nehmen die Fragen der Standortwahl und der Größe der Aufbereitungsanlagen eine zentrale Stellung im Planungsprozeß ein.

Die Entwicklung einer regional-vernetzten Entsorgungslogistik[6] ist vor allem dann unabdingbar, wenn es aus technisch-wirtschaftlichen Gründen sinnvoll ist, relativ viele Reststoffanfallstellen (Quellen) und/oder Reststoffverwertungsstellen (Senken) in ein Entsorgungskonzept einzubeziehen. Denn gerade die Entsorgungskosten, die sich im wesentlichen aus den

---

[3] Entsorgung wird hier als Oberbegriff für die Verwertung und die Beseitigung verwendet (vgl. Abbildung 3, Abschnitt 3.2.2).

[4] Zur Definition der Kriterien siehe Abschnitt 3.3.1

[5] Zur Definition des Begriffes "Regionale Entsorgungsalternative" siehe Abschnitt 3.3

[6] Der Aspekt der Regionalisierung in bezug auf die Entsorgung wird auch im § 6 Abs. 1 AbfG (1986) im Hinblick auf einen kontrollierbaren und besseren Umweltschutz und einen effizienten Einsatz der verfügbaren Mitteln betont.

Transport-, Lager- und Aufbereitungskosten zusammensetzen, sind kein vernachlässigbarer Anteil an den Emissionsminderungskosten.

Der Stellenwert von wirtschaftlich möglichst effizienten Lösungen, die auch umweltpolitischen Zielen weitgehend entsprechen, liegt insbesondere auch in der Langfristigkeit der damit verbundenen Entscheidungen[7] sowie dem Bestreben, eine wirtschaftlich selbsttragende Entsorgung aufzubauen.

Eine sachbezogene Abgrenzung dieser Arbeit erfolgt auf jene Reststoffe aus Rauchgasreinigungsanlagen, die im Betrieb kontinuierlich bzw. periodisch anfallen (vgl. Tabelle 1).

Tabelle 1: Formen des Reststoffanfalls aus der Rauchgasreinigung (Beispiele)

zeitlicher Verlauf Weg[1)]	kontinuierlich bzw. periodisch	diskontinuierlich bzw. stochastisch
direkt	- REA-Reststoff - Flugasche - REA-Abwasser	- Gips-Fehlchargen - SCR-Katalysator - "Störfälle"
indirekt	- NH_3-Verbindungen in Flugasche oder REA-Reststoffen	- NH_3-Verbindungen in LUVO-Waschwasser

1) Der "Weg" kennzeichnet, ob ein Reststoff von anderen Reststoffen getrennt (direkt) oder vermischt (indirekt) anfällt.

Hinsichtlich der Größe eines Planungsgebietes in bezug auf die Regionalisierung wird, insbesondere auch aus politischen und administrativen Gründen, ein Gebiet in der Größe eines durchschnittlichen Bundeslandes der Bundesrepublik Deutschland zugrundegelegt.

[7]Die Anlagen zur Emissionsminderung, Aufbereitung und mit Ausnahmen auch zur Verwertung sind stationär und haben eine Nutzungsdauer von 10 – 20 Jahren. Dadurch verursachen sie eine langfristige Kapitalbindung.

2.2 Zielsetzung und Vorgehensweise

Das Ziel dieser Arbeit ist, für die Erstellung von regionalen Entsorgungsalternativen für Reststoffe aus der Rauchgasreinigung eine Methode zur strukturierten Planung von guten Lösungen[8] zu entwickeln. Voraussetzung dafür ist, daß die gesetzlichen Vorgaben erfüllt und die Ziele des Umweltschutzes – d. h. Minimierung der Umweltbelastungen – adäquat integriert werden.

Im wesentlichen müssen für die Konzeption der Entsorgungsalternativen, die vor allem durch ihre Aufbau- und Ablauforganisation charakterisiert sind, folgende technische und logistische Fragestellungen simultan beantwortet werden:

- Wo werden welche Reststoffe in welchen Mengen verwertet?
- Welche Techniken zur Aufbereitung sind erforderlich?
- Wo soll diese Aufbereitung erfolgen (Standorte)?
- An welchen Orten fallen welche Mengen zur Deponierung an?
- Welche Einzugsbereiche bezogen auf die Reststoffanfallstellen und welche Entsorgungsbereiche bezogen auf die Verwertungsstellen umfassen die einzelnen Aufbereitungsstandorte?
- Wie und wo sollen der Transport und die Lagerung erfolgen?
- Welche Maßnahmen, Kosten, Stoffströme und infrastrukturelle Auswirkungen sind mit der Entsorgung verbunden?

Anhand der entwickelten regionalen Entsorgungsalternativen sollen auch rationale Grundlagen für weitere Entscheidungen bereitgestellt werden. Insbesondere können im Sinne eines integrierten Umweltschutzes die Aspekte der Reststoffentsorgung bei der Verfahrenswahl und dem Betrieb von Rauchgasreinigungsanlagen entsprechend berücksichtigt werden. Darüber hinaus sollen die Interdependenzen zwischen Reststoffverwertung und der damit verbundenen Substitution natürlicher Rohstoffe auf regionaler Ebene aufgezeigt werden.

Nicht zuletzt soll diese Arbeit einen Beitrag zur Verringerung der Asymmetrie zwischen Produktion einerseits und Entsorgung andererseits liefern.

---

[8] Unter Berücksichtigung der für einen konkreten Planungsfall charakteristischen Parameter bzw. Vorgaben wird eine kostenminimale regionale Gesamtlösung bezogen auf die hier angewendete Methode als gute Lösung bezeichnet.

Die Vorgehensweise und korrespondierend dazu der Aufbau dieser Arbeit gliedert sich im wesentlichen in fünf Teile:

In einem ersten Teil (Kapitel 3) erfolgt ein Überblick über die Träger und Durchführung der Planung von Entsorgungsalternativen, eine Darstellung der von Regelwerken vorgegebenen Leitlinien und Rahmenbedingungen sowie eine Untersuchung der möglichen logistischen Entsorgungsstrukturen. Darauf aufbauend werden für die relevanten Entsorgungsstrukturen die Abhängigkeiten von wesentlichen Einflußgrößen ermittelt. Im weiteren werden diese Einflußgrößen einzeln betrachtet; insbesondere bezieht sich dies auf den Reststoffanfall und die Reststoffverwertungspotentiale.

Von maßgebender Bedeutung für die Entsorgung sind chemisch–technische bzw. stoffbezogene Restriktionen und Möglichkeiten. Dafür wird aufbauend auf einer Reststoffcharakterisierung in Verbindung mit relevanten Entsorgungsoptionen und den notwendigen Aufbereitungsschritten eine Konzeption und Bewertung von technischen Entsorgungswegen[9] durchgeführt (Kapitel 4). Die Bewertung umfaßt primär die Stoffströme und umweltrelevante Kriterien. Des weiteren werden in Kapitel 4 relevante Transport- und Lagersysteme analysiert.

In einem weiteren Schritt erfolgt zur Entwicklung des Planungsmodelles (Kapitel 5) eine Abstraktion des vorliegenden Problems in Form einer LP–Formulierung und einer Formulierung als Zirkulationsflußproblem. Dieses Problem entspricht in der Grundstruktur einem kapazitierten, zweistufigen Standortauswahlproblem, das durch folgende Merkmale charakterisiert ist:

- Stoffumwandlung (Gewichtsveränderung) bei der Aufbereitung
- Kapazitätsklassen bei den Aufbereitungsanlagen
- mehrere Reststoffe
- begrenzte Anzahl von Aufbereitungsstandorten in einer Entsorgungsalternative

Zur Lösung des gemischt–ganzzahligen Optimierungsproblems wird durch Relaxation der Stoffstromabhängigkeiten sowie einer Transformation zur Elimination der Gewichtsveränderungen ein modifiziertes Modell abgeleitet. Dieses modifizierte Modell besitzt die Eigenschaft, daß es durch eine Dekomposition in leichter lösbare Subprobleme zerlegt werden kann. Darauf aufbauend wird ein spezielles Lösungsverfahren entwickelt, das im Rahmen

[9] Zur Definition des Begriffes technischer Entsorgungsweg siehe Abschnitt 3.3.2

eines Superpositionsverfahrens eine Bildung und Reihung von Subproblemen durchführt, zu deren Lösung ein Branch&Bound-Verfahren eingesetzt wird.

In bezug auf die Standorte der Aufbereitung muß im Planungsgebiet eine begrenzte Anzahl potentieller Standorte ausgewählt und für den Planungsprozeß im engeren Sinne bereitgestellt werden. Basierend auf den Standortanforderungen, die sich von den Aufbereitungstechniken ableiten, und unter Berücksichtigung genehmigungsrechtlicher Kriterien wird im Kapitel 6 das Problem der Auswahl von potentiellen Standorten analysiert und eine Vorgehensweise aufgezeigt.

Ein praktisches Planungsbeispiel wird in Kapitel 7 durchgeführt. Dabei soll die entwickelte Planungsmethode für die Reststoffentsorgung in Baden-Württemberg verifiziert und dargestellt werden. Darüber hinaus können durch dieses Beispiel Ergebnisse und Aussagen im Hinblick auf wesentliche Zusammenhänge gewonnen werden.

Abschließend enthält Kapitel 8 wesentliche Erfahrungen aus der Modellanwendung sowie Ansatzpunkte für Verbesserungen und methodische Erweiterungen. Damit sollen auch Anregungen hinsichtlich einer Übertragung auf ähnliche Problemstellungen in anderen Bereichen der Entsorgung erfolgen.[10]

---

[10]Die vorliegende Arbeit stützt sich auf Erkenntnisse und Erfahrungen aus einem umfangreichen Forschungsprojekt, das im Auftrag des Umweltministeriums Baden-Württemberg am Institut für Industrielle Produktion der Universität Karlsruhe (TH) durchgeführt wurde (UMBW, 1988 und 1990). Parallel zu diesem Forschungsprojekt wurde eine Expertenkommission eingesetzt, die die Projektarbeit begleitete und vielfältige Anregungen einbrachte.

3 ANALYSE DER EINFLUSSFAKTOREN AUF DIE ENTSORGUNG

Kennzeichnend für Probleme im Abfallbereich ist, daß im allgemeinen viele Personen, Interessensgruppen, Institutionen, Unternehmen sowie natürliche und künstliche Systeme mit meist ebensovielen unterschiedlichen Interessen tangiert sind. Bei der Entwicklung von Lösungen kommt daher der Analyse von relevanten Strukturen, Abhängigkeiten, gegenseitigen Beziehungen, den konkurrierenden Zielen und den Rahmenbedingungen eine besonders hohe Bedeutung zu. Insbesondere müssen vorhandene Spielräume und Alternativen herausgearbeitet und abgegrenzt werden. Dementsprechend ist es auch denkbar, durch Veränderung von rechtlichen, technischen und wirtschaftlichen Rahmenbedingungen den Lösungsraum so zu beeinflussen, daß den Anforderungen und den Zielen des Umweltschutzes weitgehend entsprochen wird und gleichzeitig die möglichen Lösungen für alle Beteiligten entweder mit eigenem Vorteil verbunden oder zumindest aber zumutbar sind.[11]

Das folgende Kapitel umfaßt einen Überblick des Planungsablaufes und die oben angesprochene Analyse hinsichtlich der wesentlichen Einflußfaktoren und Strukturen mit Ausnahme der Standortwahl im engeren Sinne; auf diese wird im Kapitel 6 eingegangen.

3.1 Träger und Durchführung der Planung von Entsorgungsalternativen

Für den Gesamtplanungsablauf sowie eine zukünftige Umsetzung der Planungsergebnisse sind neben der Problembearbeitung im engeren Sinne vor allem auch die Zuständigkeit und die Form der Mitwirkung entscheidungsrelevanter und betroffener Personen/Gruppen von besonderer Bedeutung, insbesondere deswegen, weil die Planung und auch die Entscheidungsfindung kommunikative und partizipative Prozesse sind.

[11] In diesem Zusammenhang sei beispielsweise auf die Bedeutung der Deponiepreise verwiesen. Erst steigende Deponiepreise durch Knappheit der verfügbaren Deponiekapazitäten oder höhere Anforderungen an die Deponie machen relativ aufwendige Verfahren für ein Reststoffrecycling und auch Reststoffvermeidung wirtschaftlich interessant (Faber, 1988; Pietrzeniuk, 1987).

In bezug auf die Zuständigkeit ist wesentlich, ob die Reststoffe dem objektiven Abfallbegriff[12] unterliegen (vgl. Abschnitt 3.2.2); dann liegt die Erstellung von regionalen Abfallentsorgungsplänen bei den Ländern bzw. deren öffentlichen Körperschaften (§ 6 Abs. 1 AbfG). Andernfalls liegt die Kompetenz bei den an der Entsorgung beteiligten Unternehmen.

Interesse an der Planung der Entsorgung von Reststoffen aus der Rauchgasreinigung haben primär folgende Gruppen:

- Betreiber von Feuerungsanlagen
  Sie sind an der Erfüllung der Pflichten gemäß BImSchG sowie an einer kostengünstigen und sicheren Entsorgung interessiert.

- Anbieter von Emissionsminderungsanlagen
  Da der Reststofftyp und die damit verbundenen Entsorgungsmöglichkeiten wesentlich von der Emissionsminderungstechnik determiniert werden, bestehen nur dann gute Marktchancen, wenn gleichzeitig mit der Anlage auch eine praktikable Reststoffentsorgung offeriert und sichergestellt werden kann.

- Brennstoffanbieter
  Die mit dem Brennstoff eingetragenen Stoffe, wie Asche und Schwefel, sind die eigentlichen Quellen für den nachfolgenden Reststoffanfall, und dementsprechend wird versucht, durch die Übernahme der Entsorgung die brennstoffspezifischen Nachteile zu verringern. Darüber hinaus besteht der logistische Vorteil, mit der Brennstoffversorgung gleichzeitig die Reststoffentsorgung zu koppeln. Im Falle der Kohle bestehen insbesondere auch verschiedene Möglichkeiten der Reststoffverwertung im Bergbau.

- Entsorgungsunternehmen[13]
  Sie versuchen durch das Anbieten der Dienstleistung "Entsorgung" unternehmerische (vorwiegend ökonomische) Ziele umzusetzen. Mit der Planung und Entwicklung von guten Entsorgungslösungen wird insbesondere eine Verbesserung der Effizienz der Leistungserstellung angestrebt.

[12] In der Regel kann jedoch davon ausgegangen werden, daß die Reststoffe in Zukunft weitgehend verwertet werden und daher Wirtschaftsgüter sind.

[13] Unter Entsorgungsunternehmen werden hier solche Firmen verstanden, in deren Zuständigkeitsbereich u. a. der Transport, die Lagerung und vor allem auch die Aufbereitung der Reststoffe liegt.

- Verwertungsunternehmen
  Mit der Verwertung von Reststoffen und der damit einhergehenden Substitution von primären oder sekundären Rohstoffen sind sowohl Chancen als auch Risiken verbunden.[14] Eine Erhöhung der Chancen und eine Verringerung der Risiken ist die Absicht der Verwertungsunternehmen. Dazu trägt die überregionale Entsorgungsplanung wesentlich bei, weil dadurch eine Berücksichtigung von technischen und wirtschaftlichen Anforderungen[15] in sehr hohem Maße ermöglicht wird.

- Administrative Instanzen und politische Entscheidungsträger
  Das primäre Interesse dieser Gruppe ist die Lösung von Abfallproblemen durch weitgehende Verwirklichung der gesetzten Prioritäten und Rahmenbedingungen (vgl. Abschnitt 3.2.5). Eine überregionale Planung, der diese Strategien zugrunde liegen, ist dafür unerläßlich. Besonders auch der Anspruch nach langfristig sicheren Lösungen kann am ehesten mit einer effizienten und wirtschaftlich selbsttragenden Entsorgung erfüllt werden. Nicht zuletzt sollen die Interdependenzen zwischen Luftreinhaltung und Reststoffentsorgung ermittelt werden können, um möglichen Problemverschiebungen vorzubeugen bzw. Entscheidungsgrundlagen dafür bereitzustellen.

Die Durchführung des Gesamtplanungsprozesses, der unter Beteiligung der genannten Gruppen sowie wissenschaftlichen Beratern und Fachplanern erfolgt, kann, wie in der Abbildung 2 dargestellt, in vier Schritte gegliedert werden.[16]

Die einzelnen Schritte sind als logische Einheiten zu verstehen und nicht als eine strenge zeitliche Stufenfolge, obgleich im Zeitablauf der Planung Schwerpunkte auf den einzelnen Schritten liegen[17] (Patzak, 1982; Daenzer, 1986).

Ausgangspunkt ist die *Formulierung der Ziele und Konkretisierung der Rahmenbedingungen*. Dies umfaßt alle Teilziele und Anforderungskriterien sowohl rechtlicher, technischer, wirtschaftlicher als auch ökologischer Art aller beteiligten Gruppen. Auf diesen Grundlagen wird in der Folge die Planung

[14]Darauf wird im Abschnitt 3.5 noch näher eingegangen.

[15]Siehe dazu Abschnitt 3.2

[16]Diese Vorgehensweise wird gegenwärtig auch für die Planung in Baden-Württemberg angewendet (UMBW, 1990).

[17]Es sei darauf hingewiesen, daß im allgemeinen der Gesamtplanungsvorgang erst nach mehrmaligem Durchlaufen der Planungsstufen, d. h. Rücksprünge zu vorstehenden Schritten, abgeschlossen ist. Dies erfolgt u. a. aufgrund der sich ständig verbessernden Daten- und Informationsbasis.

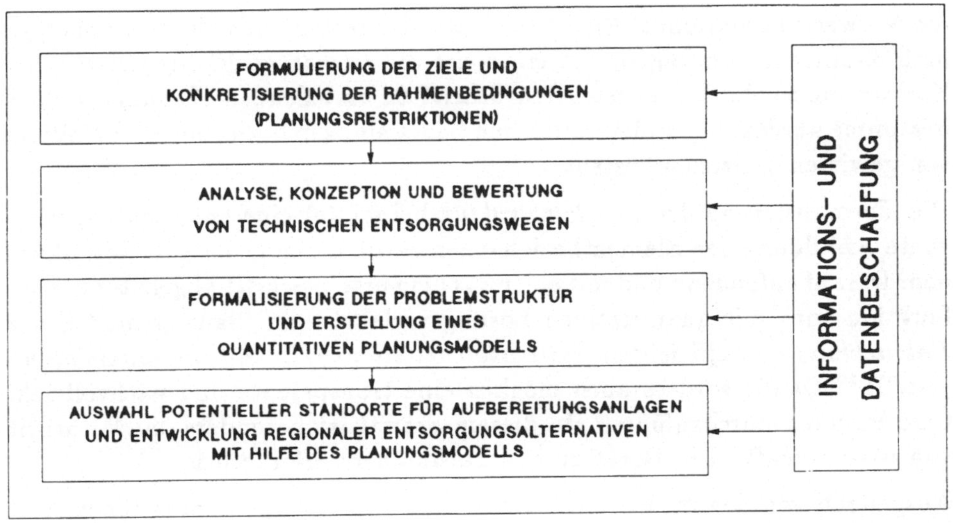

Abbildung 2: Gesamtplanungsprozeß zur Entwicklung von regionalen Entsorgungsalternativen für Reststoffe aus der Rauchgasreinigung

aufgebaut, wobei wegen der quantitativen und qualitativen Heterogenität sowie der Gegensätzlichkeiten der einzelnen Zielvorstellungen es im allgemeinen nicht möglich ist, eine gleichzeitige optimale Erfüllung dieser durchzuführen. Vor allem im Hinblick auf die Erstellung von Alternativen sowie auf eine erfolgreiche Realisierung der Planungsergebnisse erscheint in diesem Zusammenhang eine Optimierung des ökonomischen Zielsystems und eine Erfüllung vorgegebener Anspruchniveaus der anderen Zielsubsysteme sinnvoll.[18] Dies hat darüber hinaus den Vorteil, daß die Operationalisierung erleichtert und der Einsatz quantitativer Verfahren aus dem Bereich des Operations Research ermöglicht wird.

Ein weiterer Schritt ist die *Analyse, Konzeption und Bewertung von technischen Entsorgungswegen.*[19] Dabei sollen unter Berücksichtigung der Ergebnisse des vorhergehenden Schrittes die für die Planung verfügbaren technischen Möglichkeiten und Alternativen erarbeitet werden. Wesentlich dafür sind die im Planungsgebiet anfallenden Reststofftypen und die dort verfügba-

[18]Vgl. Rohrbeck (1979), der eine ausführliche Diskussion des Zielsystems in bezug auf die Standortwahl in der Abfallwirtschaft durchführt; hinsichtlich der Zielsysteme unterscheidet er die ökonomische Zielsetzung, das Leistungsziel und die soziale Zielsetzung.

[19]Zur Definition der technischen Entsorgungswege siehe Abschnitt 3.3.2.

ren Verwertungsoptionen. Eine Bewertung der technischen Entsorgungswege muß dahingehend erfolgen, daß einerseits die relevanten Parameter für den Einsatz innerhalb des im nächsten Schritt zu erstellenden Planungsmodells bestimmt werden und andererseits eine Beurteilung in bezug auf die Erfüllung von gewissen Teilzielen besteht.

Die *Formalisierung der Problemstruktur* beinhaltet eine entscheidungsrelevante Abbildung der Elementbeziehungen sowie der zugehörigen Restriktionen. Darauf aufbauend und mit einer aus dem ersten Schritt abgeleiteten Zielfunktion wird mit quantitativen Lösungsverfahren ein Planungsmodell zur *Entwicklung von effizienten Systemkonstellationen/Entsorgungsalternativen* erstellt.[20] Damit wird es auch möglich eine transparente und nachvollziehbare Planung durchzuführen. In diesem Schritt ist besonders die Mitarbeit von wissenschaftlichen Beratern und Fachplanern erforderlich.

Ausgehend von den in den technischen Entsorgungswegen enthaltenen Aufbereitungstechniken werden im letzten Schritt Standortanforderungen abgeleitet, die als Grundlagen für die *Auswahl von potentiellen Aufbereitungsstandorten* im betrachteten Planungsgebiet dienen. Dieser Auswahlvorgang soll eine überschaubare Anzahl prinzipiell geeigneter Standorte liefern, die zusammen mit dem erstellten Planungsmodell die *Entwicklung der regionalen Entsorgungsalternativen* im engeren Sinne ermöglichen.

[20]Da durch die Modellbildung eine Abstraktion der Wirklichkeit erfolgt, können damit höchstens modellbezogen optimale Ergebnisse erzielt werden. Beispielsweise ist die Approximation nichtlinearer Funktionen durch stückweise Linearisierung eine Vereinfachung der Realität. Die hier erarbeiteten Ergebnisse sollen als effizient im Sinne der realen Objektivität bezeichnet werden (vgl. Böttcher, 1981).

3.2 Gesetzliche Vorgaben und Rechtsgrundlagen

Die Aufgabe der politischen Entscheidungsträger hinsichtlich Umweltschutz ist nicht nur die Formulierung von Umweltzielen, sondern auch die Konkretisierung und Umsetzung, direkt oder indirekt, durch die verfügbaren umweltpolitischen Instrumente.[21] In der Bundesrepublik Deutschland nehmen darunter die ordnungsrechtlichen Instrumente (Gebote, Verbote) eine dominierende Stellung ein.

3.2.1 Bundes-Immissionsschutzgesetz (BImSchG, 1985)

Der oberste Zwecke ist das in § 1 BImSchG ausgedrückte Vorsorgeprinzip, dessen Umsetzung in konkrete Maßnahmen mit Schwierigkeiten verbunden ist, da Maßnahmen des Umweltschutzes - aus rechtlichen und ökonomischen Gründen - dem Verhältnismäßigkeitsprinzip entsprechen müssen.[22] Die Pflichten der Betreiber genehmigungsbedürftiger Anlagen sind in § 5 BImSchG ausgedrückt. Von besonderer Bedeutung für den Problembereich hier ist einerseits § 5 Abs. 1 Nr. 2 BImSchG, wo die Vorsorgepflicht durch Maßnahmen zur Emissionsbegrenzung entsprechend dem Stand der Technik geboten ist, und andererseits § 5 Abs. 1 Nr. 3 BImSchG, der die *Reststoffvermeidung* und die *Reststoffverwertung*, soweit dies technisch möglich und zumutbar ist, und als letzte Möglichkeit die ordnungsgemäße *Beseitigung* regelt.

Die Konkretisierung bezüglich genehmigungsbedürftiger Anlagen erfolgt in der Vierten Verordnung zur Durchführung des BImSchG (4. BImSchV, 1985). Neben den Feuerungsanlagen, die die Quellen der Reststoffentstehung sind, werden u. a. darin auch Anlagen zur "Verwertung und Beseitigung von Reststoffen" (Gruppe 8) genannt, insbesondere werden unter der Nr. 8.4 Anlagen zur Aufbereitung von festen Abfällen (in Sinne von § 1 Abs. 1 AbfG) mit einer Leistung ab 1 t/h angeführt. Darüber hinaus sind auch Anlagen für "Lagerung, Be- und Entladen von Stoffen" (Gruppe 9) aufgenommen.

3.2.2 Abfallgesetz (AbfG, 1986)

Fällt die Entsorgung der Reststoffe in den Geltungsbereich des Abfallgesetzes, so hat dies weitreichende Konsequenzen. Grundlage dafür ist der zentrale

[21] Einen Gesamtüberblick über die umweltpolitischen Instrumente gibt Wicke (1982), und die allgemeinen Grenzen für den Einsatz dieser Instrumente sind schon vom SRU (1974) zusammengefaßt worden.

[22] Zu Prinzipien der Umweltpolitik siehe Möller (1986)

Begriff des Abfalls gemäß § 1 Abs. 1 AbfG:

"Abfälle im Sinne dieses Gesetzes sind bewegliche Sachen, deren sich der Besitzer entledigen will oder deren geordnete Entsorgung zur Wahrung des Wohls der Allgemeinheit, insbesondere des Schutzes der Umwelt, geboten ist. Bewegliche Sachen, die der Besitzer der entsorgungspflichtigen Körperschaft oder dem von dieser beauftragten Dritten überläßt, sind auch im Falle der Verwertung Abfälle, bis sie oder die aus ihnen gewonnen Stoffe oder erzeugte Energie dem Wirtschaftskreislauf zugeführt werden."[23]

Entsprechend dieser Definition bestimmt sich die Abfalleigenschaft entweder nach dem *subjektiven Willen* desjenigen, der sich der Sache entledigen will, und der *objektiven Notwendigkeit*, bewegliche Sachen zum Wohl der Allgemeinheit, insbesondere des Umweltschutzes, zu entsorgen.

Da auch ein Verleiher, Vermieter, Verkäufer oder Schenker die Sachherrschaft aufgeben will, bedarf es noch einer weiteren Komponente zum Vorliegen des Entledigungswillen im Sinne des Abfallrechtes. Dieses Element ist in dem Willen zu sehen, weder sich noch einem Dritten einen *wirtschaftlichen Vorteil* einzuräumen, der über die bloße Entledigung hinausgeht (Rupp, 1988).

An der Qualifizierung als Wirtschaftsgut muß sich nicht zwangsläufig etwas ändern, wenn derjenige, der sich der Sache entledigen will, dem Verwerter der Sachen ein Entgelt für die Abnahme der Sache bezahlt. Für die Einordnung als Abfall ist auch hier allein maßgeblich, ob neben dem Willen der Aufgabe der Sache auch der Wille vorliegt, dem anderen über die Zahlung hinaus einen zusätzlichen wirtschaftlichen Vorteil einzuräumen. Davon hat man immer dann auszugehen, wenn dem Entlediger bewußt ist, daß der andere die Sache weiter wirtschaftlich nutzen will. Wird jedoch die Sache einer entsorgungspflichtigen Körperschaft oder einem von dieser Beauftragten überlassen, liegt nach § 1 Abs. 1 Satz 2 AbfG auch dann Abfall vor, wenn der sich Entledigende will, daß diese die Sache zu ihrem wirtschaftlichen Vorteil nutzen.

Da bei der Entwicklung der Entsorgungsalternativen für die Reststoffe aus der Rauchgasreinigung grundsätzlich von einer Aufbereitung mit einer anschließenden Verwertung als Wirtschaftsgut ausgegangen wird, können diese Reststoffe nicht generell als Abfall oder Wirtschaftsgut deklariert werden. Ob die Reststoffe Abfall im objektiven Sinne sind, kann letztlich nur aufgrund der im Einzelfall zu treffenden Gesamtabwägung zwischen den durch die Nichtbeseitigung der Reststoffe als Abfall drohenden Gefahren für die Allge-

[23] Ausnahmen davon sind im § 1 Abs. 3 AbfG angeführt; demnach ist das Abfallgesetz u. a. nicht anzuwenden auf Stoffe, die dem *Recycling* zugeführt werden (§ 1 Abs. 3 Nr. 6 und 7 AbfG) wie Altglas, Altpapier, Metallschrott usw.

meinheit einerseits und den Verwirklichungsaussichten einer sinnvollen wirtschaftlichen Verwertung durch den Besitzer andererseits festgestellt werden[24] (Klett, 1988). Auch aus der Aufführung der hier angesprochenen Reststoffe im Abfallkatalog unter den Abfallschlüsseln 313 "Aschen, Schlacken und Stäube aus der Verbrennung", 314 "Sonstige feste mineralische Abfälle" und 316 "Mineralische Schlämme" folgt noch nicht deren Abfalleigenschaft (Schmitt-Gleser, 1988).

Die angesprochenen wesentlichen Begriffe in der Abfallwirtschaft sind in Abbildung 3 im grundsätzlichen Zusammenhang dargestellt.

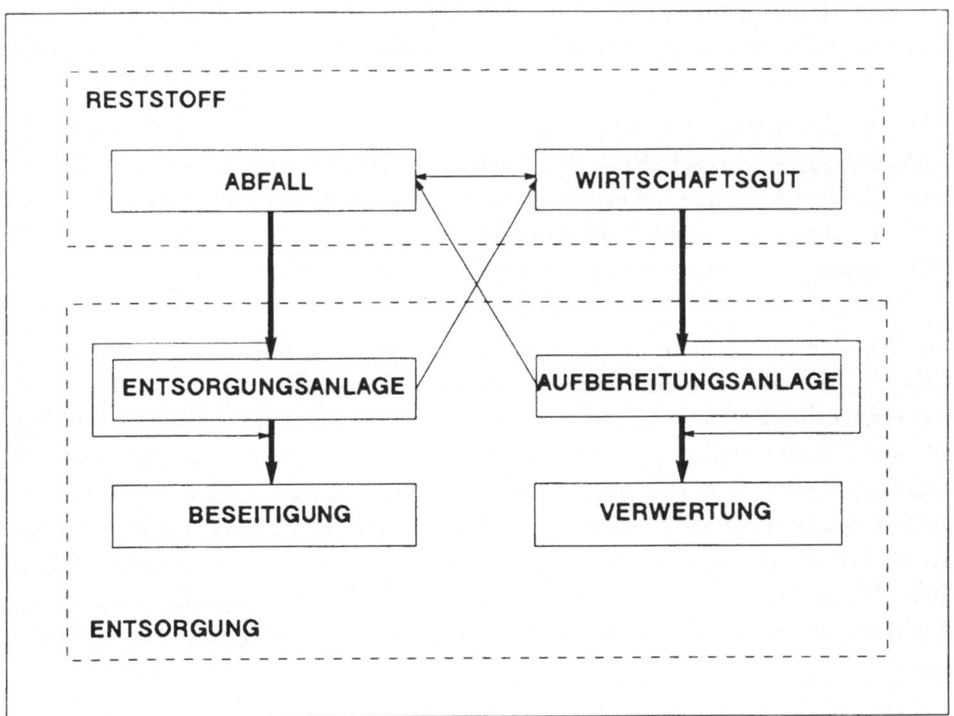

Abbildung 3: Wesentliche Begriffe in der Abfallwirtschaft

Die *Abfallverwertung* stellt eine Grundforderung des AbfG dar, wobei die Vorschriften des BImSchG gemäß § 1a Abs. 1 Satz 2 AbfG unberührt bleiben; damit greift das AbfG nicht in den Bereich der Vermeidung von Produktionsabfällen ein.

[24] Rupp (1988) führt für die abfallrechtliche Einordnung von REA-Gips eine detaillierte Analyse denkbarer möglicher Fallgruppen durch.

Der Vorrang der Abfallverwertung vor der sonstigen Entsorgung (§ 3 Abs. 2 AbfG) ist geboten, wenn sie

- technisch möglich ist,
- die dabei entstehenden Mehrkosten im Vergleich zu anderen Entsorgungsverfahren nicht unzumutbar sind und
- für die gewonnen Stoffe oder Energie ein Markt vorhanden ist oder durch Beauftragung Dritter geschaffen werden kann.

Um diese Forderungen zu erfüllen, sind Abfälle so einzusammeln, zu befördern, zu behandeln und zu lagern, daß die Möglichkeiten zur Abfallverwertung genutzt werden können.

Die Durchführung der Abfallentsorgung liegt bei den nach Landesrecht zuständigen Körperschaften; diese können sich zur Erfüllung dieser Pflicht auch Dritter bedienen. Weiters müssen die Länder für ihren Bereich Pläne zur Abfallentsorgung nach überörtlichen Gesichtspunkten (flächendeckende Entsorgung) aufstellen, und insbesondere sind darin geeignete Standorte für Abfallentsorgungsanlagen festzulegen (§ 6 Abs. 1 AbfG).

Im Hinblick auf die Errichtung und den Betrieb von Reststoffaufbereitungsanlagen, die als Abfallentsorgungsanlagen eingestuft sind (d. h. der Reststoff unterliegt dem objektiven Abfallbegriff (§ 3 Abs. 1 Satz 1 AbfG)), ist eine Planfeststellung[25] erforderlich. Diese kann aber bei unbedeutenderen Anlagen durch eine wesentlich einfachere Genehmigung von der zuständigen Behörde ersetzt werden (§ 7 AbfG). Weitergehende Anforderungen an Entsorgungswege und Entsorgungsanlagen sowie eine allgemeinverbindliche Klassifizierung von Abfällen auf der Grundlage eines überarbeiteten Abfallkataloges werden durch die TA Abfall[26] geregelt (Henselder-Ludwig, 1988).

Schließlich ist im Sinne einer kontrollierten Abfallentsorgung im § 12 AbfG auch eine Regelung für das Einsammeln und Befördern enthalten.

---

[25]§ 8 AbfG regelt die Voraussetzungen und Bedingungen zur Erteilung des Planfeststellungsbeschlusses, der auch sämtliche sonstigen Genehmigungen wie Baugenehmigungen oder Genehmigungen nach BImSchG umfaßt.

[26]Mit einer stufenweisen Fertigstellung wird ab Ende 1990 gerechnet.

3.2.3 Gesetzliche Anforderungen an Errichtung und Betrieb von Reststoffaufbereitungsanlagen

Reststoffaufbereitungsanlagen können nach § 4 BImSchG in Verbindung mit der 4. BImSchV immissionsrechtlich genehmigungsbedürftige Anlagen sein. Falls Reststoffe behandelt werden, die dem Abfallbegriff unterliegen, ist die Aufbereitungsanlage eine Abfallentsorgungsanlage und unterliegt dann auch dem AbfG. Die abfallrechtliche Planfeststellung bzw. immissionsschutzrechtliche Genehmigung entfalten eine Konzentrationswirkung, mit Ausnahme einer wasserrechtlichen Erlaubnis, und erfordern daneben grundsätzlich keine weiteren behördlichen Entscheidungen.

Im wesentlichen umfaßt dies neben den Bedingungen des Immissionsschutz-[27] bzw. Abfallrechtes die Anforderungen nach

- Bauordnungsrecht,
- Bauplanungsrecht (insbesondere werden darin die Flächennutzungs- und Bebauungspläne berücksichtigt) und
- Naturschutzrecht

Anforderungen nach Wasserhaushaltsgesetz (WHG, 1986)

In der Standortentscheidung (vgl. Kapitel 6) müssen des weiteren auch die Anforderungen aus wasserwirtschaftlicher Sicht eingehen. Prinzipiell ist für die Zwischenlagerung der Reststoffe auch die Lagerung im Freien (vgl. Abschnitt 3.6) in Betracht zu ziehen, und dementsprechend ist davon auszugehen, daß eine Aufbereitungsanlage nicht im Bereich festgesetzter oder geplanter Zonen I bis III für Trinkwasser und I bis III für Heilquellen – Schutzgebiete errichtet und betrieben werden darf (Haverkamp, 1988).[28]

Außerdem kommt im Zusammenhang mit dem Betrieb von naßarbeitenden Aufbereitungsanlagen auch die Benutzung von Gewässern im Sinne von

---

[27] Zusätzlich zu den unter 3.2.1. angeführten Pflichten sind im Immissionsschutzrecht die Anforderungen hinsichtlich Staub- und Lärmemissionen durch die TA Luft und TA Lärm konkretisiert.

[28] Je nach hydrogeologischen Verhältnissen kann im Einzelfall gemäß § 34 Abs. 2 WHG zum Schutz des Grundwassers auch die Überwachung des Oberflächen- und Sickerwassers bzw. die Versiegelung der Oberfläche zur Ableitung des gefaßten Niederschlagswassers gefordert werden.

§ 3 WHG, zum Beispiel für die Entnahme von Grundwasser oder das Einleiten von Abwasser, in Betracht. Dies erfordert eine wasserrechtliche Erlaubnis nach § 7 WHG. Dazu werden in § 7a Abs. 1 WHG Anforderungen an die Direkteinleitung, die für einzelne Herkunftsbereiche durch Verwaltungsvorschriften in Form von Mindestanforderungen[29] präzisiert werden, geregelt. Für die Indirekteinleitung ist abzusehen, daß in Zukunft ebenfalls die erhöhten Anforderungen der Direkteinleitung gelten werden (§ 7a Abs. 1 Satz 3 WHG).

3.2.4 Bodenschutzkonzeption (BSK, 1985)

Bodenschutzanforderungen sind in besonderem Maße am Vorsorgeprinzip ausgerichtet und zukunftsorientiert. Die Bodenschutzkonzeption beinhaltet darauf aufbauend zwei zentrale Handlungsansätze:

- Minimierung von qualitativ oder quantitativ problematischen Stoffeinträgen aus Industrie, Gewerbe, Verkehr, Landwirtschaft und Haushalten. Daher sind, u. a., verschärfte Anforderungen an Deponien zu stellen.
- Eine Trendwende im Landverbrauch muß erreicht werden. Das zielt ebenfalls auf eine sparsamere Bereitstellung von Deponieflächen, aber ebenso auf restriktive Erteilung von Abbaugenehmigungen für natürliche Rohstoffe.

Da die Deponierung zwar eine Komponente innerhalb der Entsorgungsalternativen ist, aber nur dann relevant ist, wenn alle anderen Möglichkeiten ausgeschöpft sind (vgl. Abschnitt 3.2.5) und dementsprechend kein dispositives Planungselement im eigentlichen Sinne ist, wird hinsichtlich Deponieanforderungen auf TVAB (1986) verwiesen.

[29]Die Mindestanforderungen für Abwässer aus Rauchgasreinigungsanlagen sind durch die 47. Abwasser VwV festgelegt.

3.2.5 Prioritäten der Entsorgung

Aus den Ausführungen der Abschnitte 3.2.1 - 3.2.4 kann zusammenfassend für die Planung der Entsorgungsalternativen folgende Strategie abgleitet werden:

1. *Reststoffe/Abfälle vermeiden,*
2. *nicht vermeidbare Reststoffe/Abfälle verwerten,*
3. *nicht verwertbare Reststoffe/Abfälle beseitigen,*
4. *geringstmögliche Belastung der Gewässer bei Verwertung (Aufbereitung) oder Beseitigung,*
5. *Beseitigung auf Deponien, die keine zusätzlichen Freiflächen in Anspruch nehmen,*
6. *Kosten verursachungsgerecht zuordnen.*

Dabei beinhaltet die Abfallvermeidung zwei wesentlichen Zielsetzungen:

1. *Verringerung der Abfallmenge*
2. *Verringerung der Schadstoffkonzentration*

Hinter den aufgeführten Gesetzesvorgaben steht der zentrale Gedanke der Kreislaufführung – Recycling – innerhalb des ökonomischem Systems; dadurch wird sowohl die Menge der aus der Natur entnommenen Rohstoffe als auch die von ihr aufzunehmende Menge an Abfallstoffen und -energien klein gehalten. Neben technischen und wirtschaftlichen Grenzen existieren aber auch ökologische Grenzen des Recyclings, denn mit steigendem Aufwand zur chemischen und physikalischen Behandlung steigt auch der dafür benötigte Energieeinsatz, der seinerseits wieder zu Umweltbelastungen führt.

3.3 Entsorgungsstruktur

3.3.1 Grundstruktur, Reststoffklassifizierung und Entsorgungsfunktionen

Grundlegend für die Konzeption von regionalen Entsorgungsalternativen, insbesondere für die Aufbau- und Ablauforganisation, ist die Analyse der relevanten Entsorgungsstruktur. Dazu kann von der in Abbildung 4 dargestellten aggregierten Struktur ausgegangen werden.

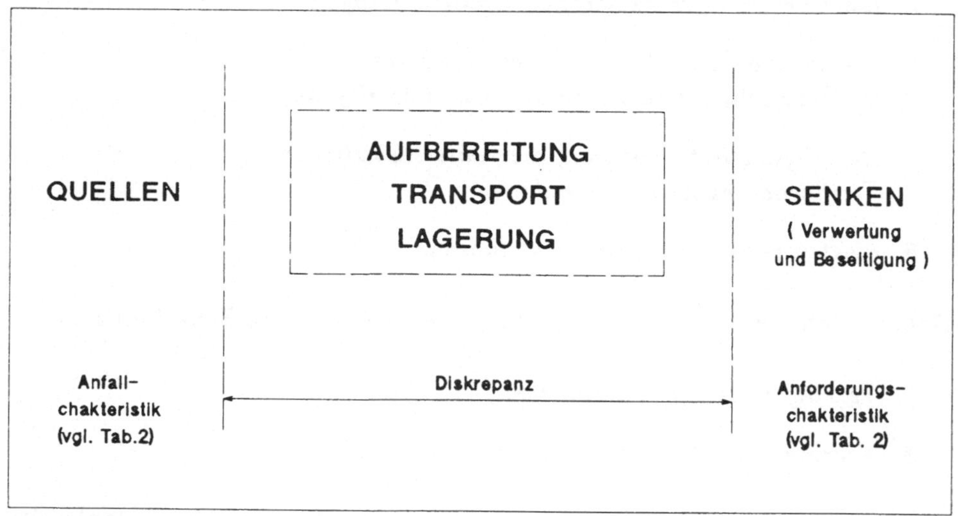

Abbildung 4: Aggregierte Entsorgungsstruktur

Zur Vereinfachung und Verallgemeinerung werden in der Folge die Reststoffanfallstellen auch als Quellen und die Reststoffentsorgungsstellen (Verwertung und Beseitigung) auch als Senken bezeichnet. Diese Quellen bzw. Senken sind jeweils durch eine bestimmte Anfall- bzw. Anforderungscharakteristik gekennzeichnet, welche sich aus den in Tabelle 2 erläuterten Kriterien Stoffart, Qualität, Menge, Ort, Zeit und Preis zusammensetzen.[30]

Schwierigkeiten bereitet im allgemeinen das Kriterium "Qualität". Hierfür ist fallspezifisch jeweils ein geeigneter Satz weitgehend physikalisch–chemisch–technischer Parameter (Konzentrationen, Reinheit, Lagerbarkeit u. a. m.) zu definieren. Darüber hinaus bedarf aus Abnehmersicht das Qualitätskriterium einer Erweiterung über rein technische Merkmale hinaus, da sozialpsycholo-

[30] Eine analoge Einteilung verwendet auch Kleinaltenkamp (1985)

Tabelle 2: Kriterien der Anfall- bzw. Anforderungscharakteristik für Reststoffe

STOFFART:	Die Stoffart kennzeichnet die mineralogischen Phasen bzw. die chemischen Komponenten.
QUALITÄT:	Das Qualitätsmerkmal bezeichnet die chemischen, physikalischen und mineralogischen Eigenschaften. Außerdem beinhaltet diese Komponente auch sozialpsychologische (d. h. ethische und ästhetische) Nutzenelemente.
MENGE:	Die Menge gibt den quantitativen Bedarf bzw. Anfall der betrachteten Stoffart an.
ORT:	Dieses Merkmal bedeutet die geographische Lage (Standort).
ZEIT:	Hiermit sind etwaige Jahresschwankungen oder Saisonzyklen angesprochen.
PREIS:	Der Preis ist als Maß für die Herstellungs- bzw. Einstandskosten zu verstehen.

gische Aspekte ebenso relevant sind (z. B. Akzeptanz von Gipsprodukten auf REA–Gipsbasis).

Bevor auf mögliche Divergenzen hinsichtlich der einzelnen Kriterien zwischen den Quellen und den Senken genauer eingegangen wird, erscheint es an dieser Stelle sinnvoll, das nachfolgende Reststoff–Klassifizierungssystem gemäß Tabelle 3, das auf den angesprochenen Kriterien aufbaut, einzuführen (vgl. Hackl, 1986). Diese Klassifizierung ermöglicht eine umfassende und relativ genaue Bewertung nach technischen und ökonomischen Kriterien und ist unabhängig von der rein rechtlichen binären Einteilung in Abfall und Wirtschaftsgut (vgl. Abbildung 2, Abschnitt 3.2.2).

Aus den möglichen Diskrepanzen zwischen Reststoffanfall und -verwertung ergeben sich in Verbindung mit dem Ziel, die Reststoffe in Ersatz- oder sogar Wirtschaftsprodukte überzuführen, zwei zentrale Fragestellungen:

Tabelle 3: Klassifizierungssystem für Reststoffe aus der Rauchgasreinigung

---

Reststoffklasse - Definition

Kritische Produkte - sind alle jene Reststoffe, die als nicht inerte Stoffe anzusprechen sind und die sofort oder später Schadstoffe freisetzen können. Kritische Produkte können nur in speziell eingerichteten Deponien abgelagert werden.

Auslagerungsprodukte - sind Reststoffe, die ohne akute oder latente Gefährdung der Umwelt abgelagert werden können. Produkte dieser Art dürfen praktisch keine Löslichkeit besitzen und müssen vollständig verschlackt oder von glasartiger Konsistenz sein (Inertstoffe). In der anfallenden Form besteht keine Verwertungsmöglichkeit.

Ersatzprodukte - sind jene Reststoffe, die prinzipiell als Sekundärrohstoff geeignet und somit auch marktfähig sind. Es handelt sich vorwiegend um Produkte, die auf dem Markt befindliche Produkte verdrängen oder verdrängen müßten.

Wirtschaftsprodukte - liegen dann vor, wenn diese nicht nur marktfähig sind, sondern auch vom Markt mit beiderseitigem Vorteil angenommen werden.

Weiter können noch **Recyclingprodukte** im engeren Sinne erwähnt werden, d. h. solche, die am Ort ihres Anfalles (werks- oder anlagenintern), einer Verwertung zugeführt werden können. Recyclingprodukte im weiteren Sinne sind alle Produkte, die einer Verwertung zugeführt werden.

---

1. Welche grundsätzlichen Vorgehensweisen stehen zur Überwindung bzw. Verringerung der Diskrepanzen zur Verfügung?

2. Welche unterschiedlichen Auswirkungen ergeben sich jeweils aus der fehlenden Übereinstimmung bestimmter Merkmale?

Bei genauerer Betrachtung der einzelnen Kriterien zwischen Anfall- und Verwertungsseite sowie der möglichen Diskrepanzen kann der Bereich Entsorgung in die Funktionen Aufbereitung Transport und Lagerung wie in Abbildung 5 dargestellt aufgespalten werden.

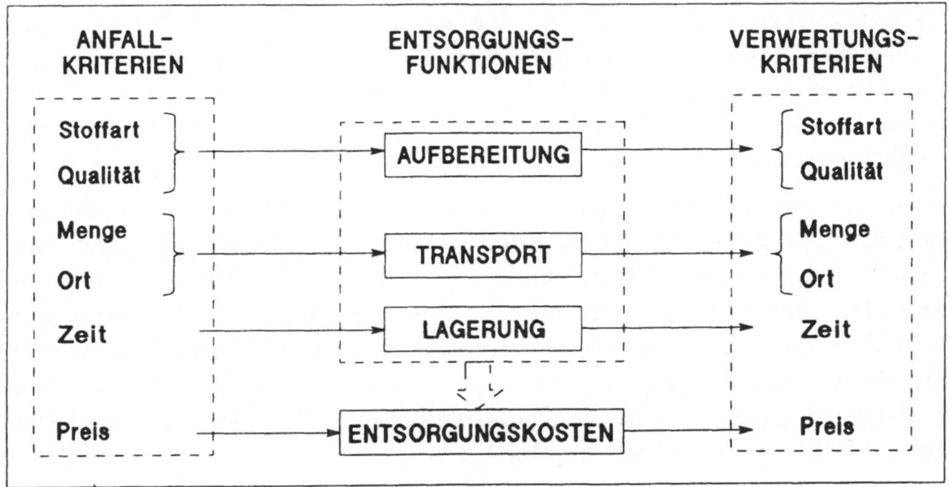

Abbildung 5: Anfall-/Verwertungskriterien und Entsorgungsfunktionen

Die Entsorgungskosten, die vom Verursacher (Entsorgungspflichtigen) zu tragen sind, sind eine abgeleitete Größe, die sich aus den Kosten für Aufbereitung, Transport und Lagerung, vermindert um etwaige Erlöse aus dem Verkauf der Reststoffe an den Verwerter, ergeben. Dementsprechend werden die Kosten der Entsorgung nicht isoliert, sondern immer in Verbindung mit den *Entsorgungsfunktionen Aufbereitung, Transport und Lagerung*, betrachtet.

3.3.2 Entsorgungsweg und Entsorgungsalternative

Aufbauend auf diesen Entsorgungsfunktionen kann nun wie folgt ein *Entsorgungsweg* (EW) bestehend aus einem *technischen Entsorgungsweg* (TEW) und einem zugehörigen *logistischen Entsorgungsweg* (LEW) definiert werden.

Definition 3.1: Ein **Entsorgungsweg** setzt sich zusammen aus einem **technischen Entsorgungsweg**, der die Komponenten Reststofftyp (Stoffart, Qualität) – Aufbereitungstechnik – Transport- und Lagerart (bzw. -technik) – Verwertungsoptionen (Stoffart, Qualität) beinhaltet, und aus einem **logistischen Entsorgungsweg**, der die Komponenten Anfallorte – Transportmengen und -wege zu den Aufbereitungen – Aufbereitungsorte – Deponiemengen aus den Aufbereitungen – Lagerorte und -mengen – Transportmengen und -wege zu Verwertungen – Verwertungsorte beinhaltet.

Bezogen auf die Abbildung 5 kann vereinfacht ausgedrückt werden, daß der Bereich Aufbereitung – im Zusammenhang mit Stoffart und Qualität – den technischen Entsorgungsweg repräsentiert und der Bereich Transport – im Zusammenhang mit Menge und Ort – den logistischen Entsorgungsweg. Weiter ist die Lagerung in Verbindung mit Zeit zusätzlich in beiden Entsorgungswegkomponenten integriert.

Kennzeichnend für einen TEW ist, daß ausgehend von einer Verwertungsoption bzw. mehreren -optionen charakteristische Qualitätsanforderungen hinsichtlich bestimmter Stoffparameter (z. B. Sulfat-, Kohlenstoff-, Aschegehalt) bestehen und dementsprechend auch eine bestimmte Aufbereitungstechnik bezogen auf einen Reststofftyp erforderlich ist. Demzufolge können für **einen Reststofftyp** in Abhängigkeit von den charakteristischen Qualitätsanforderungen und der dafür erforderlichen Aufbereitungstechnik **mehrere TEW** existieren (vgl. Kapitel 4).

Bezogen auf einen konkreten TEW stellt ein LEW für das gesamte Planungsgebiet die zugehörigen Stoffströme nach Menge und Ort dar (vgl. Kapitel 5). Darüber hinaus kann ein LEW bei einer Betrachtung über den Zeitablauf (Periode) auch zeitliche Schwankungen der Stoffströme ausdrücken.

Grundsätzlich ist bei der Aufbereitung mit einem Anfall von Aufbereitungsresten zu rechnen, die als Abfall auf einer Deponie beseitigt werden müssen. Auch eine Beseitigung von Reststoffen direkt vom Anfallort ist möglich, aber nur wenn eine Verwertung aus stofflichen Gründen oder mangels Mengenkapazität ausgeschlossen ist und für die Beseitigung keine Aufbereitung notwendig ist.

Entstehende Deponiemengen werden innerhalb eines LEW den Anfallorten bzw. -regionen zugeordnet, da die Beseitigung in der Regel in einer gesonderten flächendeckenden Planung Eingang findet (vgl. ABW, 1987).

Damit kann eine **Entsorgungsalternative** (EA) für eine größere geographische Region (z. B. Bundesland) als **Menge aller Entsorgungswege** dargestellt werden[31]:

$$EA = \bigcup_{h \in T} EW_h(TEW_h, LEW_h) \tag{1}$$

wobei gilt:

T	...	Menge aller TEW, die durch die zugehörige Aufbereitungstechnik h repräsentiert werden (vgl. Abschnitt 5.2.3)
EA	...	Entsorgungsalternative
EW_h	...	Entsorgungsweg für einen TEW mit der Aufbereitungstechnik h
TEW_h	...	TEW mit der Aufbereitungstechnik h
LEW_h	...	LEW für den TEW mit der Aufbereitungstechnik h

3.3.3 Reale Entsorgungsstrukturen und Marktbeziehungen

Nach der bisher eher abstrakten Analyse der Entsorgungsstruktur kann eine weitere Konkretisierung durch die Betrachtung realer Entsorgungsstrukturen in bezug auf die zentralen Entsorgungsfunktionen Aufbereitung, Transport und Lagerung erfolgen. Aus den Untersuchungen für das Land Baden–Württemberg (UMBW, 1988) können aus der Realität zwei relativ unterschiedliche Strukturen abgeleitet werden:

(I) Die Anfallseite ist geprägt durch Großfeuerungen bzw. Energieversorgungsunternehmen (EVU) - vgl. Abbildung 6:

Aufbereitung:	Erforderliche Aufbereitungsschritte werden fast ausnahmslos durch das EVU durchgeführt.
Transport:	Erfolgt vorwiegend durch beauftragte Transportunternehmen und selten durch das Verwertungsunternehmen.
Lagerung:	Das EVU hat nur ein Feiertagslager; bei direkter Entsorgung übernimmt die Lagerung das Verwertungsunternehmen und bei indirekter Entsorgung das Entsorgungsunternehmen.

Die Entsorgung erfolgt überwiegend auf direktem Weg und ist durch Verträge zwischen EVU und Verwertungsunternehmen geregelt.

---

[31]Die exakte formale Definition erfolgt im Abschnitt 5.4.3, Definition 5.1

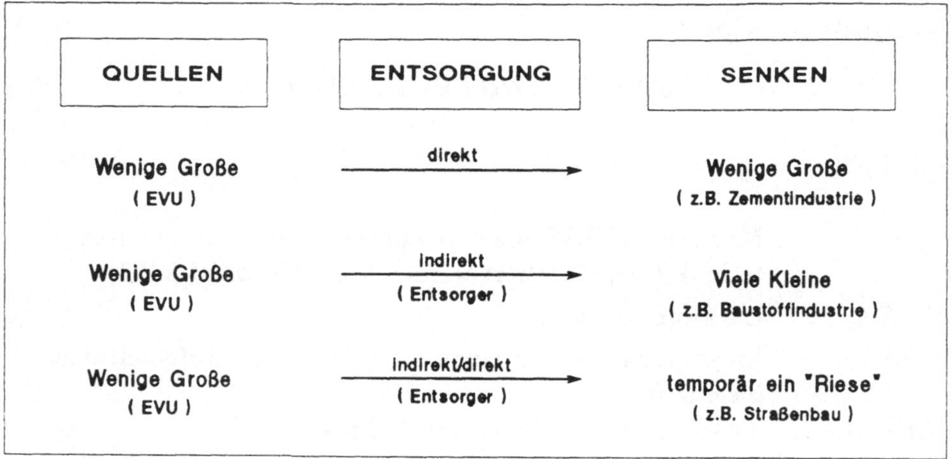

Abbildung 6: Entsorgungsstruktur bei Großfeuerungen

(II) Die Anfallseite ist geprägt durch kleinere und mittlere Feuerungsanlagen (Industrie und Heizwerke) – vgl. Abbildung 7:

Aufbereitung: Die notwendige Aufbereitung wird vom Entsorgungsunternehmen an eigenen Standorten durchgeführt.

Transport: Erfolgt vorwiegend durch beauftragte Transportunternehmen und auch durch Entsorgungsunternehmen.

Lagerung: Der Industriebetrieb bzw. das Heizwerk hat nur ein Pufferlager; das Entsorgungsunternehmen führt die Lagerung durch.

Die Entsorgung erfolgt fast ausschließlich auf indirektem Weg, und die Entsorgungsunternehmen übernehmen alle Entsorgungsaufgaben.

Diese beiden Strukturen zeigen, daß eine *Planung der Entsorgung auf regionaler Ebene vor allem für Reststoffe aus kleinen und mittleren Feuerungsanlagen* relevant ist. Die vorwiegend in diesem Bereich tätigen Entsorgungsunternehmen besitzen dabei folgende wesentlichen Vorteile:

- Optimierung von Lagerung, Transport und Aufbereitung durch Regionalisierung; damit kann gleichzeitig eine Minimierung der Entsorgungskosten erfolgen.

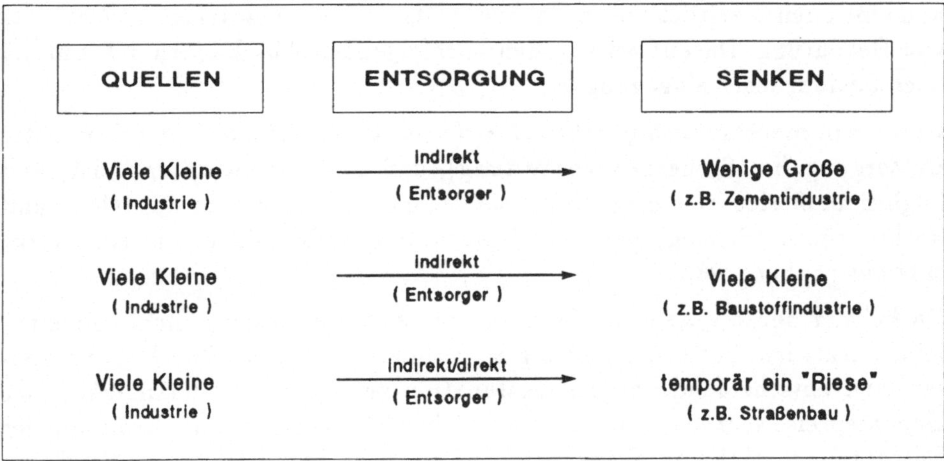

Abbildung 7: Entsorgungsstruktur bei kleinen und mittleren Feuerungsanlagen

- Erhöhte Flexibilität bei der Distribution; sie sind organisatorisch in der Lage, sowohl sehr große Abnehmer (Reststoffe von mehreren Quellen zusammen) als auch kleine Abnehmer oder solche mit unregelmäßigem Bedarf zu versorgen. Dadurch sind die Entsorgungsunternehmen in der Lage, ein wesentlich größeres Verwertungspotential anzusprechen.
- Know-how über alle Verwertungsmöglichkeiten
- Marktpflege zur Überwindung von Akzeptanzschwierigkeiten sowie Beratung.
- Berücksichtigung unterschiedlicher Qualitätsanforderungen der Abnehmer durch den Einsatz unterschiedlicher Reststoffe aus verschiedenen Quellen und Verfahrensführung bei der Aufbereitung.

Darüber hinaus tragen die Entsorgungsunternehmen aus der Sicht des Recyclings wesentlich bei, Anpassungsprozesse zwischen der Reststoffanfallseite und der Verwerterseite zu beschleunigen und innovationsfördernde Effekte bei der Aufbereitungstechnik zu stimulieren.

Da die Investitionen der Entsorgungsunternehmen für Lager- und Aufbereitungseinrichtungen mit einer langfristigen relativ hohen Kapitalbindung verbunden sind, ist eine langfristige Verfügbarkeit der Reststoffe einerseits und eine ebenso zeitlich weitreichende relativ sichere Absatzlage andererseits von Bedeutung. Darauf wird in den nachfolgenden Abschnitten 3.4 und 3.5 noch ausführlicher eingegangen.

Unter *rein marktwirtschaftlichen Gesichtspunkten* zeigt eine Betrachtung der Entsorgung (im Sinne der Verwertung), daß sie marktorientiert[32] ist, und folglich muß sich erst eine "kritische Menge" an Anbietern (Quellen) und Verbrauchern (Senken) der betreffenden Reststoffe bilden, bis ein Markt entsteht (Faber, 1988).

Da bei der heute gegebenen Struktur der Abfallentsorgung nicht mit einer rein marktwirtschaftlichen Lösung zu rechnen ist, kommt den Deponiepreisen eine entscheidende Steuerungsfunktion zu. Denn in Abhängigkeit der Deponiepreise verändern sich die finanziellen Spielräume für die Erfüllung der Entsorgungsfunktionen Transport, Aufbereitung und Lagerung. Die Deponiepreise sind zur Zeit regional noch sehr unterschiedlich, und Roeder (1988) gibt dazu drei Kategorien an, die von der Arbeitsgruppe "Rückstandsdeponierung" in Nordrhein-Westfalen vorgeschlagen werden:

Kategorie I: Abfälle mit geringen auslaugbaren Anteilen und latent hydraulischen Eigenschaften (z.B. Wirbelschichtaschen), 40 - 80 DM/t.

Kategorie II: Abfälle mit geringen auslaugbaren Anteilen, die aber nicht vollständig oxidiert sind (z.B. Sprühabsorptionsreststoffe), 60 - 120 DM/t.

Kategorie III: Abfälle mit hohen auslaugbaren Anteilen (z. B. calciumsulfithaltige Schlämme), > 150 DM/t.

Faber (1988) berechnet in seinem Gutachten für das Land Baden-Württemberg zukünftige Deponiepreise in der Größenordnung von 250 DM/t.

Stellt man diesen alternativen Deponiepreisen die Kosten für Transport 0,15 - 0,20 DM/t km (vgl. Abbildung 21, Abschnitt 4.8), Lagerung 5 - 15 DM/t sowie einen Verkaufserlös von > 0 DM/t gegenüber, dann verbleibt in Abhängigkeit der relevanten Parameter (z. B. Transportentfernung) und des Reststofftyps ein finanzieller Spielraum für die Aufbereitung von 50 - 150 DM/t (vgl. Abbildung 8). Voraussetzung dafür ist, daß die Entsorgungskosten vom Verursacher zu tragen sind und folglich aus wirtschaftlichen Gesichtspunkten die maximalen Entsorgungskosten den alternativen Deponiepreis (Opportunitätskosten) nicht übersteigen dürfen.

[32]Im Gegensatz dazu ist die Strategie der Reststoffvermeidung und -verwertung technikorientiert.

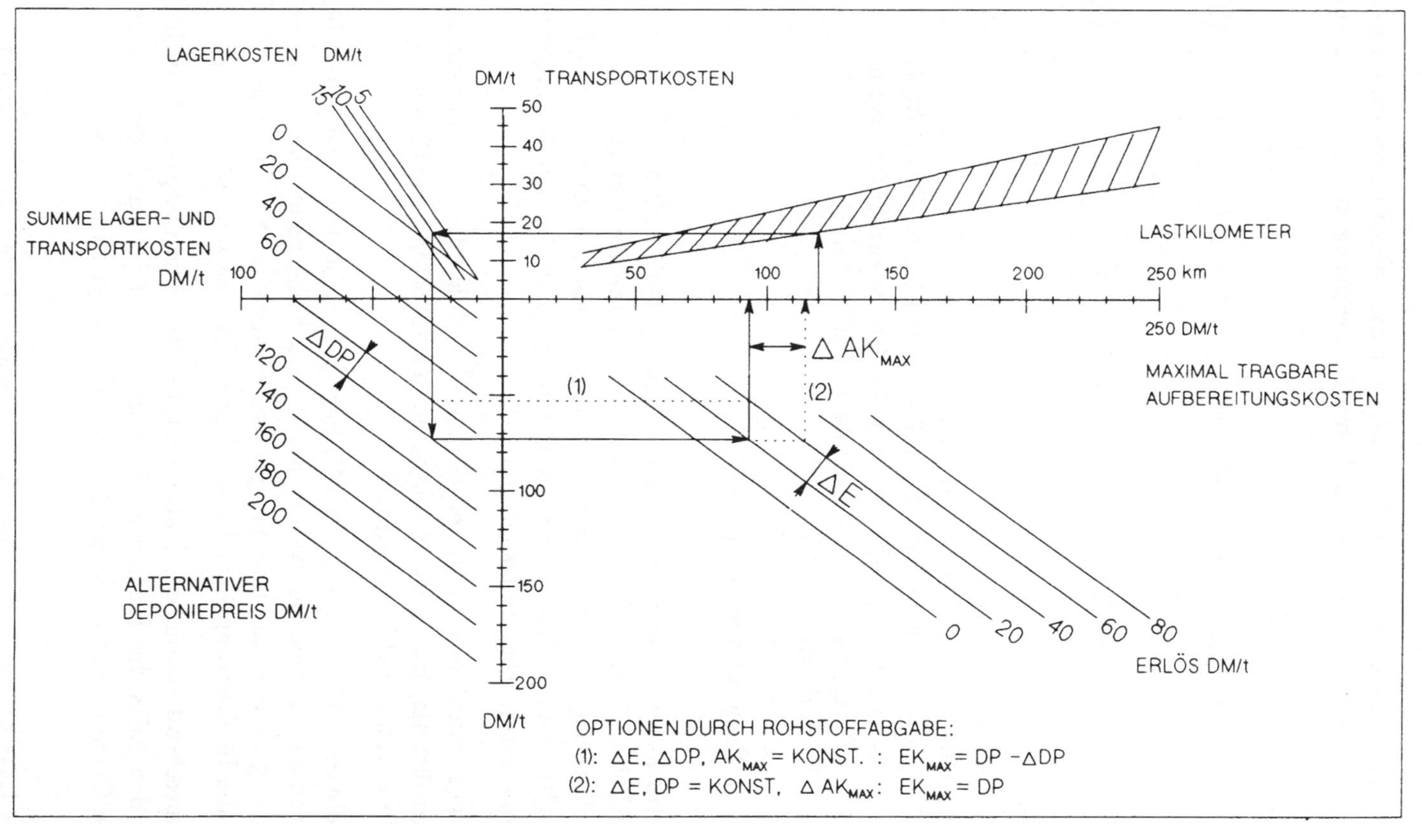

Abbildung 8: Nomogramm zur Ermittlung der maximal tragbaren Aufbereitungskosten

Gemäß Abbildung 8 ergeben sich demnach die maximalen Entsorgungskosten EK_{max} und daraus die maximal tragbaren Aufbereitungskosten AK_{max} wie folgt:

$$EK_{max} = TK + LK + AK_{max} - E = DP \tag{2}$$

$$AK_{max} = DP + E - TK - LK \tag{3}$$

wobei gilt:

DP ...	alternativer Deponiepreis [DM/t]
E ...	Erlös durch Verkauf des aufbereiteten Reststoffes [DM/t]
TK ...	Gesamttransportkosten (von der Quelle zur Aufbereitung (TKQ) und weiter zur Senke (TKS)) [DM/t]
LK ...	Lagerkosten [DM/t]
AK ...	Aufbereitungskosten [DM/t]
EK ...	Entsorgungskosten [DM/t]

Diese Betrachtungsweise geht davon aus, daß der Erlös sich aus den marktwirtschaftlichen Gegebenheiten ableitet, der alternative Deponiepreis eine politisch festgelegte Steuerungsgröße ist, der vor allem auch die Knappheit der Umweltressource "Deponie" signalisieren soll, und daß die Entsorgungskosten vom Verursacher zu tragen sind.

Der Erlös orientiert sich im wesentlichen an den Rohstoffkosten vergleichbarer Naturrohstoffe, korrigiert um mögliche Zusatzkosten bzw. Einsparungen bei der Produktion auf Reststoffbasis.

Der erzielbare Erlös für die Reststoffe liegt jedoch in der Regel unter den entsprechenden Kosten der Naturrohstoffe, da keine rechtliche Abnahmeverpflichtung besteht und u. a. ein gewisser finanzieller Anreiz für den Aufbau und die Realisierung einer Verwertung vorhanden sein muß.

Dementsprechend kommt den Naturrohstoffkosten eine maßgebliche Bedeutung für den Erlös der Reststoffe zu. Prinzipiell ist im Laufe der Zeit aus folgenden Gründen mit zunehmenden Rohstoffkosten zu rechnen:

- Mit fortschreitendem Rohstoffbedarf schreitet die Gewinnung auf immer schwieriger abbaubare Lagerstätten bzw. auf solche mit geringerer Rohstoffkonzentration fort (Geologisches Jahrbuch, 1986).

- Die dadurch in Zukunft steigenden Extraktionskosten werden aus volkswirtschaftlicher Sicht in den gegenwärtigen Rohstoffkosten nicht in ausreichendem Maße berücksichtigt, was jedoch gesamtwirtschaftlich und langfristig zweckmäßig wäre, weil mit den Rohstoffen nicht sparsam genug umgegangen wird (Faber et al., 1983). Grundsätzlich könnte dem durch die Einführung einer zweckgebundenen Rohstoffsteuer oder -abgabe entgegengewirkt werden.

- Die Erteilung von Abbaugenehmigungen erfolgt immer restriktiver (vgl. Abschnitt 3.2.4 und Bulling, 1988).

Die Erhöhung der Rohstoffkosten, unabhängig aus welchem Grund, bedeutet auch höhere Herstellkosten für die daraus produzierten Güter. Für den Industriebereich Steine und Erden, der dominierend für die Reststoffverwertung ist (vgl. Abschnitt 3.5), ist kennzeichnend, daß spezifisch billige Massengüter als Rohstoffe eingesetzt werden. Diese Rohstoffe sind daher transportkostenempfindlich, und die Versorgung erfolgt meist auf regional begrenzter Ebene. Entsprechend der Verteilung der Vorkommen existieren dafür auch regional unterschiedliche Preisniveaus. Aus diesem Grunde erscheint die Einführung einer Rohstoffabgabe für ein Land zwar nicht unproblematisch, aber in gewissem Umfang vorstellbar, da ihre Auswirkungen regional begrenzt sind.

Diese Auswirkungen, d. h. höhere Preise, würden vereinfacht ausgedrückt dann von den Verbrauchern derselben Region getragen, denen auch der Nutzen durch die damit verbundene geringere Umweltbeeinträchtigung zugute kommt.

Vorausgesetzt man geht von der Möglichkeit einer Abgabe auf Naturrohstoffe für relevante Verwerterindustrien aus, dann sind in gleicher Höhe Mehrerlöse ΔE beim Reststoffverkauf erzielbar.[33] Dies würde einen zusätzlichen Handlungsspielraum eröffnen, der durch folgende zwei Grenzpositionen abgesteckt werden kann (vgl. Option (1) und (2) in Abbildung 8):

- Die Abgabe wird kompensatorisch zur Senkung der Deponiepreise DP um ΔDP (mit $\Delta DP = \Delta E$) verwendet, und die maximal tragbaren Aufbereitungkosten bleiben unverändert (AK_{max} = konst.). Dies führt zu einer Verringerung der maximalen Entsorgungskosten EK_{max} um ΔE, so daß die Forderung $EK_{max} = DP$ nach wie vor erfüllt ist (vgl. Gleichung 2):

[33] Dabei wird unterstellt, daß die gesamte Anfallmenge des betrachteten Reststofftyps verwertet wird.

$$EK_{max} = TK + LK + AK_{max} - (E + \Delta E) = DP - \Delta DP$$

Gesamtwirtschaftlich betrachtet bedeutet dies, vereinfacht ausgedrückt, daß die Kosten für Umweltschutz, Emissionsminderung und verminderten Rohstoffabbau von den Verbrauchern der Güter beider Produktionszweige (Anfall- und Verwerterseite) getragen werden.

- Die Abgabe wird zusätzlich verwendet, so daß der alternative Deponiepreis und damit auch die maximalen Entsorgungskosten, wegen der Forderung $EK_{max} = DP$, gleich bleiben (DP, EK_{max} = konst.). Die Folge ist eine Erhöhung der maximal tragbaren Aufbereitungskosten um ΔE, denn gemäß Gleichung 3 gilt:

  $$AK_{max} = DP + (E + \Delta E) - TK - LK$$

  Dies bedeutet, daß zusätzliche Kosten für eine weitergehende Aufbereitung und damit eine Erhöhung der Reststoffverwertung, einhergehend mit dem Nutzen des verminderten Rohstoffabbaus, von den Verbrauchern der Güter des Verwertungs-Produktionszweiges getragen werden.

Innerhalb dieser beiden Grenzpositionen sind Zwischen- bzw. Kompromißlösungen möglich.

In der Praxis wird jedoch vielfach bei Wirtschaftlichkeitsbetrachtungen, um eine langfristig stabile Entsorgung zu entwickeln, gefordert, daß die Entsorgung wirtschaftlich selbsttragend sein muß, d. h. es werden keine alternativen Deponiekosten berücksichtigt. In diesem Fall müssen die Kosten für Transport, Aufbereitung und Lagerung durch die Verkaufserlöse der Reststoffe abgedeckt werden. Da in der Regel diese Erlöse relativ gering sind (0 - 50 DM/t), sind nur noch sehr einfache kostengünstige Aufbereitungsschritte möglich, und darüber hinaus entsteht eine starke Transportkostenempfindlichkeit, weil die Transportkosten dann einen nicht unerheblichen Anteil an den Gesamtentsorgungskosten darstellen. Gleichzeitig wird es auch immer schwieriger, verfügbare Verwertungspotentiale anzusprechen, da naturgemäß gewisse Distanzen bestehen zwischen den Standorten des Reststoffanfalls, die sich auf industrielle Verdichtungsräume konzentrieren, und den Standorten der Verwertungsindustrie – vorwiegend aus dem Industriebereich Steine und Erden –, die sich an der Rohstoffbasis orientieren; obgleich diese Distanzen regional sehr unterschiedlich sein können.

3.4 Einflußfaktoren auf den Reststoffanfall

Da eine Planung der Entsorgung auf regionaler Ebene vor allem für Reststoffe aus kleinen und mittleren Feuerungsanlagen relevant ist,[34] wird in diesem Abschnitt darauf aufgebaut. Des weiteren bezieht sich diese Untersuchung auf jene Reststoffe aus Rauchgasreinigungsanlagen, die im Betrieb kontinuierlich bzw. periodisch anfallen (vgl. Tabelle 1, Abschnitt 2.1).

Bezugnehmend auf das Anfallkriterium *Zeit* (vgl. Tabelle 2, Abschnitt 3.3.1) sind zwischen den beiden Extremsituationen: gleichmäßiger Anfall über das ganze Jahr und ausgeprägter Saisonbetrieb mit einer Konzentration des Anfalls auf einen eng begrenzten Teilzeitraum eines Jahres, alle Übergangsformen in der Praxis möglich. Entscheidend ist der Bedarf an Wärme oder Strom, dies hängt bei Industriebetrieben vorwiegend von produktionsspezifischen Gegebenheiten und von dem gewählten Energiekonzept ab.

Unter den Voraussetzungen bzw. Einschränkungen, daß der Standort der Feuerungsanlage gegeben ist, der jährliche Energiebedarf in seiner Größenordnung gleichbleibend ist und der Betrieb einer eigenen Energieumwandlungsanlage außer Frage steht (d. h. kein Fremdbezug), werden im folgenden die drei dominanten Einflußfaktoren auf den Reststoffanfall, Brennstoffe und zugehörige Emissionen, Emissionsgrenzwerte und Emissionsminderungstechniken analysiert.

3.4.1 Brennstoffe und Emissionen

Die in den Feuerungsanlagen eingesetzten Brennstoffe Kohle, Holz, Heizöl (S und EL) und Erdgas sind die eigentlichen Quellen der im Zuge der Verbrennung entstehenden Schadstoffemissionen. Dazu sind in den Tabellen 4, 5, 6, 7 die relevanten Emissionen für Staub, Schwefel, Stickstoffoxid und Halogene in ihren Bandbreiten zusammengefaßt. Die Werte für Kohle beziehen sich auf deutsche Steinkohle, die im Mittel 0,8 bis 1,2 % Schwefelgehalt und ca. 8 bis 10 % Aschegehalt hat. Ausländische Steinkohlen können von diesen Werten erheblich abweichen. [35]

Ein Vergleich mit den im folgenden Abschnitt 3.4.2 dargestellten Emissionsgrenzwerten (Tabelle 9) zeigt, daß die Staubemissionen bei Kohle-, Holz- und Heizöl S-Feuerungen sowie die SO_2-Emissionen bei Kohle- und Heizöl S-Feuerungen den Einsatz von Sekundärmaßnahmen, d. h. Anlagen zur Rauchgasreinigung, erfordern.

[34] vgl. dazu die Ausführungen im Abschnitt 3.3.3 sowie UMBW (1990)

[35] In kleinen und mittleren Anlagenbereich werden in der Regel nur hochwertige Steinkohlen eingesetzt; Braunkohlen nur in Ausnahmefällen.

Tabelle 4: Rohgas-Flugstaubkonzentrationen verschiedener Brennstoffe (UMBW, 1990)

	Flugstaub [g/m³] (i.N.tr.)	O_2 - Bezug
Steinkohle:		
Staubfeuerung mit trockenem Ascheabzug	5 - 15	7 %
Rostfeuerung[1] (Schubroste, Wanderroste mit Trichteraufgabe)	0,5- 3	7 %
stat. Wirbelschichtfeuerung	5 - 20 [2]	7 %
zirk. Wirbelschichtfeuerung	5 - 25 [2]	7 %
Holz (Rostfeuerung):	0,3- 1,5 (3,5) [3]	11 %
Öl:		
Heizöl S	0,05- 0,35 [4]	3 %
Heizöl EL	-	3 %
Erdgas:	-	3 %

1) 60 - 75 Gew.-% der Brennstoffasche fallen als Rostasche an
2) abhängig vom Aschegehalt der Kohle und der eingesetzten Additivmenge
3) Innenplanrost und Späneeinblasung (inkl. Restkohlenstoff)
4) ohne Additivzugabe und Rußblasen bei HS-A-Qualität

Tabelle 5: Brennstoffbezogene SO_2-Emissionen verschiedener Feuerungen (UMBW, 1990)

	SO_2 [mg/m³] (i.N.tr.)	O_2 - Bezug
Steinkohle:		
Staubfeuerung mit trockenem Ascheabzug	1.300 - 2.400	7 %
Rostfeuerung (Schubroste, Wanderroste mit Trichteraufgabe)	1.300 - 2.400	7 %
stat. Wirbelschichtfeuerung	300 - 400[1]	7 %
zirk. Wirbelschichtfeuerung	150 - 250[2]	7 %
Holzreste (Rostfeuerung)[3]	0 - 50	11 %
Öl:		
Heizöl S (max. 1,0% Schwefel)	1.400 - 1.900	3 %
(max. 2,0% Schwefel)	2.800 - 3.800	3 %
Heizöl EL (max. 0,2% Schwefel)	100 - 300	3 %
Erdgas:	20 - 50	3 %

1) Zugabe von Additiv, Ca/S < 4,5 und Ascherückführung
2) Zugabe von Additiv, Ca/S < 2,5 und Ascherückführung
3) ohne Zusatzfeuerung

Tabelle 6: NO_x-Emissionswerte nach Brennstoff- und Feuerungsarten (UMBW, 1990)

	NO_x [1] [mg/m³] (i.N.tr.)	O_2 - Bezug
Steinkohle:		
Staubfeuerung mit trockenem Ascheabzug	600 - 2.200	7 %
Rostfeuerung (Schubroste, Wanderroste mit Trichteraufgabe)	150 - 600	7 %
stat. Wirbelschichtfeuerung	300 - 700	7 %
zirk. Wirbelschichtfeuerung	100 - 300	7 %
Holz (Rostfeuerung):	100 - 1.000 [2]	11 %
Öl:		
Heizöl S - Druckzerstäuber	400 - 1.000	3 %
Heizöl S - Drehzerstäuber	400 - 1.000	3 %
Heizöl EL	150 - 400	3 %
Erdgas:	100 - 300	3 %

1) abhängig u.a. vom N_2-Gehalt des Brennstoffs
2) hohe Emissionswerte besonders bei beschichteten Holzwerkstoffen (N-haltige Kunststoffe)

Tabelle 7: Halogenemissionswerte nach Brennstoff- und Feuerungsarten (UMBW, 1990)

	HCl [mg/m³] (i.N.tr.)	HF [mg/m³] (i.N.tr.)	O_2 - Bezug
Steinkohle: [1]			
Staubfeuerung mit trockenem Ascheabzug	< 300	< 30	7 %
Rostfeuerung (Schubroste, Wanderroste mit Trichteraufgabe)	< 200	< 15	7 %
stat. Wirbelschichtfeuerung [2]	< 300	< 30	7 %
zirk. Wirbelschichtfeuerung [3]	< 200	< 30	7 %
Holz (Rostfeuerung):	(<1.000) [4]	-	11 %
Öl:			
Heizöl S	-	-	3 %
Heizöl EL	-	-	3 %
Erdgas:	-	-	3 %

1) max. Cl-Gehalt in Kohle: 0,2 Gew.-% (wf)
2) Zugabe von Additiv, Ca/S < 4,5 und Ascherückfürung
3) Zugabe von Additiv, Ca/S < 2,5 und Ascherückführung
4) Bei beschichteten Hölzern (z.B. PVC beschichtete UF-Spanplatte)

Die NO_x-Emissionen können in der Regel durch Primärmaßnahmen unter die gesetzten Grenzwerte gesenkt werden. Sollte jedoch in Zukunft eine weitere Absenkung der NO_x-Grenzwerte erfolgen, so werden aus heutiger Sicht entweder das SNCR- oder das SCR-Verfahren zur weiteren Emissionsminderung eingesetzt (Schultess, 1987 a). Beide Verfahren verursachen im Betrieb keinen direkten Reststoffanfall.

Maßgebend für die Rauchgasreinigung und damit für den Reststoffanfall sind Brennstoffart und -qualität. Hinsichtlich der Brennstoffqualität, die abhängig ist von der Provenienz sowie von etwaigen Aufbereitungsschritten, bestehen in der Bundesrepublik ziemlich eindeutige Verhältnisse. Beispielsweise sind die verschiedenen Qualitäten von Heizöl durch entsprechende DIN-Normen festgelegt, und auch die am Markt angebotenen Kohlesorten schwanken in relativ engen Bandbreiten.

Viel schwieriger ist es dagegen, zukünftig eingesetzte Brennstoffarten vorauszusagen, da eine Vielzahl von Einflußgrößen existiert. Als die dominierende Größe für die Wahl der Brennstoffart können die jeweils gültigen Brennstoff-Marktpreise bzw. deren Entwicklung angesehen werden. Dazu geben die Abbildungen 9 und 10 die Entwicklung im Zeitraum von 1970 bis 1990 wieder.

Marktpreise für Holz sind nicht relevant, da Holzfeuerungen fast nur in der holzverarbeitenden Industrie Anwendung finden und dort die in der Produktion anfallenden Holzreste als Brennstoff verwertet werden. Wie aus den Abbildungen 9 und 10 hervorgeht, gab es in den letzten fünfzehn Jahren ziemlich starke Schwankungen der Preise sowohl bezogen auf die einzelnen Brennstoffe als auch in der Relation zwischen diesen. Demnach ist eine zuverlässige Prognose schwierig (Schürmann, 1986).

In der Regel ist eine Feuerungsanlage für eine bestimmte Brennstoffart ausgelegt. Dementsprechend umfaßt die Entscheidung für eine konkrete Feuerungsanlage auch die Wahl/Festlegung der Brennstoffart.[36] Aufgrund des langfristigen Charakters dieser Entscheidung besteht dann nur eine begrenzte Flexibilität im Hinblick auf den eingesetzten Energieträger über den Zeitablauf.[37]

[36] Die entscheidungsrelevante ökonomische Größe sind die Energiekosten, das ist die Summe aus Brennstoff- und Energieumwandlungskosten.

[37] Es gibt auch Feuerungssysteme, die für mehrere Brennstoffe konzipiert sind, z. B. Heizöl S und Heizöl EL; dies ist aber meist mit gewissen Wirkungsgradeinbußen verbunden und ist dementsprechend wenig verbreitet in der Praxis.

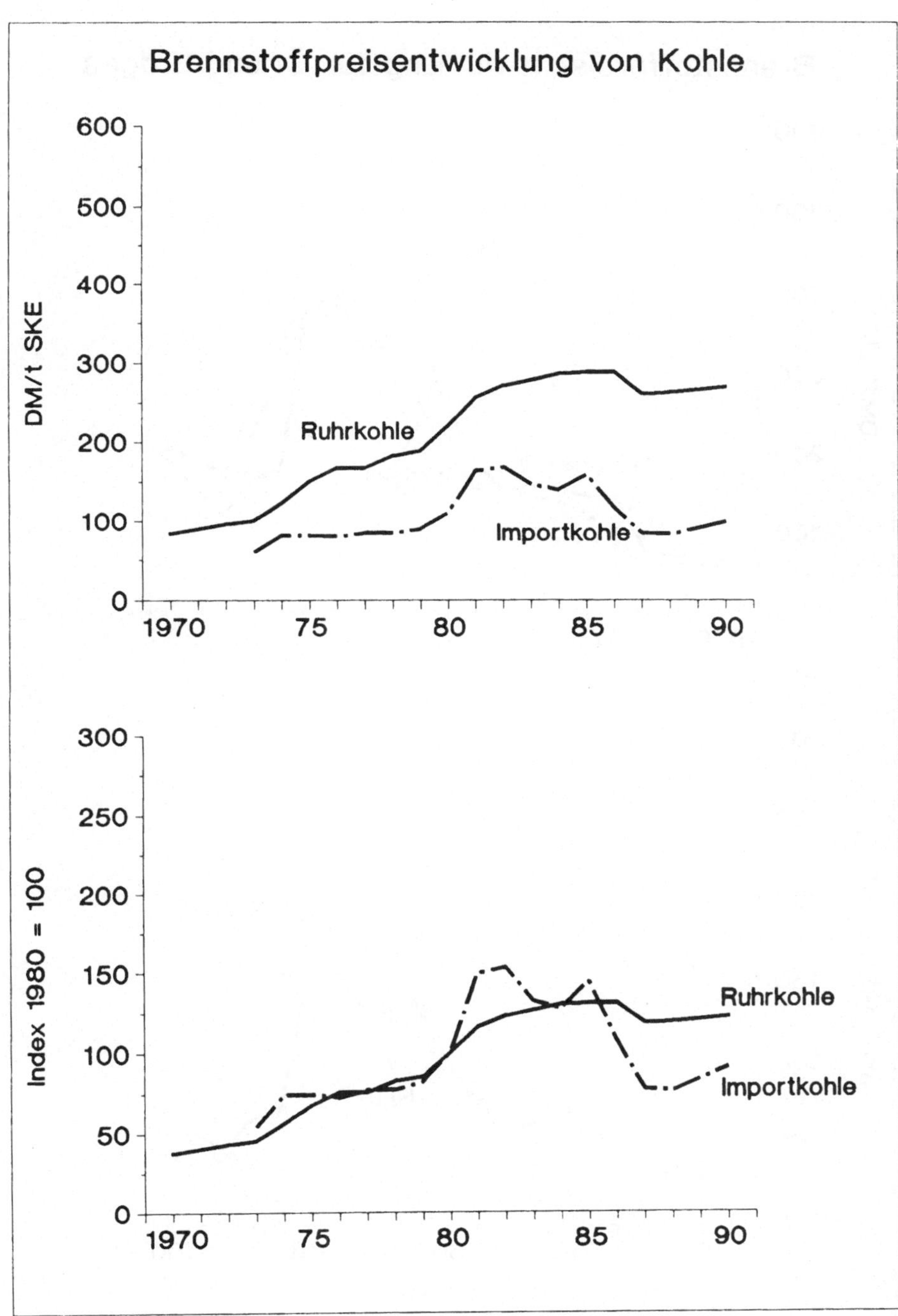

Abbildung 9: Brennstoffpreisentwicklung für Kohle von 1970 bis 1990 (ZfE, 1988).

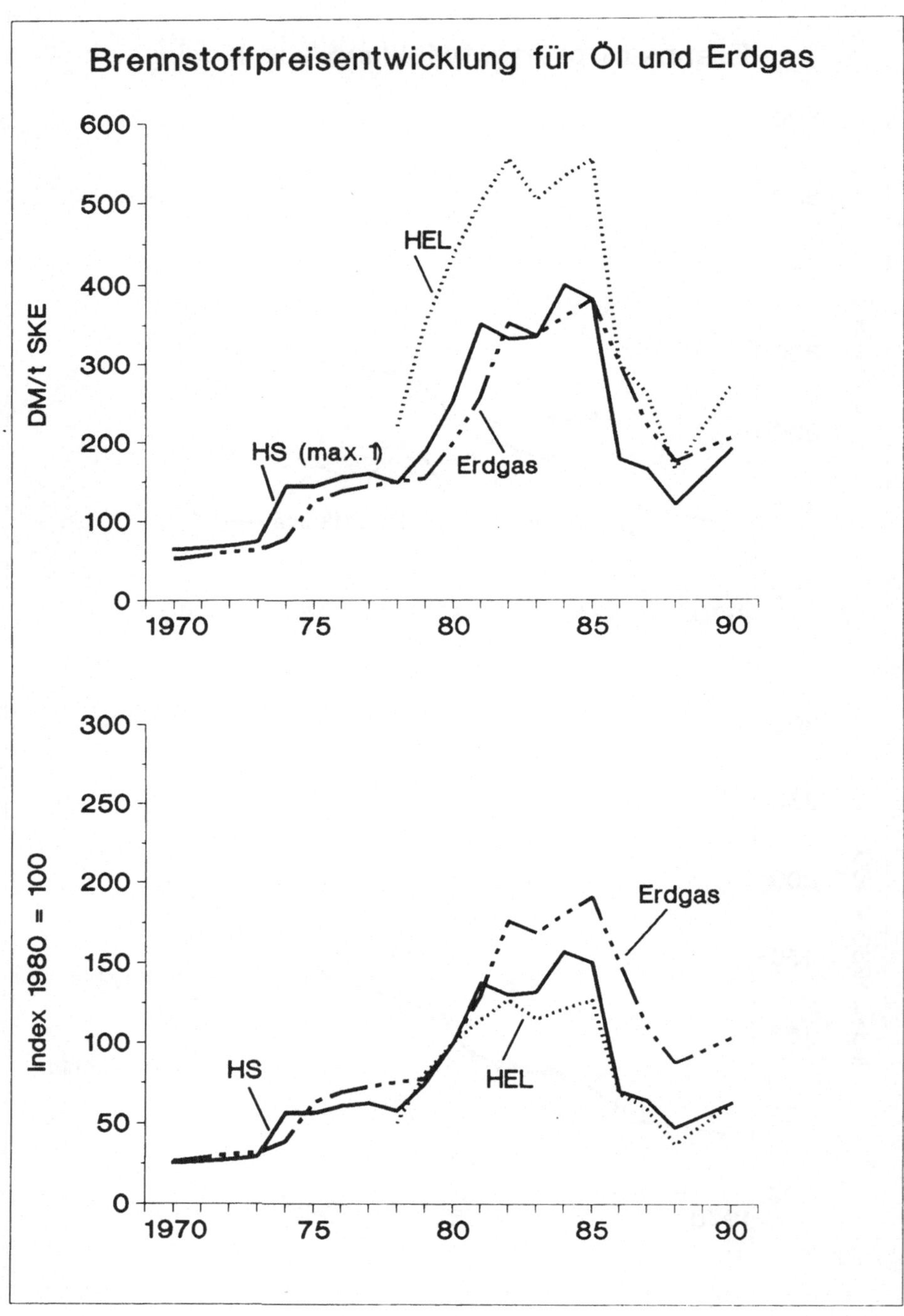

Abbildung 10: Brennstoffpreisentwicklung für Heizöl und Erdgas von 1970 bis 1990 (ZfE, 1988).

3.4.2 Emissionsgrenzwerte

In Abhängigkeit der Feuerungswärmeleistung und der Brennstoffart sind in der Bundesrepublik Deutschland die in der Tabelle 8 angeführten Regelwerke für die Emissionsbegrenzung relevant.

Tabelle 8: Geltungsbereiche der 1. BImSchV, TA Luft und 13. BImSchV (Feuerungsleistung in MW)

FEUERUNGSANLAGEN	GELTUNGSBEREICH		
FÜR DEN EINSATZ VON	1. BImSchV	TA Luft	13. BImSchV
herkömmlichen festen Brennstoffen	< 1	1 - < 50	≥ 50
Heizöl EL	< 5	5 - < 50	≥ 50
sonstigen Heizölen	< 1	1 - < 50	≥ 50
gasförm. Brennstoffen	< 10	10 - < 100	≥ 100
festen oder flüssigen brennbaren Stoffen	-	0,1 - < 50	≥ 50

Für kleine und mittlere Anlagengrößen faßt Tabelle 9 die Grenzwerte der TA Luft 1986 zusammen. Diese sind auch für Altanlagen mit Übergangsfristen bis spätestens 1. März 1994 gültig.

Die SO_2–Emissionsgrenzwerte für Kohlefeuerungen und Schwerölfeuerungen haben – außer bei Wirbelschichtfeuerungen – den *Charakter von Mindestanforderungen*, die sich durch Einsatz von Brennstoffen mit bestimmten Schwefelgehalten erfüllen lassen. Zusätzlich verlangen *Dynamisierungsklauseln*, daß die Möglichkeiten zur Minderung von SO_2– und NO_x–Emissionen auszuschöpfen sind. Demnach ist eine weitere Absenkung der Grenzwerte mit der technischen Entwicklung zu immer höheren Abscheideleistungen gekoppelt.

Je nach Feuerungssystem und Emissionsgrenzwerten sowie technisch möglicher Primärmaßnahmen sind Anlagen zur Rauchgasreinigung (Sekundärmaßnahmen) notwendig oder nicht; dies schließt auch Kombinationen von Primär- und Sekundärmaßnahmen ein. Insbesondere sind Rauchgasreinigungsanlagen, deren Betrieb in der Regel mit einem Reststoffanfall verbunden ist, zur Staubabscheidung bei Kohle–, Holz– und Heizöl S–Feuerungen

Tabelle 9: Emissionsgrenzwerte der TA Luft für Feuerungsanlagen (Davids et al., 1987; LAI, 1988)

	Feuerungsanlagen für den Einsatz von		
	herkömmlichen [1)] festen Brennstoffen	Heizölen	gasförmigen Brennstoffen
O_2-Bezugswert	Kohle: 7 % Sonstige: 11 %	3 %	3 %
Staub	≥ 5 MW_{th}: 50 mg/m^3 < 5 MW_{th}: 150 mg/m^3	80/50 mg/m^3 [8)] Heizöl EL: Rußzahl 1	Industriegas der Stahlerzeugung: 50 mg/m^3 Gichtgas: 10 mg/m^3 Sonstige: 5 mg/m^3
CO	0,25 g/m^3 (für Einzelf. < 2,5 MW_{th} nur bei Nennlast)	0,17 g/m^3	0,1 g/m^3
SO_2	2 g/m^3 [2)] WSF: 0,4 g/m^3 oder Schwefelemissionsgrad max. 25 %	1,7 g/m^3 [9)] ≤ 5 MW_{th}: nur Heizöl EL oder gleichwertige Entschwefelung	Verbundgase [11)]: 0,2-0,8 g/m^3 Kokereigas oder Raffineriegas : 0,1 g/m^3 Flüssiggas : 5 mg/m^3 [12)] Erdölgas : 1,7 g/m^3 Sonstige : 35 mg/m^3
NO_x (NO_2)	0,5 [3)] / WSF: 0,3 g/m^3 [4)] Anhaltswerte nach LAI (1988): Neuanl./ Altanl. [3)] Rostf. :0,4 [5)] / 0,5 g/m^3 Staubf.:0,4 [6)] / 0,5 g/m^3 WSF :0,4 [7)] / 0,5 g/m^3	Heizöl EL: 0,25 g/m^3 Sonstige : 0,45 g/m^3 [3)] Anhaltswerte nach LAI (1988) für sonstige Öle: Neuanlagen: 0,3 g/m^3 [10)] Altanlagen: 0,45 g/m^3 [3)]	0,2 g/m^3 [13)]

1) Kohle, Koks, Kohlebriketts, Torf, Holz, Holzwerkstoffe und daraus anfallende Reste, soweit keine Holzschutzmittel aufgetragen oder enthalten sind und Beschichtungen nicht aus halogenorganischen Verbindungen bestehen

2) Weitergehende Minderungsmaßnahmen sind bei Einsatz von Kohle auszuschöpfen, z. B. durch Zugabe basischer Sorbentien

3) Feuerungstechnische Minderungsmaßnahmen sind auszuschöpfen

4) Für stationäre Wirbelschichtfeuerungen > 20 MW_{th} oder Wirbelschichtfeuerungen mit zirkulierender Wirbelschicht

5) Ausgenommen Feuerungsanlagen für den Einsatz von aminoplastharzgebundenen Holzwerkstoffresten; für Einzelfeuerungen bis 10 MW_{th} bei Einsatz von Steinkohle: 500 mg/m^3

6) Für Einzelfeuerungen bis 20 MW_{th}: 500 mg/m^3

7) Für stationäre Wirbelschichtfeuerungsanlagen bis 20 MW_{th}

8) Bei Feuerungsalagen ≥ 5 MW_{th} und Heizöl mit > 1 % S

9) Weitergehende Minderungsmaßnahmen sind auszuschöpfen, z. B. durch den Einsatz schwefelarmer Öle

10) Zielwert, Einzelfallprüfung

11) Brenngase im Verbund zwischen Eisenhüttenwerk und Kokerei je nach Koks- bzw. Hochofengasanteil 200 - 800 mg/m^3

12) Nur bei Tertiärmaßnahmen zur Erdölförderung

13) Bei Verbrennung von Prozeßgasen, die zusätzlich Stickstoffverbindungen enthalten, Begrenzung nach dem Stand der Technik

sowie zur SO_2–Minderung bei Kohle– und Heizöl S–Feuerungen erforderlich.[38] Für die Höhe des Reststoffanfalls ist dabei die Differenz zwischen Rohgasbeladung und einzuhaltendem Emissionsgrenzwert von Bedeutung.

3.4.3 Emissionsminderungstechnik

Für den Reststoffanfall, insbesondere im Hinblick auf die Kriterien Stoffart, Qualität und Menge, sind Verfahrenswahl und Betrieb einer Emissionsminderungsanlage entscheidend. Vor allem müssen dabei auch die Anforderungen der Reststoffentsorgung von vorne herein adäquat in Form einer reststoffoptimierten Rauchgasreinigung[39] Berücksichtigung finden. Denn nur so ist es möglich, Lösungen im Sinne des integrierten Umweltschutzes, der sowohl eine Vermeidung von medialen Problemverlagerungen als auch einen möglichst effizienten Einsatz verfügbarer Ressourcen verlangt, zu entwickeln. Daraus resultierend kommt der Entwicklung bzw. Bereitstellung von regionalen Entsorgungsalternativen ebenfalls eine wesentliche Bedeutung zu.

Der Reststofftyp bzw. die *Stoffart* wird durch den Verfahrenstyp der Emissionsminderungstechnik weitgehend festgelegt. Dazu gibt Tabelle 10 einen Überblick sowie eine qualitative Bewertung der möglichen Verfahren.

Aufbauend auf dieser Bewertung sind in Abbildung 11 für die wesentlichen Verfahren die daraus resultierenden Reststofftypen (Stoffarten) angeführt.

In welcher *Qualität* die einzelnen Reststoffe im Betrieb anfallen, hängt in hohem Maße von der Detailkonzeption einer Anlage, die sich von Hersteller zu Hersteller unterscheidet, von der Verfahrensführung und von der Betriebweise der Feuerungsanlage ab. Diese Zusammenhänge sowie die Stoffströme in einer Rauchgasreinigungsanlage, die chemische Zusammensetzung, der mineralogische Aufbau und die damit verbundenen physikalischen Eigenschaften sind für alle Reststofftypen in UMBW (1990) ausführlich beschrieben.

Für die anfallende *Reststoffmenge* hat die Emissionsminderungstechnik ebenso einen erheblichen Einfluß. Die spezifische Reststoffmenge bezogen auf eine Gewichtseinheit SO_2 nimmt ausgehend von den naßarbeitenden über die halbtrockenen (Trockensorption, Sprühabsorption) bis zu den trockenen

[38] Bezüglich der NO_x–Minderung vgl. die Ausführungen im Abschnitt 3.4.1

[39] Hinsichtlich der Aufbereitung in Zusammenhang mit Verwertung sind zwei wesentliche sich ergänzende Ansätze erkennbar: Die *reststoffoptimierte Rauchgasreinigung*, sie entspricht einer *primären Aufbereitung*, und die *entsorgungsorientierte Reststoffbehandlung*, sie entspricht einer *sekundären Aufbereitung* im Sinne der Entsorgungsfunktion "Aufbereitung" (vgl. Abschnitt 3.3.1).

Tabelle 10: Qualitative Bewertung möglicher Verfahrenstechniken zur Staubabscheidung und SO_2–Minderung im Leistungsbereich der TA Luft (UMBW, 1990)

	Einsatzbereich	erzielbare Emissionsminderung	Verfahrensführung	Entwicklungsstand	Reststoffentsorgung	Wirtschaftlichkeit	Referenzanlagen
Staubabscheider 2)	+	+	+	+	o	+	+
Wirbelschichtfeuerung mit Additivzugabe							
stat. atm. WSF	+	o	+	o	o	3)	+
zirk. atm. WSF	+	+	+	o	o	3)	+
Trockenadditivverfahren							
Kalkstein/Kalkhydrat	+	x	o	+	o	x	+
Natriumcarbonat	+	+	+	o	o	x	+
Kupferoxid	+	+	o	-	-	o	-
Trockensorptionsverfahren							
Strömungsreaktor	+	o	+	o	o	x	+
Schüttgut-Tiefbett-Reaktor	+	o	+	+	o	x	+
Sprühabsorpitonsverfahren	+	+	o	+	o/-	o	x
Naßabsorptionsverfahren							
Kalkstein/Kalkhydrat	+	+	+	o	o	o	+
Natronlauge	+	+	+	o	o	o	+
Wasserstoffperoxid	+	+	-	-	o	o	o
Schwefel-/Salptersäure	-	+	-	-	o	-	-
Ammoniak	-	+	-	+	+	o	x
Bromwasserstoff	-	+	-	o	o	-	-
Kondensationswaschverfahren							
Kalkhydrat	+	+	o	o	o	o	+
Natronlauge	+	+	o	o	o	o	+
alkal.Betriebsabwässer	+	+	o	o	o	x	+
Oxidation/Absorption							
Katalysator	-	+	o	+	-	-	x
Elektronenbestrahlung	+	+	-	-	o	-	-
Adsorption an Aktivkoks							
Braunkohlenkoks	+	+	+	o	+1)	o	x
Form-Aktivkohle	-	+	o	o	o	-	x

1) Verbrennen
2) filternde und elektrische Abscheider
3) keine Angabe möglich

Einsatzbereich:
- \+ relevanter TA Luft-Bereich
- \- nicht im relevanten TA Luft-Bereich

erzielbare EM:
- \+ über 80 %
- o über 70 %
- x über 60 %
- \- unter 60 %

Verfahrensführung:
- \+ einfache Steuerung (eine Verfahrensstufe
- o umfangreiche Steuerung
- \- komplexe Steuerung (mehrere Verfahrensstufen)

Entwicklungsstand:
- \+ einsatzfähig
- o Optimierungsbedarf
- \- Entwicklungsbedarf

Reststoffentsorgung:
- \+ Reststoff verwertbar
- o Reststoff nach einfacher Aufbereitung verwertbar
- \- Reststoff nur durch komplexe Aufbereitung verw.
- x kein direkter Reststoffanfall

Wirtschaftlichkeit:
Spez. Gesamtkosten [DM/1.000 m^3] für 10 MW_{th}-Kohlekessel bei 2.000 VBh/a (Durchschnittswerte):
- \+ unter 5 DM/1.000 m^3
- x 5 bis 12 DM/1.000 m^3
- o 12 bis 20 DM/1.000 m^3
- \- größer 20 DM/1.000 m^3

Referenzanlage:
- \+ im relevanten TA Luft-Anlagenbereich
- x nicht im relevanten TA Luft-Anlagenbereich
- o Pilotanlage
- \- Versuchsstadium

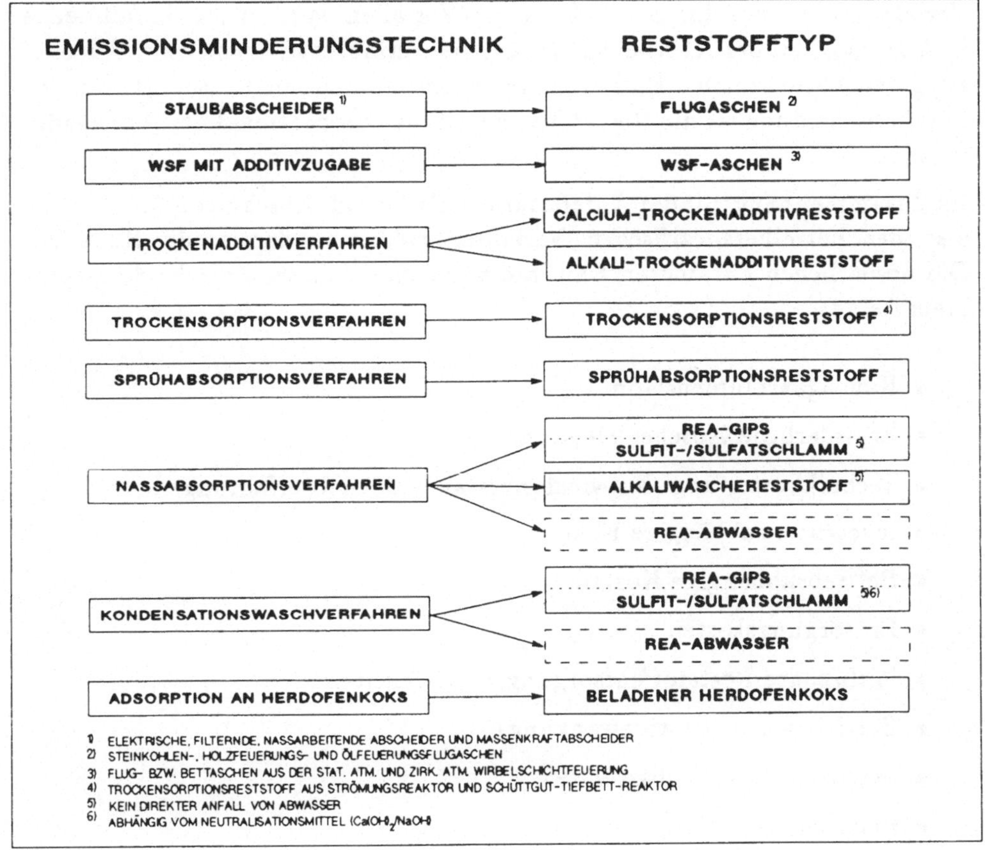

Abbildung 11: Reststofftypen der relevanten Verfahrenstechniken zur Staubabscheidung und SO_2–Minderung im Leistungsbereich der TA Luft (UMBW, 1990)

Verfahren etwa um das 3 – 4 -fache zu. Vor allem variiert die Anfallmenge in Abhängigkeit der Abscheideleistung, der Verfahrensführung bzw. Ausnutzung des Absorbens bei Entschwefelungsanlagen und der Kessellast. Bei der Staubabscheidung ist die Reststoffmenge direkt proportional der Abscheideleistung.

Im Zusammenhang mit der Anfallcharakteristik (vgl. Abschnitt 3.3.1) kommt also der betreiberspezifischen Verfahrenswahl eine dominante Rolle zu. Die wesentlichen Parameter/Randbedingungen für dieses Entscheidungsproblem[40] sind:

- Rauchgasvolumenstrom
- Erforderliche Abscheideleistung
- Technikbewertung: Entwicklungsstand, Betriebserfahrungen
- Investitionsabhängige Kosten
- Betriebsabhängige Kosten
- Entsorgungskosten
- Verfügbare Reststoffentsorgungsmöglichkeiten
- Betriebsweise (Lastschwankung)
- Jahresvollastbetriebsstunden
- Platzbedarf
- Abwassereinleitmöglichkeit (Vorfluter)

Abschließend sei noch darauf hingewiesen, daß ein Reststoff aus Sicht des Anlagenbetreibers ein unerwünschtes Kuppelprodukt der Produktion ist und nach kostenrechnerischen Gesichtspunkten diesem keine Kosten zugeordnet werden. Daher ist der Begriff "Herstellkosten" hier nicht zutreffend.

Den Einfluß der Entsorgungskosten auf die gesamten Emissionsminderungskosten zeigt Tabelle 11 für den Fall, daß die Entsorgungskosten 100 DM/t betragen, wobei die tatsächlichen Entsorgungskosten einzelfallabhängig in weiten Bereichen (50 – 350 DM/t) schwanken können.

[40] Das Entscheidungsproblem der betreiberspezifischen Verfahrenswahl von Emissionsminderungstechniken wird bei Gruber (1990) umfassend behandelt.

Tabelle 11: Einfluß der Entsorgungskosten auf die gesamten Emissionsminderungskosten

Anlagengröße / Rauchgasreinigungsverfahren[1]	10 MW_{th}				30 MW_{th}				50 MW_{th}			
	1	2	3a	3b	1	2	3a	3b	1	2	3a	3b
filternder Staubabscheider	90	7	97	-	205	20	225	-	300	35	335	-
SWSF mit Additivzugabe[2]		21	-	-		63	-	-		105	-	-
ZWSF mit Additivzugabe[2]		16	-	-		48	-	-		80	-	-
Calcium-TAV ohne Reststoffrückführung[3]	365	-	-	-	935	-	-	-	1.470	-	-	-
Calcium-TAV mit Reststoffrückführung	455	40	495	- 1	1.090	120	1.210	+10	1.660	200	1.860	+12
Alkali-TAV ohne Staubvorabscheider	480	20	500	+/-0	1.040	60	1.100	+/-0	1.555	100	1.655	+/-0
TSV-Strömungsvorreaktor ohne Staubvorabscheider	450	28	478	- 5	1.050	84	1.134	+ 3	1.535	140	1.675	+ 1
TSV-Schüttgut-Tiefbett-Reaktor ohne Staubvorabscheider[4]	330	24	354	-29	-	-	-	-	-	-	-	-
SAV ohne Staubvorabscheidung	425	28	453	-10	1.065	84	1.149	+ 5	1.655	140	1.795	+ 8
Kalksteinwäsche ohne Oxidation/Entwässerung	485	30	515	+ 3	1.250	90	1.340	+22	1.945	150	2.095	+26
Kalksteinwäsche mit Oxidation/Entwässerung	570	19	589	+18	1.460	57	1.517	+38	2.070	95	2.165	+30
Alkaliwäsche	570	52	622	+25	1.225	156	1.381	+25	1.760	260	2.020	+22
Kondensationswäsche ohne Oxidation/Entwässerung	455	30	485	- 3	1.050	90	1.140	+ 4	1.545	150	1.695	+ 2
Kondensationswäsche mit Oxidation/Entwässerung	560	20	580	+16	1.225	60	1.285	+17	1.800	100	1.900	+15
Herdofenkoksentschwefelung[5]	630	-30	600	+20	1.560	-90	1.470	+37	2.405	-150	2.255	+36

Ausgangsbasis:

Rohgas: Staub: 1.500 mg/m^3 (i.N.tr.)
SO_2: 1.700 mg/m^3 (i.N.tr.)

Reingas: Staub: 50 mg/m^3 (i.N.tr.)
SO_2: 400 mg/m^3 (i.N.tr.)

Spalte 1 jährliche Gesamtkosten ohne Entsorgung in [TDM/a] (n = 15 Jahre, i = 7,5 %/a, 3.000 VBh/a)

Spalte 2 jährliche Entsorgungskosten in [TDM/a] bei spezifischen Entsorgungskosten von 100 DM/t

Spalte 3a jähriche Gesamtkosten in [TDM/a] bei spezifischen Entsorgungskosten von 100 DM/t
3b prozentualer Vergleich der jährlichen Gesamtkosten in [%], Basis: Alkali-TAV

1) Alle Entschwefelungsverfahren inkl. filterndem Staubabscheider (zur Minderung der Staub- und SO_2-Emission)
TAV...Trockenadditivverfahren; TSV...Trockensorptionsverfahren; SAV...Sprühabsorptionsverfahren
2) Die Trennung der Gesamtkosten in Energieerzeugungs- bzw. Rauchgasreinigungsanteil ist nicht möglich
3) Calcium-TAV ohne Reststoffrückführung erreicht einen maximalen SO_2-Abscheidegrad von 72 %
4) TSV-Schüttgut-Tiefbett-Reaktor ist für Anlagen $\leq$ 20 MW_{th} ausgelegt
5) spezifische Entsorgungserlöse für beladenen Herdofenkoks: 40 DM/t

3.5 Einflußfaktoren auf das Verwertungspotential

Die Verwertungsmöglichkeiten der Reststoffe werden primär von der Stoffart bestimmt. Daraus eröffnet sich bei einer Betrachtung über alle relevanten Reststoffe ein Spektrum von Verwertungsbereichen wie in der Tabelle 12 dargestellt, wobei der Industriesektor Steine und Erden eine dominierende Stellung einnimmt. Wesentlich dabei ist, daß eine Verwertung praktisch ausschließlich durch industrielle Abnehmer erfolgt und daher für das Verwertungspotential relativ gut kalkulierbare Verhältnisse bestehen.

Aufbauend auf der Stoffart ist die vom Verwerter geforderte *Reststoffqualität*, das ist fallspezifisch ein geeigneter Satz weitgehend physikalisch–chemisch–technischer Parameter,[41] für das Verwertungspotential wesentlich. Vor allem ist das qualitative Anforderungsniveau desjenigen Anteils der Reststoffe entscheidend, der dieses Niveau mit technisch und wirtschaftlich vertretbarem Aufwand erreicht.

Neben den rein stoffbezogenen Qualitätskriterien, die sich auf die chemische Zusammensetzung und auf den mineralogischen Aufbau beziehen, gibt es darüber hinaus noch subjektive Kriterien wie z. B. die Farbe, die oft erhebliche Verwertungsprobleme darstellen können.

Da die Reststoffe aus der Rauchgasreinigung relativ neuartig sind, bestehen zur Zeit noch nicht für alle potentiellen Verwertungsoptionen klar definierte Qualitätsanforderungen; dies resultiert u. a. aus einem noch zu geringen Untersuchungsumfang. Schwierigkeiten gibt es vor allem bei solchen Reststoffen, die Gemische aus mehreren Phasen sind, wie etwa Wirbelschichtaschen, die im wesentlichen aus einem Ascheanteil und einem Entschwefelungsanteil (Calciumverbindungen) bestehen, und wo ähnliche Naturrohstoffe nicht existieren bzw. nicht eingesetzt werden. Das kann dazu führen, daß man entweder ascheähnliche oder dem Entschwefelungsanteil-ähnliche Naturrohstoffe als Vergleichsmaßstab heranzieht und dementsprechend "übertriebene" Anforderungen an einen der beiden Anteile erhoben werden.

Demnach müssen Produktnormen vielfach erst erstellt bzw. auf die Reststoffe abgestimmt werden. Für die Praxis der Verwertung kommt außer der Festlegung von Qualitätsstandards, die oft als Orientierungswerte zu interpretieren sind, auch der Spezifizierung von Schwankungsbreiten und der Qualitätssicherung eine wesentliche Bedeutung zu. Die Qualitätssicherung soll sich aber ausschließlich auf der Reststoff beschränken und sich nicht auch auf die

[41] Beispielsweise umfaßt die Anfordungsliste der Gipsindustrie an die REA–Gips Qualität 19 Parameter (vgl. Tabelle 14, Abschnitt 4.4.2).

Tabelle 12: Prinzipielle Verwertungsmöglichkeiten von Reststoffen nach entsprechender Aufbereitung (vgl. Kapitel 4)

RESTSTOFF VERWERTUNGS-BEREICHE	STEINKOHLE ROSTFEUERUNGS-FLUGASCHE	HOLZFEUERUNGS-FLUGASCHE	ÖLFEUERUNGS-FLUGASCHE	WIRBELSCHICHT-ASCHE	CALCIUM-TROCKEN-ADDITIV-RESTSTOFF
Zementindustrie	Korrekturst. U Zumahlstoff K Sekundär-brennstoff K	Sekundär-brennstoff K		Korrektur-stoff U Zumahlstoff K	Korrektur-stoff U Zumahlstoff K
Beton- und Baustoffindustrie	Zusatzstoff K Zuschlag U Verfüllmat. U Rohstoff U	Zusatzbrenn-stoff (Ziegel) K		Zusatzstoff K Zuschlag E Verfüllmat. E Rohstoff (Ziegel) K	Zusatzstoff K Zuschlag E Verfüllmat. E Rohstoff (Ziegel) K
Gipsindustrie					
Straßen- und Wegebau	Füller K Zusatzstoff K Zuschlag U Boden K			Füller K Zuschlag E Boden K	Füller K Zuschlag E Boden K
Landschaftsbau	Verfüllmat., Bodenersatz K			Verfüllmat., Bodenersatz U	Verfüllmat., Bodenersatz U
Bergbau	Zusatzstoff (Mörtel) K Zumischstoff K Verfüllmat. U			Zusatzstoff/ (Mörtel) U Zumischstoff U Verfüllmat. E	Zusatzstoff/ (Mörtel) U Zumischstoff U Verfüllmat. E
Verwertung in industriellen Produktionsprozessen: Natriumsulfat					
Natriumchlorid / -hydroxid					
SO_2-Reichgas					
Vanadium			Wert- und Rohstoff E		
Großfeuerungs-anlagen mit REA	Zusatz-brennstoff K	Zusatz-brennstoff K	Zusatz-brennstoff K		
Düngemittelind.		Düngemittel U		Düngezusatz E	
Deponiebau und Deponiebetrieb	Verfestigungs-mittel K Abdichtmittel K			Verfestigungs-mittel K Abdichtmittel K	Verfestigungs-mittel K Abdichtmittel K

V...verbreitete Anwendung
E...Eignung nachgewiesen, Einzelanwendung
U...Untersuchung bzw. Entwicklung
K...keine Aktivitäten

Fortsetzung von Tabelle 12

RESTSTOFF VERWERTUNGS-BEREICHE	ALKALI-TROCKEN-ADDITIV-RESTSTOFF	HOCHCALCIUM-SULFITHALTIGE RESTSTOFFE[2)]	HOCHCALCIUM-SULFATHALTIGE RESTSTOFFE[3)]	ALKALIWÄSCHE-RESTSTOFF	BELADENER HERDOFENKOKS
Zementindustrie	1)	Zumahlstoff E	Zumahlstoff V	1)	Sekundär-brennstoff U
Beton- und Baustoffindustrie	1)	Zuschlag K Verfüllmat. E	Zuschlag E Zusatzstoff (Ziegel) E	1)	
Gipsindustrie	1)	Rohstoff für Baugipse K Gipsplatten u. Gipsspanpl. K Anhydrithst. K Gipssteine U	Rohstoff für Baugipse V Gipsplatten u. Gipsspanpl. V Anhydrithst. U Gipssteine U	1)	
Straßen- und Wegebau	1)			1)	
Landschaftsbau		Verfüllmat., Bodenersatz U	Verfüllmat., Bodenersatz U		
Bergbau	1)	Zusatzstoff U (Mörtel) Rohstoff U (Mörtel) Zumischstoff U	Rohstoff U (Mörtel) Zumischstoff U	1)	
Verwertung in industriellen Produktionsprozessen:					
Natriumsulfat	Rohstoff K Stellmittel K Läuterungsmittel U			Rohstoff K Stellmittel K Läuterungsmittel K	
Natriumchlorid / -hydroxid	Rohstoff U			Rohstoff	
SO_2-Reichgas					SO_2-Reichgas U
Vanadium					
Großfeuerungsanlagen mit REA		Einschleusen in Kalksteinwäsche U	Einschleusen in Kalksteinwäsche U	Einschleusen in Kalksteinwäsche[4)] E	Zusatzbrennstoff E
Düngemittelind.	1)	Düngemittel K	Düngemittel E	1)	
Deponiebau und Deponiebetrieb					

1) nach Umfällung zu Gips: Verwertungsoptionen wie für hochcalciumsulfathaltige Reststoffe
2) Sprühabsorptionsreststoff, Trockensorptionsreststoff (Strömungsreaktor), Calciumsulfit-/Calciumsulfatschlamm aus Kalkstein- und Kondensationswaschverfahren; nach Oxidation zu Gips oder zu Anhydrit Verwertungsoptionen wie REA-Gips
3) REA-Gips aus Kalkstein- und Kondensationswaschverfahren sowie Trockensorptionsreststoff aus Schüttgut-Tiefbett-Reaktor
4) Die Einschleusung erfolgt in den Vorwäscher

V...verbreitete Anwendung
E...Eignung nachgewiesen, Einzelanwendung
U...Untersuchung bzw. Entwicklung
K...keine Aktivitäten

Feuerungsanlage oder sogar den Brennstoff beziehen, wie es zur Zeit bei der Prüfzeichenvergabe für Steinkohlenflugaschen üblich ist, da dies die Verwertung behindert.

Das *theoretische Verwertungspotential* für Reststoffe bzw. aufbereitete Reststoffe, die den Qualitätsanforderungen genügen, leitet sich aus den spezifisch einsetzbaren Mengen und dem Produktionsvolumen ab. Die spezifischen Verwertungsmengen sind abhängig von der Rohstoffbasis, der produktspezifischen Rohstoffrezeptur und vom Produktionsverfahren – also standort- und werksabhängig.[42] Das Marktvolumen für den Industriebereich Steine und Erden, dessen wirtschaftliche Entwicklung eng mit jener der Bauindustrie gekoppelt ist, zeigte in der Bundesrepublik Deutschland eine deutliche Schrumpfung seit Beginn der 80-er Jahre (BDZ, 1987). Dieser Rückgang ist zwar unterschiedlich für die einzelnen Teilbereiche, doch für das gesamte Bauvolumen wird langfristig mit einer Stabilisierung auf dem Niveau der letzten Jahre gerechnet (BSE, 1988).

Eine Verringerung des theoretischen Verwertungspotentials kann unter marktwirtschaftlichen Bedingungen einerseits durch Marktakzeptanzprobleme für Produkte mit Reststoffverwendungen (Basis Research, 1987), was jedoch vielfach auf einen erst teilweise vollzogenen Umdenkprozeß zurückzuführen ist, und andererseits durch eine Verwertung gleichartiger Reststoffe aus anderen Produktionsbereichen erfolgen.[43]

In diesem Zusammenhang sei exemplarisch erwähnt, daß erhebliche Mengen Hüttensand und Chemiegipse aus der Phosphor- und Flußsäureherstellung in der Zementindustrie als Zumahlstoff verwertet werden; darüber hinaus wird in der Bundesrepublik Deutschland der überwiegende Teile des Natriumsulfatbedarfes durch Reststoffe der chemischen Industrie gedeckt. Dies weist auf ein Verwertungspotential hin, das prinzipiell verfügbar ist, und es erhebt sich die Frage, wovon nun dessen Ausnutzung abhängig ist.

Dafür ist es sinnvoll, zwischen rein kostenorientierten ökonomischen Gesichtspunkten und langfristig strategischen Überlegungen zu unterscheiden. Wie bereits im Abschnitt 3.3.3 erwähnt, müssen aus der Sicht des Verwerters die Einstandskosten am Verwertungsort für den Reststoff günstiger sein als jene für den Naturrohstoff, damit ein gewisser finanzieller Anreiz besteht, um eine Verwertung zu realisieren bzw. aufzubauen. Darüber hinaus müssen diese vergleichbaren Einstandskosten um mögliche Zusatzkosten bzw. Einsparungen bei der Produktion auf Reststoffbasis korrigiert werden.

[42] Eine detaillierte quantitative Analyse wurde in UMBW (1988 und 1990) durchgeführt.

[43] Der Vollständigkeit wegen, sei hier auf eine analoge Untersuchung zur systematischen Bestimmung des Recyclingpotentials (nach Menge und Wert) in der Bundesrepublik für 17 Abfallstoffgruppen (Nolte, 1986 und 1987) hingewiesen.

Innerhalb dieser Einstandskosten können die Lager- und Transportkosten, je nach vorliegender Entsorgungstruktur (vgl. Abschnitt 3.3.3), einen unterschiedlichen Einfluß haben. Im Hinblick auf die Lagerkosten ist der zeitliche Verlauf der Produktion im Vergleich zum Anfall über das Jahr maßgebend, wobei von einem relativ gleichmäßigen Verlauf (z. B. Gipsplattenherstellung) bis zum ausgeprägten saisonellen Bedarf (z. B. Straßenbau) alle Übergangsformen vorkommen. Die Transportkosten werden im wesentlichen von den Entfernungen und damit von den Verwertungsstandorten determiniert.

Grundsätzlich sind die Werke der Zement-, Beton-, Brennstoff- und Gipsindustrie dort angesiedelt, wo Rohstoffvorkommen sind; dies gilt klarerweise auch für den Bergbau. Dagegen befinden sich die Standorte der relevanten Industrien des Nicht-Steine und Erden-Sektors meist in den sogenannten Industrieregionen. Eine Sonderstellung nehmen die Bereiche Straßen-, Wege-, Landschafts- und Deponiebau ein, da diese nur vorübergehend an gewissen Standorten bestehen.

Diese aktuellen Rahmenbedingungen und ökonomischen Gesichtspunkte werden von langfristigen strategischen Überlegungen überlagert. Insbesondere trifft das für die Rohstoffsicherung der hier relevanten Grundstoffindustrien zu, da durch den immer schwieriger und kostspieliger werdenden Rohstoffabbau zusehends alternative Quellen wie die Reststoffe an Bedeutung gewinnen. In diesem Sinne kommt dem rechtzeitigen Aufbau einer Reststoffverwertung strategische Bedeutung zu. Dies kann sogar zu Wettbewerb bzw. einer dem Anfall übersteigenden Nachfrage führen, wie die jüngste Entwicklung beim REA–Gips zeigt, wo noch vor wenigen Jahren ein den Verwertungsmöglichkeiten deutlich übersteigender Anfall prognostiziert wurde (Volkart, 1986).

Mit zunehmendem Reststoffeinsatz und damit Veränderungen des Rohstoffbeschaffungsmarktes erhebt sich auch die Frage nach dem günstigsten Produktionsstandort für einen Verwerter. Vor allem die weitgehende regionale Überlappung des Reststoffanfalls aus Kraftwerken und des Absatzmarktes für die Produkte der Steine und Erden Industrien läßt eine Standortverlagerung in Kraftwerksnähe attraktiv erscheinen.[44]

[44]Beispielsweise wurden in Nordrhein–Westfalen bereits zwei Gipswerke in Kraftwerksnähe errichtet und dafür entferntere Werke bei Naturgipsvorkommen aufgelassen.

4 KONZEPTION UND BEWERTUNG VON TECHNISCHEN ENTSORGUNGSWEGEN

4.1 Einleitung

Entsprechend der im Abschnitt 3.3.2 definierten Struktur beinhaltet ein technischer Entsorgungsweg (TEW) die Komponenten Reststofftyp (Stoffart, Qualität) – Aufbereitungstechnik – Transport- und Lagerart (bzw. -technik) sowie Verwertungsoptionen (Stoffart, Qualität). Darauf aufbauend erfolgt in diesem Kapitel reststoffbezogen eine Konzeption möglicher technischer Entsorgungswege in der Form, daß ausgehend von der Reststoffcharakterisierung[45] einerseits und den Stoffanforderungen der Verwertung andererseits notwendige Aufbereitungsschritte/-funktionen durch sogenannte *unit-operations* (funktionale Einheiten) dargestellt werden. Darüber hinaus wird deren praktische Umsetzung in Verfahrenstechniken diskutiert.

Die zu einem technischen Entsorgungsweg zugehörigen Verwertungsoptionen sind durch charakteristische Anforderungen an bestimmte Stoffparameter gekennzeichnet. Dabei können jedoch die quantitativen Anforderungen für diese Stoffparameter sowohl innerhalb der Verwertungsoptionen, bezogen auf einen TEW, als auch zwischen den Verwertungsbetrieben einer Option, in gewissen Bandbreiten variieren.

Ebenso können die Zusammensetzungen für einen Reststofftyp von Quelle zu Quelle als auch bei einer konkreten Quelle (Feuerungsanlage) schwanken. Dementsprechend wird bei den Aufbereitungsschritten eine Unterscheidung getroffen in solche, die aufgrund der Diskrepanz zwischen Reststoffzusammensetzung und den Verwertungsanforderungen obligatorisch sind, und solche, die stoffabhängig sind und sich erst aus dem Vergleich eines konkreten Reststoffes mit einer konkreten Verwertungsmöglichkeit ergeben.

Stellt man die TEW für alle Reststoffe gegenüber, so zeigt sich, daß verschiedene unit-operations mehrfach auftreten. Im Falle einer Zusammenlegung der Aufbereitung von zwei oder mehreren TEW, die die gleichen unit-operations beinhalten, an einem Standort eröffnet sich prinzipiell die Möglichkeit, die entsprechenden Anlagenkomponenten mehrfach zu nutzen. Damit sind im Vergleich zur getrennten Erstellung der Aufbereitungs-

[45]Eine Beschreibung aller relevanten Emissionsminderungstechniken sowie eine Stoffstromanalyse mit den chemischen Zusammensetzungen aller ein- und ausgehenden Stoffströme ist in UMBW (1990) durchgeführt; darauf wird in diesem Kapitel aufgebaut.

anlagen an verschiedenen Standorten Kosteneinsparung pro aufbereiteter Mengeneinheit aufgrund des Größendegressionseffektes (economies of scale) möglich. Dies kann mit der vorliegender Konzeption bereits im Planungsprozeß adäquat berücksichtigt werden (vgl. Kapitel 5).

Die in diesem Kapitel konzipierten TEW stellen ein Spektrum von heute in der Bundesrepublik Deutschland prinzipiell denkbarer TEW dar. Die Bewertung der TEW bezieht sich auf die Umweltbelastung, auf den technischen Entwicklungsstand und die Leistungsfähigkeit von Aufbereitungstechniken sowie auf die Kosten für Transport und Lagerung. Die Umweltbelastung umfaßt insbesondere die möglicherweise bei der Aufbereitung entstehenden Abfälle, Abwässer und Emissionen in die Luft sowie das Belastungsrisiko einzelner Verwertungsoptionen.[46] Hinsichtlich der Kriterien technischer Entwicklungsstand und Leistungsfähigkeit kann teilweise nur eine Grobbewertung bzw. Abschätzung erfolgen, da zur Zeit wesentliche Untersuchungen noch nicht abgeschlossen sind. Die vorgenommene Bewertung stützt sich u. a. auf die im Forschungsprojekt UMBW (1990)[47] durchgeführten Analysen und einer Expertenbefragung nach der Delphi-Methode.

In praktischen Planungsfällen ist es sinnvoll, aus der Menge der prinzipiell denkbaren TEW durch eine Vorbewertung, die auch vom Planungsgebiet abhängige Kriterien wie z. B. Größe der Verwertungspotentiale einzelner Verwertungsoptionen, berücksichtigt, eine Eingrenzung auf eine überschaubare Anzahl relevanter TEW vorzunehmen. Für diese sollen anschließend eine detailliertere Konzeption und Datenermittlung zur Verbesserung der Qualität der Planungsdaten und damit auch des Planungsergebnisses erfolgen. Insbesondere trifft dies auch für die wirtschaftlichen Daten (Investition und Kosten) der Aufbereitung zu.[48]

Im Gegensatz dazu ist die Situation für die Komponenten Transport- und Lagerart der TEW, die für alle Reststoffe gemeinsam in gesonderten Abschnitten (4.8 und 4.9) analysiert werden, transparenter.

---

[46] Unberücksichtigt bei der Beurteilung des Belastungsrisikos bleibt, daß mit Reststoffen hergestellte Baustoffe irgendwann wieder als Bauschutt anfallen können. Da jedoch die Verwertung von Bauschutt stark im Zunehmen ist, wird eine zukünftige Beseitigung immer weniger wahrscheinlich.

[47] Das hier entwickelte Konzept wird gegenwärtig innerhalb dieses Projektes für die Planung in Baden-Württemberg angewendet.

[48] Durch die Vielzahl der Aufbereitungsalternativen und der im konkreten Planungsfall festzulegenden Parameter und Randbedingungen ist es im Rahmen dieser Arbeit nicht möglich, für alle Aufbereitungen der TEW Kostenfunktionen anzugeben, und eine Aggregation in Form von Bandbreiten würde aufgrund einer zu großen Streuung die Aussage verlieren; in UMBW (1990) und Winkler (1990) werden dazu konkrete Fälle detailliert analysiert.

Von dem in Abbildung 11 (Abschnitt 3.4.3) für TA Luft–Feuerungen dargestellten Reststoffspektrum werden Holzfeuerungsflugaschen, Ölfeuerungsflugaschen und beladener Herdofenkoks hier nicht betrachtet, da diese aufgrund des hohen Kohlenstoffgehaltes in der Regel als Brennstoffe verwertet werden können (Marnet et al., 1989). Des weiteren können Holzfeuerungsflugaschen eventuell auch als Düngerersatz verwertbar sein.

4.2 Technische Entsorgungswege für Steinkohlenflugasche aus Rostfeuerungen

Reststoffcharakterisierung

Der organische Anteil der Steinkohlenflugasche aus Rostfeuerungen (RFA) wird durch unverbrannte Kohlepartikel und zum überwiegenden Teil aus Ruß gebildet. Im Normalfall liegt dieser Anteil (d. h. Kohlenstoffgehalt) zwischen 15 und 45 %, bei schlechten Verbrennungsbedingungen kann dieser jedoch bis zu 70 Gew.-% steigen. Der anorganische Anteil besteht im wesentlichen aus glasartigen (10 – 30 Gew.-%) und kristallinen (60 – 80 Gew.-%) Partikeln alumosilikatischer Zusammensetzung. Darüber hinaus ist noch H_2SO_4 mit Gehalten bis zu 15 Gew.-% (bzw. bis 10 Gew.-% SO_3) enthalten, welches adsorptiv vor allem an Rußpartikel angelagert ist.

Das Kornspektrum der Flugasche liegt zwischen $> 0{,}1\ \mu m$ und $< 1\ mm$ und ist im wesentlichen vom Rußanteil abhängig, der feinteilig ($< 5\ \mu m$) ist. In den gröberen Kornfraktionen ($< 80\ \mu m$) sind vorwiegend unverbrannte Kohlepartikel und auch anorganische Ascheanteile angereichert.

Im Hinblick auf eine Verwertung sind vor allem der Anteil an SiO_2 und Al_2O_3, die puzzolanische Reaktivität[49], Feinkörnigkeit sowie die sphärische Partikel-

[49] Unter pussolanischer Reaktivität versteht man die Eigenschaft eines Stoffes, daß unter Zugabe von Wasser und CaO als Anreger durch Hydratation der Alumosilikate sich kristalline Calciumsilikat- und -aluminathydrate bilden; dies entspricht der Zementreaktion. Voraussetsung für diese Reaktion ist, daß das alumosilikatische Korn in reaktiver Form, d. h. entweder in einem glasigen oder gittergestörtem kristallinen Zustand, vorliegt; wobei dies bei den Aschen einerseits durch Aufschmelsungen oder Entgasungsvorgänge bei der Verbrennung und andererseits durch Feinmahlen des kristallinen Gefüges erfolgen kann (Keil, 1971). Darüber hinaus wird die Festigkeitsentwicklung von einer großen inneren Oberfläche und der Feinteiligkeit begünstigt. Bei Steinkohlenflugaschen aus Großfeuerungen wird die Güte dieser Reaktion überwiegend durch den Gehalt an glasigen Alumosilikaten der Kornfraktionen < 40 und $< 20\ \mu m$ determiniert (Kauts, 1986).

form [50] und schließlich der Energieinhalt von Bedeutung. Darauf aufbauend und in Verbindung mit den spezifischen Stoffanforderungen der einzelnen Verwertungsoptionen können die in Abbildung 12 dargestellten TEW für RFA konzipiert werden.

Verwertungsmöglichkeiten und Reststoffaufbereitung
(gemäß Abbildung 12)

Der **technische Entsorgungsweg RFA 1** spaltet sich in zwei sich ergänzende Wege RFA 1A und RFA 1B auf. Die Verwertung bei RFA 1A erfolgt in erster Linie aufgrund des Energieinhaltes, wobei ein Kohlenstoffgehalt von < 25 Gew.-% gefordert wird, und darüber hinaus wegen des SiO_2– und Al_2O_3–Gehaltes beim Einsatz als Korrekturstoff zur Zementklinkerherstellung und als Rohstoff für Mauerziegel. Hinsichtlich der Korngrößenverteilung ist ein höchstmögliches Maß an feinsten Kornklassen von Vorteil.

Dies gilt insbesondere auch für die Verwertungsoptionen des RFA 1B; beispielsweise müssen Füller in bituminösen Straßenschichten zu mindestens 80 Gew.-% aus Kornanteilen 0 - 0,09 *mm* bestehen (TL Min-StB, 1986); gleichzeitig ist der Kohlenstoffgehalt mit max. 15 Gew.-% begrenzt. Charakteristisch für die Verwertung nach RFA 1B ist, daß die guten Fülleigenschaften sowie die Abbinde- und Verfestigungsfähigkeit ausgenutzt werden.

Kritisch bei der Verwertung nach RFA 1B ist hervorzuheben, daß durch mögliche Auslaugprozesse Schwermetalle und Salze freigesetzt werden und in die Umwelt (Grundwasser, Boden) gelangen können. Aufgrund dieses hohen Umweltbelastungspotentials ist für jeden Einzelfall die Eignung durch eine Umweltverträglichkeitsprüfung nachzuweisen. Demgegenüber ist das Umweltbelastungspotential bei einer Verwertung nach RFA 1A relativ geringer, da eine mögliche thermische Abspaltung von Schwefel durch die in der Regel installierten Emissionsminderungsanlagen keine weiteren Probleme verursacht.

Abgeleitet aus den Verwertungsanforderungen ergibt sich für die Aufbereitung nach einer stoffabhängigen Vermischung verschiedener Qualitäten (mittels mechanischer Mischaggregate) zur Homogenisierung der Zusammenset-

[50] Sphärische Partikel mit glatter Oberfläche haben eine rheologische Wirkung und erzeugen einen Kugellagereffekt bei der Verarbeitung von Baustoffen. Insbesondere kann damit auch der Wasserbedarf in mit Flugasche hergestelltem Beton gesenkt werden (Braun und Gebauer, 1983); kristalline Bestandteile sind nicht kugelförmig sondern idiomorph, d. h. unregelmäßige Kornform. Die Feinkörnigkeit verleiht außerdem der RFA gute Verfülleigenschaften sowie eine gewisse Verfestigungsfähigkeit bei mechanischer Verdichtung.

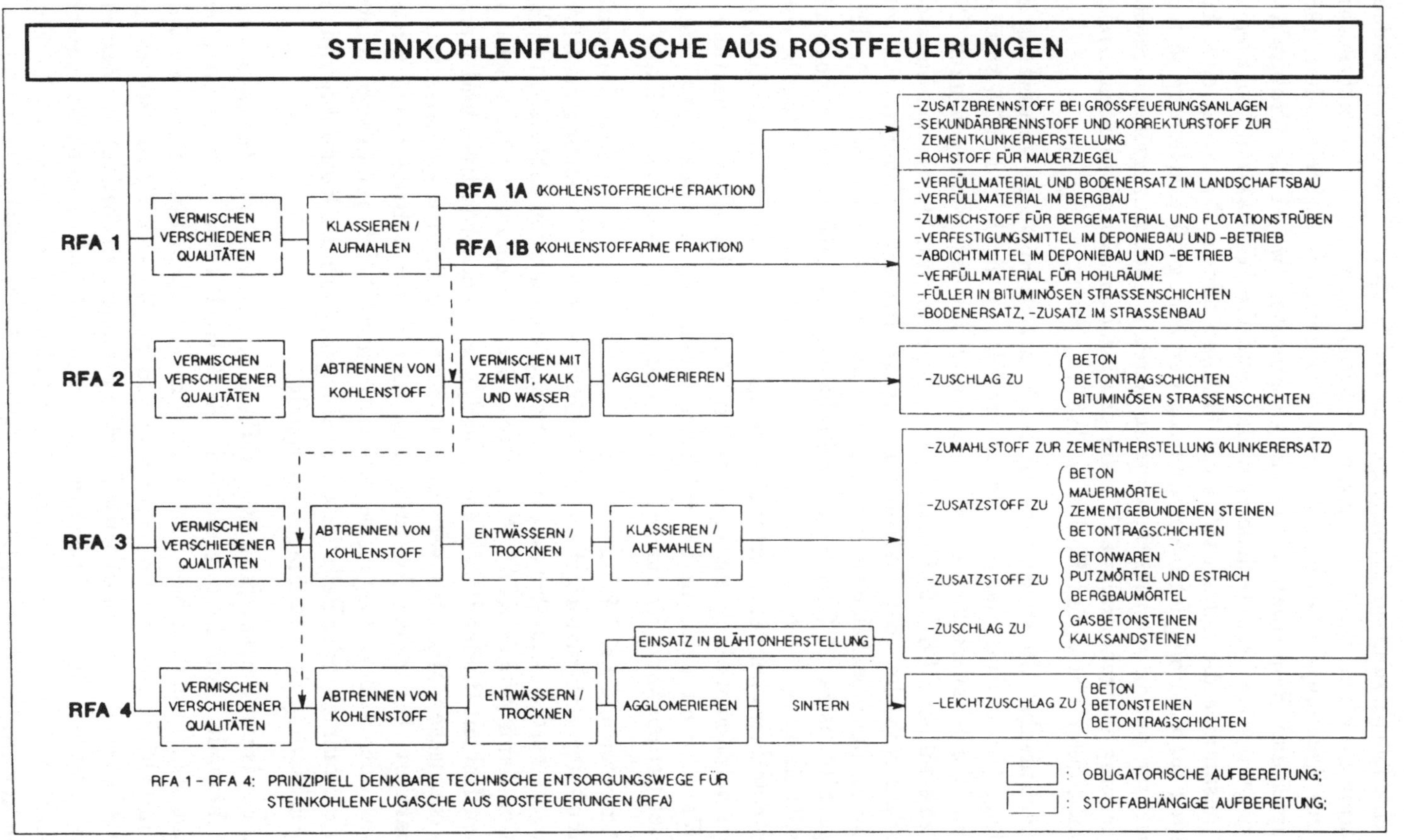

Abbildung 12: Prinzipiell denkbare technische Entsorgungswege für Steinkohleflugasche aus Rostfeuerungen

zung eine Klassierung zur Trennung in eine kohlenstoffreiche und eine kohlenstoffarme Fraktion. Dafür ist eine mehrstufige Sieb- und/oder Sichtklassierung zur Trennung in Grob-/, Mittel- und Feinfraktion, (Steinmüller, 1988; Holzapfel und Bambauer, 1987) am geeignetsten, wobei die Grobfraktion (vorwiegend unverbrannte Kohlepartikel) und die Feinfraktion (vorwiegend Ruß) zusammen die kohlenstoffreiche Fraktion bilden. Weiter ist eine Aufmahlung für eine mögliche Abstimmung der Korngrößenverteilung je nach Verwertungsoption vorzusehen, wobei in diesen kleinen Korngrößenbereichen mit leistungsfähigen Prallmühlen die gewünschten Kornfeinheiten erreicht werden können (Nied und Horlamus, 1987).

Der **technische Entsorgungsweg RFA 2** zielt auf eine Verwertung als Zuschlag (Normalzuschlag) zu Beton der Klassen B 15 und B 25 sowie in bituminösen Straßenschichten ab, dabei sind die Anforderungen nach DIN 4226 zu erfüllen. ETH (1988) hat für Zuschläge, die mit Steinkohlenflugasche Wirbelschichtasche oder Calcium–Trockenadditivreststoff hergestellt wurden deren bauphysikalische Eignung bereits nachgewiesen, wobei Kohlenstoffgehalte bis ca. 15 Gew.-% keine Probleme verursachen. Einer möglichen Umweltbelastung durch Elution von Schwermetallen wird durch Zugabe eines Polymeradditivs bei der Zuschlagherstellung bzw. Reststoffaufbereitung zur Schwermetalleinbindung entgegengewirkt. Wieweit damit das Belastungsrisiko für Anwendungen im Bodenbereich langfristig verringert bzw. ausgeschaltet werden kann, ist zur Zeit noch nicht abschließend beurteilbar.

Die Aufbereitung bei RFA 2 besteht im Prinzip aus zwei Teilen. Im ersten Teil muß der Kohlenstoffgehalt (< 15 Gew.-%) der RFA analog zu RFA 1 verringert werden. Eine Verwertung der dabei anfallenden kohlenstoffreichen Fraktion kann gemäß RFA 1A erfolgen. Die so behandelte RFA wird im zweiten Teil mit Bindemittel (Zement und/oder Kalk), Additiven und Wasser in mechanischen Mischern vermischt und anschließend agglomeriert, d. h. kompaktiert. Die Kompaktierung kann sowohl durch Brikettieren mittels Walzen- oder Kollerstrangpressen als auch durch Pelletieren in sogenannten Pelletiertrommeln oder Pelletiertellern erfolgen. Nach der Kompaktierung ist eine Aushärtung des Zuschlages notwendig.

Der **technische Entsorgungsweg RFA 3** beinhaltet Verwertungsoptionen, die insbesondere auf die puzzolanische Reaktivität (bzw. Abbindefähigkeit) und die Feinkörnigkeit der RFA aufbauen. Vor allem bei der Verwendung als Zumahlstoff zur Zementherstellung und als Zusatzstoff im Beton- und Baustoffbereich kann damit teilweise eine Bindemittelsubstitution (Zement) erreicht werden; bei der Steineproduktion ist Flugasche auch Sandersatz. Dadurch ist diese Verwertung auch wirtschaftlich interessant und für Flugaschen aus Großfeuerungsanlagen seit langem der klassische Verwertungsbe-

Tabelle 13: Anforderungen an Steinkohlenflugaschen (IfBt, 1979)

Eigenschaften	Anforderungen	
	Grenzwerte	Gleichmäßigkeit
Glühverlust	≤ 5,0 Gew.-%	
SO_3-Gehalt	≤ 4,0 Gew.-%	
Cl-Gehalt	≤ 0,10 Gew.-%	
$CaO_{ges.}$	≤ 8,0 Gew.-%	
CaO_{frei}	≤ 1,5 Gew.-%	
spezifische Oberfläche	≥ 2.000 cm^2/g	x ± 500 cm^2/g
Kornanteil < 0,04 mm	≥ 50 Gew.-%	x ± 10 Gew.-%
Kornanteil < 0,02 mm	≥ 30 Gew.-%	
Erstarrungszeit	1h ≤ t ≤ 12h	
Raumbeständigkeit	Versuch best.	
rel B_D[1] von Mörtel und Beton im Alter von 7, 28 und 90 d	≥ 70 %	
Karbonatisierungsverhalten	unschädlich[2]	
chemische Zusammensetzung	unschädlich[2]	

1) Ausbreitmaß rel $B_D = B_{Df}/B_{Dz}$; f/z = 0,25; w/(z+f) = 0,50
2) Entscheidung durch das Institut für Bautechnik

reich. Jedoch können die Anforderungen, die durch die Prüfzeichenrichtlinie (IfBt, 1979; vgl. Tabelle 13) festgelegt sind, im Gegensatz zu Großfeuerungen bei Kleinfeuerungen nicht ohne vorhergehende Aufbereitung eingehalten werden. Für die Optionen Zusatzstoff zu Betonwaren, Putzmörtel, Estrich und Bergbaumörtel sowie Zuschlag zu Gasbeton- und Kalksandsteinen sind die Spezifikationen nach Tabelle 13 nicht vorgeschrieben, sie haben jedoch Orientierungscharakter.

Entsprechend diesen Anforderungen muß die Aufbereitung als ersten Schritt obligatorisch eine weitestgehende Kohlenstoffabtrennung vorsehen. Dies kann nach dem Stand der bisherigen Untersuchungen nur durch eine pneumatische Flotation,[51] (Breuer und Jungmann, 1985; Steinmüller, 1988; Jungmann und Reilard, 1988;), wahlweise mit einer vorgeschalteten Sieb- und/oder Sichtklassierung (analog RFA 1), erfolgen (UBA, 1988). In diesem Fall muß die Asche anschließend entwässert und getrocknet werden. Geeignet dafür sind Filterpressen, Druckfilter oder Zentrifugen sowie Stromtrockner. Schließlich ist in einem letzten Aufbereitungsschritt eine kombinierte Mahlung/Sichtung zur Abstimmung der Kornverteilung vorzusehen.

[51] Bei der Flotation geht das H_2SO_4 der Flugasche in Lösung und wird damit weitestgehend mitabgeschieden.

Bei RFA 3 besteht zwar kein Umweltbelastungspotential bezogen auf die Verwertungsoptionen, bei der Aufbereitung ist aber mit Abwässern aus der Flotation zu rechnen; der abgetrennte Kohlenstoff kann nach einer Trocknung als Brennstoff genutzt werden.

Der **technische Entsorgungsweg RFA 4** sieht nach einer Aufbereitung der RFA eine Verwertung als Leichtzuschlag zu Beton vor. Leichtzuschläge müssen den Spezifikationen nach DIN 4226[52] genügen und werden gegenwärtig nur in den Niederlanden in nennenswerten Mengen aus Flugasche hergestellt. In der Bundesrepublik existiert seit etwa 10 Jahren eine entsprechende Produktionsanlage, die aber nur zeitweise in Betrieb ist.

Zur Herstellung des Leichtzuschlages muß durch eine Aufbereitung wie bei RFA 3 im wesentlichen eine Kohlenstoffabtrennung auf ca. 5 Gew.-% erfolgen, wobei die Konzentrationen im Hinblick auf die nachfolgende Sinterung nur geringfügig schwanken dürfen. Vor der Sinterung auf einem kontinuierlich laufenden Sinterband bei 1200 - 1500° C muß eine Agglomeration der getrockneten RFA in Pelletiertellern unter Zugabe eines geeigneten Klebemittels erfolgen (Wakabayashi, 1987).

Für RFA mit Prüfzeichenqualität (gemäß RFA 3) ist derzeit der höchste Preis (maximal 50 % des aktuellen Zementpreises, d. h. 50 - 60 DM/t) erzielbar; für Leichtzuschlag (gemäß RFA 4) ca. 30 - 40 DM/t, für Zuschlag gemäß RFA 2 bis 25 DM/t und für kohlenstoffreiche RFA (gemäß RFA 1A) bis 60 DM/t Kohlenstoffanteil.

4.3 Technische Entsorgungswege für Wirbelschichtaschen

Bei der Wirbelschichtfeuerungstechnik unterscheidet man zwischen den beiden Typen stationäre atmosphärische und zirkulierende atmosphärische Wirbelschicht[53] (ZWSF), wobei erstere vorwiegend im Feuerungsleistungsbereich unter 25 MW_{th} und zweitere darüber eingesetzt wird. Hinsichtlich der bei einer Wirbelschichtfeuerung grundsätzlich anfallenden Bettaschen und Flugaschen gibt es zwischen den beiden Techniken insofern signifikante Unterschiede, daß beim stationären Typ im allgemeinen in der Flugasche der Freikalkgehalt etwas geringer und der Kohlenstoffgehalt etwas höher als beim zirkulierenden Typ ist.

[52] Dies entspricht praktisch den Anforderungen der Tabelle 13.

[53] Darüber hinaus gibt es auch noch das Konzept der druckaufgeladenen Wirbelschicht, welches sich jedoch zur Zeit erst im F&E-Stadium befindet.

Die nachfolgenden Ausführungen beziehen sich auf die zirkulierende Variante.

Reststoffcharakterisierung

Durch die Zugabe von Kalkstein im Brennraum zur Schwefeleinbindung bestehen sowohl Bett- als auch Flugasche, die etwa im Verhältnis 1 : 3 anfallen, aus Kohlenstoff, Brennstoffasche und Entschwefelungsanteil. Der Kohlenstoffgehalt der Bettasche liegt bei etwa 0,5 – 3 Gew.-% und erreicht in der Flugasche im allgemeinen Werte zwischen 5 und 10 Gew.-%, bei ungünstigen Betriebszuständen auch höher. Das Verhältnis von Brennstoffasche zu Entschwefelungsanteil schwankt in Abhängigkeit der Kohlezusammensetzung (Asche- und Schwefelgehalt), der Additivzugabe (Ca/S-Molverhältnis) und Betriebsweise der Anlage zwischen 1 : 1 und 2 : 1, wobei dieses in der Bettasche tendenziell höher ist.

Aufgrund der relativ niedrigen Verbrennungstemperatur unterliegt die Mineralsubstanz der Kohle ähnlich wie bei Rostfeuerungsflugaschen nur vereinzelt Aufschmelzvorgängen, so daß die Brennstoffasche in hohem Maße aus kristallinen Partikeln mit mehr oder weniger gestörter Kristallstruktur alumosilikatischer Zusammensetzung besteht (Tone und Glimmer). Der Entschwefelungsanteil in den Aschen setzt sich im wesentlichen aus etwa gleich hohen Anteilen Anhydrit ($CaSO_4$) und Kalk (CaO, mit ca. 50 % freiem CaO) sowie kleinen Mengen $CaCO_3$ im Falle der Bettasche bzw. $CaCl_2$ im Falle der Flugasche zusammen.

Die Korngrößenverteilungen sind unterschiedlich; die Flugasche ist feinteilig (ca. 90 % $> 40\ \mu m$), und die Bettasche ist relativ grobkörnig und enthält auch Partikel mit mehreren Millimetern Korngröße (Hirschfelder et al., 1988). Gegenwärtig können aufgrund eines noch zu geringen Untersuchungsumfanges und eines noch nicht abgeschlossenen Optimierungsprozesses[54] der Wirbelschichttechnik im Hinblick auf die Reststoffqualität keine allgemeingültigen Aussagen gemacht werden; so ist offen wieweit einzelne mineralogische Phasen in gewissen Kornfraktionen möglicherweise angereichert sind. Diese Information wäre aber für eine gezielte weitergehende Reststoffaufbereitung notwendig.

[54]Die jüngste Entwicklung in der Wirbelschichttechnik ist eine Aufmahlung und Rückführung der Bettaschen in den Brennraum, so daß im Endeffekt nur noch Flugasche als einziger Reststoff anfällt. Gleichzeitig können damit eine bessere Ausnutzung des Kalkes und geringere CaO-Gehalte bzw. höhere $CaSO_4$–Gehalte in der Flugasche erreicht werden.

Generell haben Aschen aus Wirbelschichtfeuerungen eine relativ große Schwankung der Reststoffqualität, da in der Praxis in diesen Anlagen fallspezifisch unterschiedliche Brennstoffqualitäten verwendet werden können.

Für eine Verwertung sind vor allem die Hauptstoffkomponenten Brennstoffasche (Tone und Glimmer), Anhydrit und Kalk sowie die Abbinde- und Verfestigungsfähigkeit von Bedeutung. Die Kornfeinheit sowie der geringe Energieinhalt stehen weniger im Vordergrund. Die Abbinde- und Verfestigungsfähigkeit beruhen wie bei Rostfeuerungsflugaschen auf der puzzolanischen Reaktivität, jedoch mit dem Unterschied, daß eine gewisse Menge Kalk für die Zementreaktion bereits im Reststoff enthalten ist und dementsprechend die Wirbelschichtasche im Dreistoffsystem $CaO - SiO_2 - Al_2O_3$ dem Zement relativ näher liegt (Jahn und Weis, 1988). Darüber hinaus hat auch der Anhydritanteil einen bedeutenden Einfluß auf den Abbindeverlauf (Keil, 1971), dem muß bei der Zusammenmischung von Baustoffen entsprechend Rechnung getragen werden (Jahn und Weis, 1988).

Durch Gegenüberstellung der spezifischen Stoffanforderungen relevanter Verwertungsoptionen können die in der Abbildung 13 dargestellten TEW für Wirbelschichtaschen (WA) konzipiert werden. Generell gilt für die TEW der Wirbelschichtaschen, daß eine Aufmahlung der Bettaschen erforderlich ist und im Vergleich zur Rostfeuerungsflugasche der Kohlenstoffgehalt weniger problematisch ist, dafür aber der Entschwefelungsanteil (Anhydrit, Freikalk und Calciumchlorid) die Verwertung wesentlich erschwert bzw. einen erhöhten Aufwand bei der Zugabe als Komponente bei der Baustoffherstellung verursacht.

Verwertungsmöglichkeiten und Reststoffaufbereitung
(gemäß Abbildung 13)

Der **technische Entsorgungsweg WA 1** besteht zum einen aus dem Weg WA 1A, der auf eine Nutzung der chemischen Zusammensetzung aufbaut, und zum anderen aus dem Weg WA 1B, dessen Verwertungsoptionen neben der Feinkörnigkeit vor allem die puzzolanische Reaktivität ausnutzen.

Bei WA 1A bestehen insbesondere Grenzen hinsichtlich der spezifischen Verwertungsmengen aufgrund limitierter Chlorid- und Sulfateinträge in die jeweiligen Produktionsprozesse (Sprung, 1984), wodurch auch nachfolgende umweltbelastende Emissionen vermieden werden. Im Gegensatz dazu stellen die Verwertungen gemäß WA 1B zwar keine hohen Stoffanforderungen an den Reststoff, aber durch eine mögliche Elution von Schwermetallen, Sulfaten und Chloriden besteht ein relativ großes Umweltbelastungspotential.

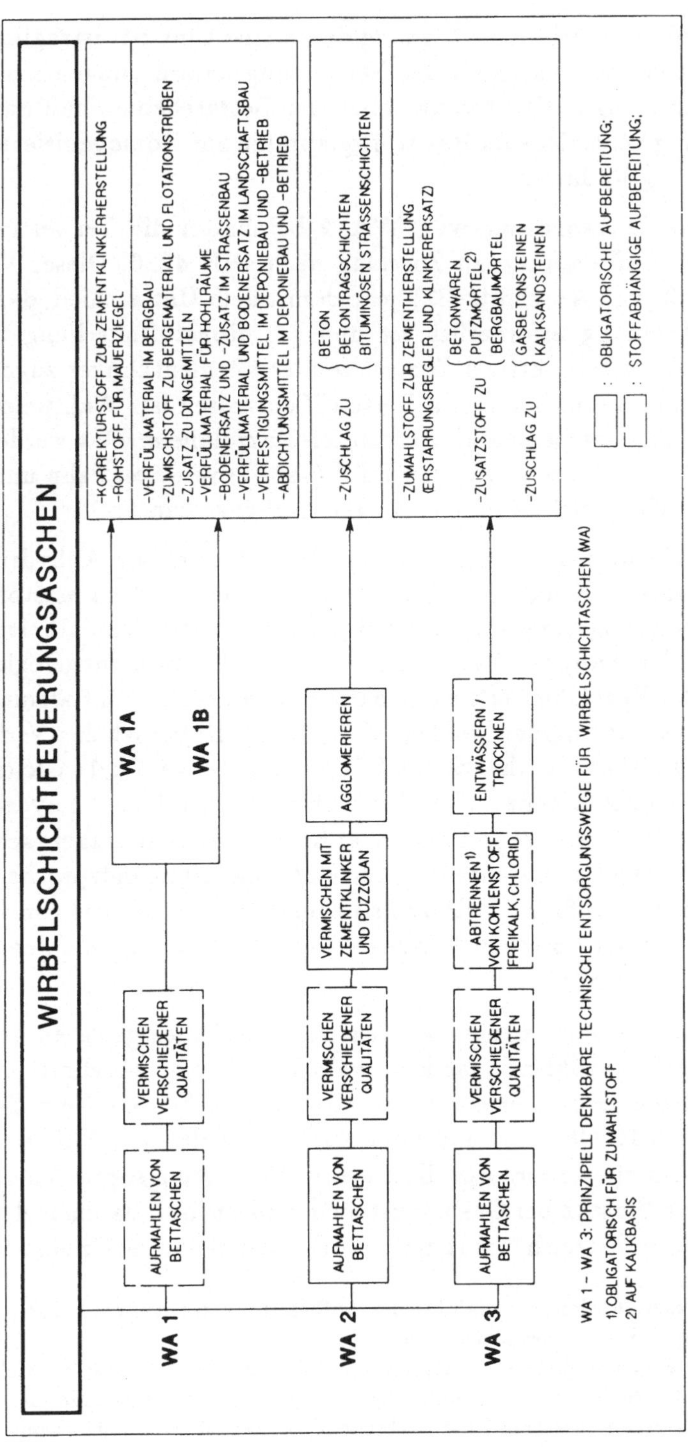

Abbildung 13: Prinzipiell denkbare technische Entsorgungswege für Wirbelschichtaschen

Daher ist für jeden Einzelfall die Eignung durch eine Umweltverträglichkeitsprüfung nachzuweisen. Aufgrund der Verwertungsanforderungen kann eine einfache Aufbereitung stoffabhängig neben der Bettaschenaufmahlung noch eine Vermischung verschiedener Reststoffqualitäten zur Homogenisierung der Zusammensetzung umfassen.

Der **technische Entsorgungsweg WA 2** beinhaltet die Verwertung der WA nach einer Aufbereitung zu Zuschlag nach DIN 4226. Dieser Weg ist analog zu RFA 2 (vgl. Abschnitt 4.2), jedoch mit dem Unterschied, daß keine Kohlenstoffabtrennung erforderlich ist und zur Rohstoffmischung für die Zuschlagherstellung kein fertiger Zement sondern Zementklinker zugemischt wird, da der Sulfatanteil bereits im Reststoff enthalten ist. Wahlweise kann dabei auch ein Teil des Zementklinkers durch Puzzolane ersetzt werden. Die Eignung dieses Zuschlages wurde von ETH (1988) sowie von Jahn und Weis (1988) durch umfangreiche Untersuchungen nachgewiesen.

Für den **technischen Entsorgungsweg WA 3** sind der Anhydritanteil und die puzzolanische Reaktivität sowie die Feinkörnigkeit des Reststoffes die relevanten Verwertungseigenschaften. Beim Einsatz in der Zementherstellung kommt primär der Anhydrit bzw. das Dihydrat[55] als Erstarrungsregler zum Tragen, da in der Regel dem Zement je nach Zementart ca. 5 % Calciumsulfat für diesen Zweck zugemahlen werden (Keil, 1971). Dabei ist das Verhältnis von Gips (Dihydrat) zu Anhydrit im Durchschnitt etwa 1 : 1. Gleichzeitig mit der Wirbelschichtaschenzugabe wird auch bezogen auf den Anhydrit etwa die zwei- bis dreifache Menge an puzzolaner Brennstoffasche eingebracht. Das bedeutet, daß beispielsweise mit einer Reststoffzumahlung entsprechend 2 % Anhydrit zugleich ungefähr 5 % Puzzolan zugesetzt werden, was gemäß DIN EN 197, Teil 1 der zugelassenen Menge an Nebenbestandteilen in genormten Zementarten entspricht.[56]

Für Wirbelschichtaschen bestehen zur Zeit keine exakt festgelegten Anforderungen wie für Steinkohlenflugaschen (vgl. Tabelle 13, Abschnitt 4.2), es können jedoch die Grenzwerte für den Glühverlust ($\leq$ 5,0 Gew.-%), den Chlorgehalt ($\leq$ 0,10 Gew.-%) und dem Freikalkgehalt ($\leq$ 1,5 Gew.-%) als Anhalt übernommen werden. Für die anderen Verwertungsoptionen des WA 3, von denen der Einsatz bei Gasbetonsteinen und im Bergbaumörtel in Einzelfällen bereits erfolgreich praktiziert wird, können diese Grenzwerte für

[55]Dies bezieht sich auf den Fall, daß bei der Aufbereitung der Anhydrit durch Hydratation in Dihydrat (Gips) umgewandelt wird.

[56]Ein analoges Konzept dazu wird derzeit von Jahn und Weis (1988) entwickelt, indem Wirbelschichtasche, Portlandzementklinker und gemahlenes Schmelzkammergranulat als künstliches Puzzolan zu einem Puzzolanbindemittel gemäß DIN 1164 (Zementnorm) vermischt werden.

Chlorid und Kohlenstoff als Orientierung angesehen werden.

Entsprechend diesen Anforderungen steht bei der Aufbereitung neben der Bettaschenaufmahlung und der Homogenisierung vor allem stoffabhängig die Abtrennung von Kohlenstoff, Chlorid und Freikalk im Vordergrund. Dies kann nach bisherigen Erkenntnissen am geeignetsten durch eine pneumatische Flotation erfolgen, weil dabei gleichzeitig mit der Kohlenstoffabtrennung das Chlorid und der Freikalk in Lösung gehen und mit dem Abwasser entfernt werden. Zur Effizienz dieses Verfahrensschrittes sind noch genauere Untersuchungen durchzuführen. Die Wirbelschichtasche muß anschließend mittels Filterpressen, Druckfilter oder Zentrifugen entwässert und in einem Stromtrockner getrocknet werden.

Bei WA 3 besteht bei der Verwertung keine weitere Umweltbeeinträchtigung, aber bei der Aufbereitung fallen Flotationsabwässer an, die unter Umständen eine zusätzlichen Abwasseraufbereitung erfordern. Die in geringen Mengen anfallende Kohlenstofffraktion ist nach einer Trocknung als Brennstoff verwertbar.

Die Erlöse beim Verkauf von Wirbelschichtaschen an einen Verwerter (nach entsprechender Aufbereitung) werden wie folgt abgeschätzt: WA 1: 0 – 10 DM/t, WA 2: bis max. 30 DM/t und WA 3: 0 – 20 DM/t.

4.4 Technische Entsorgungswege für Trockenadditivreststoffe

4.4.1 Calcium–Trockenadditivreststoff

Temperaturbedingt erfolgt die Additivzugabe ($CaCO_3$ oder $Ca(OH)_2$) zur Schwefeleinbindung bereits im Feuerraum, so daß im nachfolgenden Staubabscheider die Brennstoffflugasche und die Entschwefelungsprodukte gemeinsam abgeschieden werden.

Reststoffcharakterisierung

Obwohl dieses Verfahren sowohl bei Kohle- als auch bei Heizölfeuerungen einsetzbar ist, fand es bisher fast nur bei Kohlekesseln Anwendung. Demnach entspricht der Brennstoffascheanteil (20 – 30 Gew.-%) in seiner Art und Zusammensetzung einer Rostfeuerungsflugasche (vgl. Abschnitt 4.2); analog gilt dies auch für den Kohlenstoffanteil (5 – 15 Gew.-%), der zum überwiegenden Teil aus Ruß besteht.

Im Unterschied zur Wirbelschichttechnik sind der Schwefeleinbindegrad bzw. die Additivausnutzung beim Calcium–Trockenadditivverfahren erheblich schlechter, und es muß ein beachtlicher Additivüberschuß eingestellt werden, um akzeptable Abscheidegrade zu erreichen. Demzufolge ergibt sich eine Relation von Brennstoffasche zu Entschwefelungsanteil von ca. 1 : 2; wobei der Entschwefelungsanteil größenordnungsmäßig sich wiederum etwa im Verhältnis 2 : 3 : 1 aus Anhydrit, Freikalk und Kalkstein sowie geringen Mengen Calciumchlorid und -flourid zusammensetzt.

Der Calcium–Trockenadditivreststoff ist demnach hinsichtlich der Stoffkomponenten und mineralogischen Phasen wie eine Wirbelschichtasche aufgebaut, jedoch in einer anderen mengenmäßigen Zusammensetzung. Abgeleitet daraus sind auch die in der Abbildung 14 dargestellten technischen Entsorgungswege für CTR analog (siehe Beschreibung im Abschnitt 4.3). Bei einer Entsorgung entsprechend CTR 3 werden jedoch im Vergleich zur Wirbelschichtasche (WA 3) die Aufbereitung und auch die Verwertung durch die relativ höheren Kohlenstoff- und Kalksteingehalte wesentlich erschwert.

Generell gilt für den CTR, daß die Reststoffqualitäten in Abhängigkeit der Lastzustände der Feuerung beachtlich schwanken und dadurch die Aufbereitung und Verwertung sehr nachteilig beeinflußt werden. Der bisher relativ geringe Mengenanfall wird gemäß CTR 1 entsorgt (Hüller und Dietl, 1985). Im allgemeinen wird der zukünftige Einsatz des Calcium–Trockenadditivverfahrens aufgrund der relativ geringen Entschwefelungsleistung, des hohen spezifischen Reststoffanfalls und der schwierigen Reststoffentsorgung im Vergleich zu alternativen Verfahren in der Bundesrepublik kritisch gesehen; der Vorteil sind die geringen Kosten.

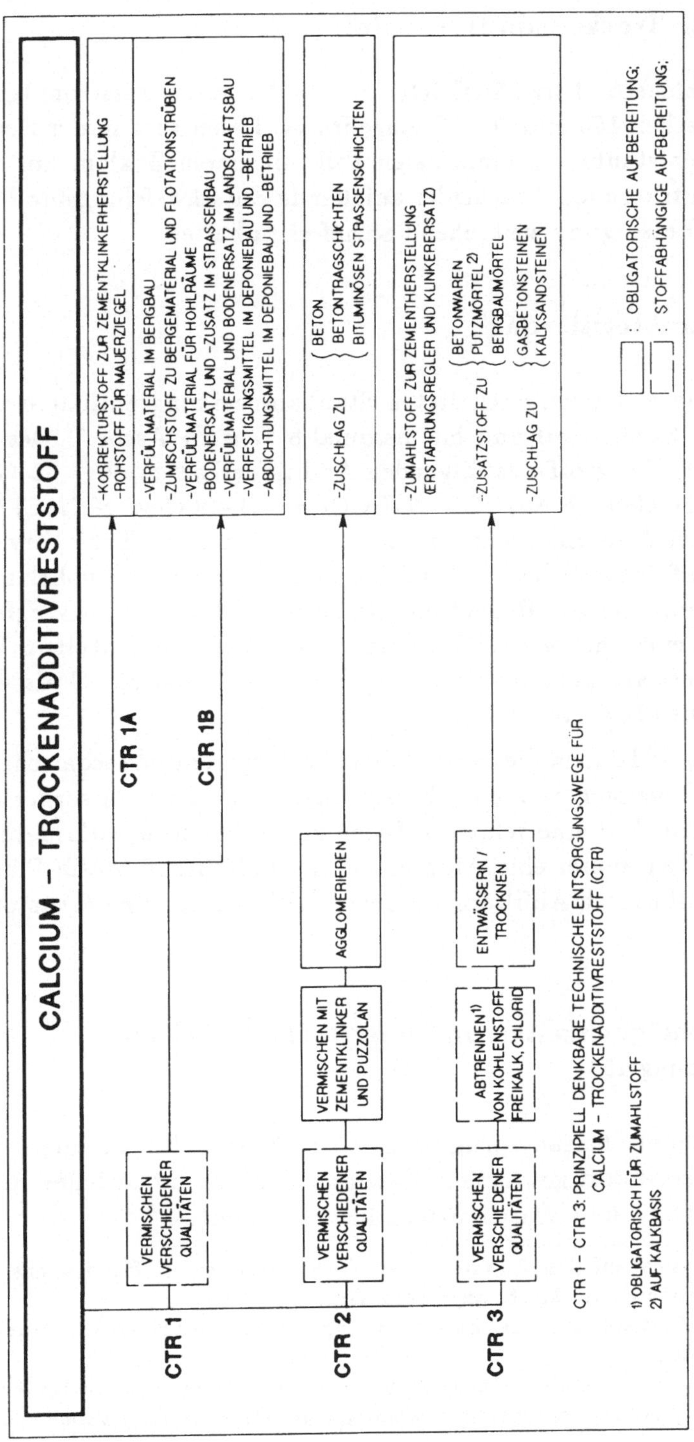

Abbildung 14: Prinzipiell denkbare technische Entsorgungswege für den Calcium-Trockenadditivreststoff

4.4.2 Alkali–Trockenadditivreststoff

Das feingemahlene Additiv ($NaHCO_3$) wird in den Rauchgasstrom bei Temperaturen zwischen 150 und 200 °C eingebracht. Dabei wird in der Regel das Rauchgas vorentstaubt, im einfachsten Fall mit einem Zyklon, um das im nachfolgenden filternden Abscheider anfallende Entschwefelungsprodukt für eine leichtere Entsorgung weitgehend aschefrei zu halten.

Reststoffcharakterisierung

Je nach Effizienz der vorgeschalteten Staubabscheidung enthält der ATR 1 – 5 Gew.-% Kohlenstoff und bis maximal 8 Gew.-% Asche.[57] Des weiteren besteht der Reststoff aus folgenden Additivderivaten: 60 – 80 Gew.-% Na_2SO_4, 10 – 30 Gew.-% Na_2CO_3/ $NaHCO_3$ und 3 – 8 Gew.-% NaCl.[58] Entsprechend dieser Zusammensetzung sind vor allem eine stoffliche Verwertung des Natriumsulfats sowie dessen chemische Eigenschaften im Hinblick auf eine Reststoffaufbereitung von Bedeutung. Natriumsulfat besitzt im Vergleich zu Calciumsulfat eine um zwei Größenordnungen höhere Löslichkeit in Wasser und kristallisiert aus gesättigten Lösungen oberhalb von 32 °C als wasserfreies Sulfat aus (Teworte, 1983).

Darauf aufbauend können die in Abbildung 15 dargestellten technischen Entsorgungswege konzipiert werden. Charakteristisch für diese Entsorgungswege ist, daß in jedem Fall eine relativ aufwendige Aufbereitung erforderlich ist, die im ersten Teil immer eine Abtrennung der unlöslichen Stoffe Flugasche und Kohlenstoff (durch Abfiltern aus dem im Wasser gelösten Reststoff) beinhaltet.

Verwertungsmöglichkeiten und Reststoffaufbereitung
(gemäß Abbildung 15)

Beim **technischen Entsorgungsweg ATR 1** wird das aus dem Alkali–Trockenadditivreststoff gewonnene Natriumsulfat als industrieller Rohstoff primär in der Glas- und Waschmittelindustrie verwertet.[59]

---

[57]Dies bezieht sich auf den Einsatz hinter einer Rostfeuerung, für den das Alkali–Trockenadditivverfahren am Markt angeboten wird.

[58]Entsteht der Reststoff aus einer Entschwefelungsanlage hinter einer Ölfeuerung, so ist kein NaCl enthalten.

[59]Natriumsulfat wird darüber hinaus noch in vielen anderen industriellen Produktionsprozessen, die jedoch mengenmäßig eine untergeordnete Bedeutung haben, verwendet (Teworte, 1983).

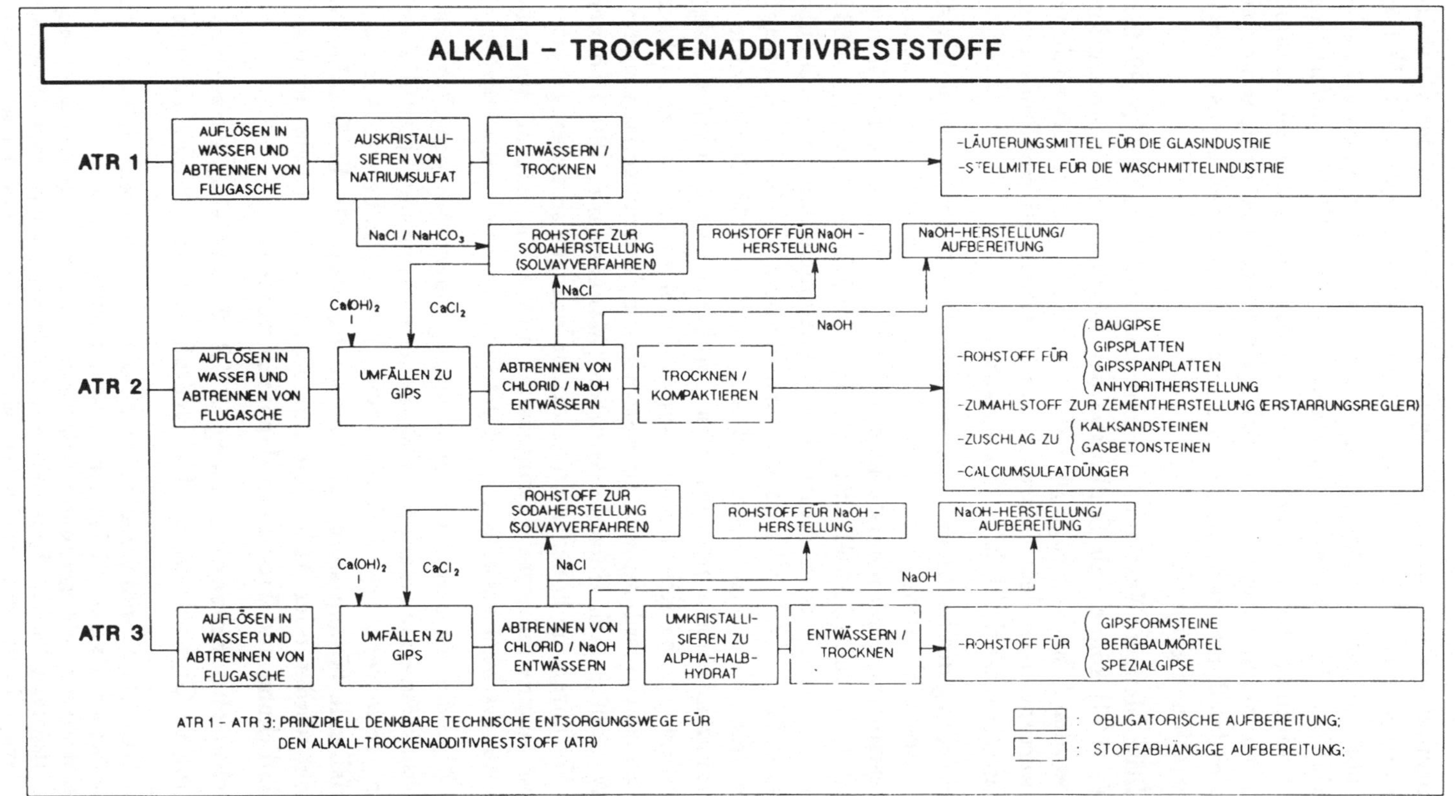

Abbildung 15: Prinzipiell denkbare technische Entsorgungswege für den Alkali–Trockenadditivreststoff

Natriumsulfat mit einem Reinheitsgrad > 95 % wird in der Glasindustrie als Läuterungsrohstoff bis zu 1 Gew.-% eingesetzt (Lange, 1988).[60] Darüber hinaus bestehen noch Anforderungen in bezug auf den maximal zulässigen Eisenoxidgehalt in Abhängigkeit der herzustellenden Glasart aufgrund seiner Färbungswirkung. Kritisch bei dieser Verwertungsoption ist anzumerken, daß bei der Sulfatläuterung Schwefeldioxid freigesetzt wird, wenngleich es gegenüber den durch die verbrannten Energieträger in das Abgas gelangenden Konzentrationen gering ist.[61]

Beachtliche Mengen Natriumsulfat mit höchster Reinheit (> 99 Gew.-%, UMBW, 1990) können als Stellmittel bei der Waschmittelproduktion verwertet werden (Zugabemenge 10 – 20 Gew.-%); jedoch erfolgt auch bei dieser Verwertung nach dem Gebrauch des Waschmitteis eine Freisetzung des Sulfats in die Umwelt, d. h. in das Abwasser.

Zur Herstellung des hochreinen Natriumsulfats muß der in der ersten Aufbereitungsstufe (Filtration) von Flugasche und Kohlenstoff weitgehend gereinigte Reststoff in einer mehrstufigen Vakuumeindampfkristallisation weiterverarbeitet werden (STANDARD-MESSO-Verfahren; Teworte, 1983). Dabei wird in einer ersten Stufe durch Vakuumverdampfung Glaubersalz ($Na_2SO_4 \cdot 10H_2O$) kristallisiert und anschließend in einem Wascheindicker von der flüssigen Phase bestehend aus NaCl und $NaHCO_3$ sowie restlichen Verunreinigungen getrennt. Das Glaubersalz wird in einem folgenden Kreislauf im eigenen Kristallwasser eingeschmolzen und in der nachgeschalteten Expansionsverdampfung zu wasserfreiem Natriumsulfat umgewandelt (UMBW, 1990); nach Herstellerangaben (Mannesmann, 1989) können mit diesem Verfahren die hohen Reinheitsanforderungen sicher eingehalten werden. Das auskristallisierte Natriumsulfat muß schließlich in einem letzten Aufbereitungsschritt entwässert und getrocknet werden (Stromtrockner).

Die im Zuge der Aufbereitung anfallenden geringen Mengen Flugasche und Kohlenstoff können in einer Schmelzkammerfeuerung oder einer Müllverbrennungsanlage weiter energetisch verwertet werden. Die bei der Auskristallisation anfallende Lösung kann entweder als Rohstoff für die Sodaherstellung verwendet werden oder, falls diese Möglichkeit nicht besteht, muß sie nach einer Eindickung und Trocknung deponiert werden.

Der **technische Entsorgungsweg ATR 2** sieht eine Verwertung nach Umfällung zu Gips (Calciumsulfatdihydrat) vor. Im Großfeuerungsanlagen-

[60] Nach Lange (1988) wird neuerdings auch das bei der Kunstseide anfallende kristallisierte Glaubersalz ($Na_2SO_4 \cdot 10H_2O$) als Läuterungsmittel eingesetzt.

[61] In der Regel werden Abgase durch vorhandene Entschwefelungsanlagen gereinigt. Eine Problemverlagerung der SO_2-Emissionen von der Feuerungsanlage zum Glasschmelzofen tritt nur dann nicht ein, wenn natürliches Sulfat durch den Reststoffeinsatz ersetzt wird.

Tabelle 14: Anforderungen der Gipsindustrie an die REA-Gipsqualität (UMBW, 1988)

Parameter	Grenzwert[1)]
Feuchtigkeit	< 10 %
Reinheitsgrad: $CaSO_4 \cdot 2H_2O$	> 95 %
pH-Wert	5 - 8
Farbe (Weißgrad)	> 80 %
Geruch	neutral
Mittl. Teilchengr.(Rückst.>32 µm)	> 60 %
Nebenbestandteile (Summe)	< 5%
MgO wasserlöslich	< 0,10 %
Na_2O wasserlöslich	< 0,06 %
K_2O wasserlöslich	< 0,06 %
Cl wasserlöslich	< 0,01 %
$CaSO_3 \cdot 1/2H_2O$	< 0,50 %
Al_2O_3	< 0,30 %
Fe_2O_3	< 0,15 %
SiO_2	< 2,50 %
$CaCO_3 + MgCO_3$	< 1,50 %
$NH_3 + NO_3^-$	< 0,01 %
oxidierbare organ. Best.	< 0,10 %
Ruß, Flugkoks, (als C best.)	
Spurenelemente	toxisch und radioaktiv unbedenkliche Mengen

1) Alle Prozentangaben außer bei "Farbe (Weißgrad)" in Gew.-%

bereich ist die Verwertung von Gips aus Entschwefelungsanlagen in der Gips- und Zementindustrie der klassische Entsorgungsweg. Dabei sind Qualitätsanforderungen gemäß Tabelle 14 vorgegeben, die jedoch bei der Verwertung in Zement und bei der Gasbetonproduktion mehr Orientierungscharakter besitzen; für Gipsdünger sind keine näher spezifizierten Grenzwerte bekannt.

Außer bei der Verwendung als Dünger besteht bei den Verwertungen dieses Entsorgungsweges kein Umweltbelastungsrisiko.

Entsprechend den Qualitäts-/Reinheitsanforderungen sieht die Aufbereitung als ersten Schritt wiederum die Auflösung des ATR in Wasser sowie die Abtrennung der ungelösten Stoffe Flugasche und Kohlenstoff durch Filtration vor. Für die nachfolgende Umfällung zu Gips muß dem gelösten Reststoff Calciumchlorid zugegeben werden. Dabei fällt vorerst aufgrund seiner geringen

Löslichkeit Kalk ($CaCO_3$) als Umwandlungsprodukt des Natriumcarbonats/-hydrogencarbonats selektiv aus, und erst bei der weiteren Zugabe von Calciumchlorid setzt die Auskristallisierung von Gips ein. Kalk und Gips müssen so nacheinander aus dem Prozeß abgezogen werden, wobei ersterer als Absorbens für Kalksteinentschwefelungsanlagen einsetzbar ist. Als Rückstand fällt dabei eine hoch-natriumchloridhaltige Lösung an.

Für den so konzipierten Umfällungsprozeß bietet es sich an, die Ablauge aus dem Solvayprozeß (Sodaherstellung; Braune und Schneider, 1983) als Calciumchloridträger einzusetzen und den Rückstand wieder als Rohstoff (Natriumträger) im Solvayprozeß zu verwerten.[62] Bezogen auf die Chlorbilanz ergibt sich eine Fracht vom Reststoff zum Solvayprozeß, wo im weiteren die Chloride mit der Ablauge ausgetragen werden.

Als Alternative zur Verwertung im Solvayprozeß kann die Natriumchloridlösung auch als Rohstoff für die NaOH-Herstellung nach dem Amalgamverfahren (Hochgeschwendner und Zirngibl, 1983) eingesetzt werden.

Erfolgt die Umfällung zu Gips nicht durch Zugabe von Calciumchlorid, sondern mit Calciumhydroxid ($Ca(OH)_2$), dann fällt als Rückstand Natriumhydroxid (NaOH) an, das mehr oder weniger verunreinigt ist. Dieses Nebenprodukt kann dann in Anlagen zur NaOH-Herstellung weiterverarbeitet werden und ist damit als Rohstoff für die chemische Industrie geeignet.

Die Umfällung kann in einem Rührkessel in Chargenbetriebsweise durchgeführt werden. Die abschließende Abtrennung der Chloride und die Entwässerung des gewonnen Gipses erfolgen parallel in zwei Stufen. Die erste Stufe umfaßt eine Eindickung bzw. Abtrennung der chlorhaltigen Flüssigphase auf Wassergehalte im Gips von 30 – 50 Gew.-% mittels Hydrozyklon. Die zweite Stufe besteht aus einem Vakuumbandfilter, das den Wassergehalt weiter auf etwa 10 Gew.-% verringert und durch gezieltes Aufspritzen von Wasser noch eine Endreinigung des Gipses erreicht[63]; alternativ dazu kann auch eine Zentrifuge verwendet werden. Eine abschließende Trocknung und Kompaktierung (Wirsching, 1983; Stahl und Jurkowitsch, 1985) ist in der Regel nur dann erforderlich, wenn der Gips freilagerfähig sein soll und/oder die Förder- und Dosiereinrichtungen beim Verwerter nur für Stückgut ausgelegt sind.

Der **technische Entsorgungsweg ATR 3** ist im Prinzip eine Erweiterung von ATR 2 dahingehend, daß der entwässerte gereinigte Gips zu Calciumsul-

[62]Dieses Konzept wird derzeit von der Kali Chemie AG zusammen mit Entschwefelungsanlagenherstellern intensiv entwickelt und als Entsorgungslösung angeboten.

[63]Bei dieser Endreinigung werden nach den Erfahrungen im Großkraftwerksbereich neben den Chloriden auch noch gewisse Mengen an sehr feinteiligen Verunreinigungen und Flugasche abgetrennt.

fat–α–Halbhydrat umkristallisiert wird und so als Rohstoff für hochwertige Gipserzeugnisse verwendet werden kann.

Zur Umkristallisation wird aus dem Gips und Additivzusätzen eine Suspension mit definierter Feststoffkonzentration hergestellt, die dann kontinuierlich in einen Autoklaven mit eingestellten Reaktionsbedingungen (Druck, Temperatur, pH–Wert und Verweilzeit) eingeführt wird (Wirsching, 1983). Nach der Reaktion wird die α–Halbhydrat–Suspension in einem Hydrozyklon und in einer Zentrifuge entwässert und anschließend wahlweise, je nach spezifischen Verwertungsanforderungen, pneumatisch getrocknet (Knauf, 1988).

Die Erlöse beim Verkauf der aufbereiteten Reststoffe betragen für Natriumsulfat (ATR 1) bis 500 DM/t, für Gips (ATR 2) bis 20 DM/t und für α–Halbhydrat (ATR 3) bis 100 DM/t.

4.5 Technische Entsorgungswege für hochcalciumsulfithaltige Reststoffe

4.5.1 Sprühabsorptionsreststoff und Trockensorptionsreststoff aus Strömungsreaktor

Da die Reststoffe aus Sprühabsorptionsverfahren (SAR) und aus Trockensorptionsverfahren nach dem Prinzip des Strömungsreaktors (TSS) hinsichtlich ihrer chemischen und mineralogischen Zusammensetzung sehr ähnlich sind und demnach auch analoge Entsorgungswege bestehen, werden sie nachfolgend zusammengefaßt.

Reststoffcharakterisierung

Aufgrund der im allgemeinen vorhandenen Staubvorabscheidung durch Zyklon oder Elektroabscheider liegen die Flugstaubgehalte in den Reststoffen SAR und TSS zwischen 3 - 10 Gew.-%.

Der Entschwefelungsanteil ist einerseits charakterisiert durch den Calciumsulfit- und -sulfatgehalt[64] und andererseits durch seinen Calciumhydroxid- und -carbonatgehalt. Der Anteil von Sulfit und Sulfat, die etwa im Verhältnis 4 : 1 vorliegen, am Gesamtentschwefelungsanteil ist beim SAR ungefähr 60 – 70 Gew.-% und beim TSS nur 40 – 50 Gew.-%; bedingt durch Verfahrensunterschiede. Darüber hinaus ist die Relation zwischen dem Calciumhydroxid

[64]Das Sulfat liegt in Form von Dihydrat, d. h. Gips, vor.

und -carbonat etwa 2 : 1 in beiden Reststoffen. In geringen Mengen von wenigen Prozent ist auch noch Calciumchlorid, das bei der Verwertung störend ist, Bestandteil in den Reststoffen; dies gilt jedoch nur für Kohlefeuerungen.

Für die Verwertung bzw. für die Aufbereitung der Reststoffe sind vor allem der hohe Anteil an Calciumsulfit sowie dessen chemische und physikalische Eigenschaften von Bedeutung. Calciumsulfit kann gegebenfalls zu einer Sauerstoffzehrung durch Oxidation zum Sulfat sowie zu einer unerwünschten Ettringitbildung unter bestimmten Bedingungen in Baustoffen führen (Bloss und Odler, 1982).

Für die Entsorgung interessieren daher besonders die Möglichkeiten, das Sulfit zu Sulfat zu oxidieren, wofür grundsätzlich zwei Wege verfolgt werden können. Einerseits kann das trockene Calciumsulfit auf thermischem Wege bei Temperaturen von 800 - 850 °C und hohem Sauerstoffpartialdruck zu Anhydrit oxidiert werden;[65] oder aber das Sulfit wird nach Auflösen in Wasser bei einem pH-Wert von ca. 4 durch Luftzufuhr zu Dihydrat umgewandelt.

Aufbauend auf diesen Möglichkeiten sowie auf der Reststoffzusammensetzung können daraus die in der Abbildung 16 dargestellten technischen Entsorgungswege für SAR und TSS konzipiert werden.

Verwertungsmöglichkeiten und Reststoffaufbereitung
(gemäß Abbildung 16)

Beim **technischen Entsorgungsweg SAR 1/TSS 1** werden die Reststoffe im Falle der Verwertung nach SAR 1A/TSS 1A als eine Stoffkomponente für die Herstellung verschiedener Baustoffe eingesetzt. Die Anforderungen können von den Reststoffen im Prinzip erfüllt werden, es kommt in erster Linie auf eine Rezepturoptimierung/-anpassung beim Reststoffeinsatz an. Daher ist es für eine gleichbleibende Produktqualität von besonderer Bedeutung, daß die Reststoffe in ihrer Zusammensetzung nur geringfügig schwanken.

Der Reststoffeinsatz im Falle von SAR 1B/TSS 1B ist stark abhängig von den im Einzelfall vorliegenden Verhältnissen, sowohl aus stofftechnischer Sicht als auch vor allem aus Gesichtspunkten der Umweltverträglichkeit. Daher ist in jedem Fall die Eignung zu prüfen, um eine negative Umweltbeeinträchtigung durch Elution auszuschließen.

[65] Bei einer weiteren Temperaturerhöhung beginnt ab ca 1.000 °C die Zersetzung des Anhydrits in CaO und SO_3. Besteht ein zu geringer Sauerstoffpartialdruck, dann kommt es über 410 °C zur Instabilität des Sulfits, und SO_2 wird abgespalten.

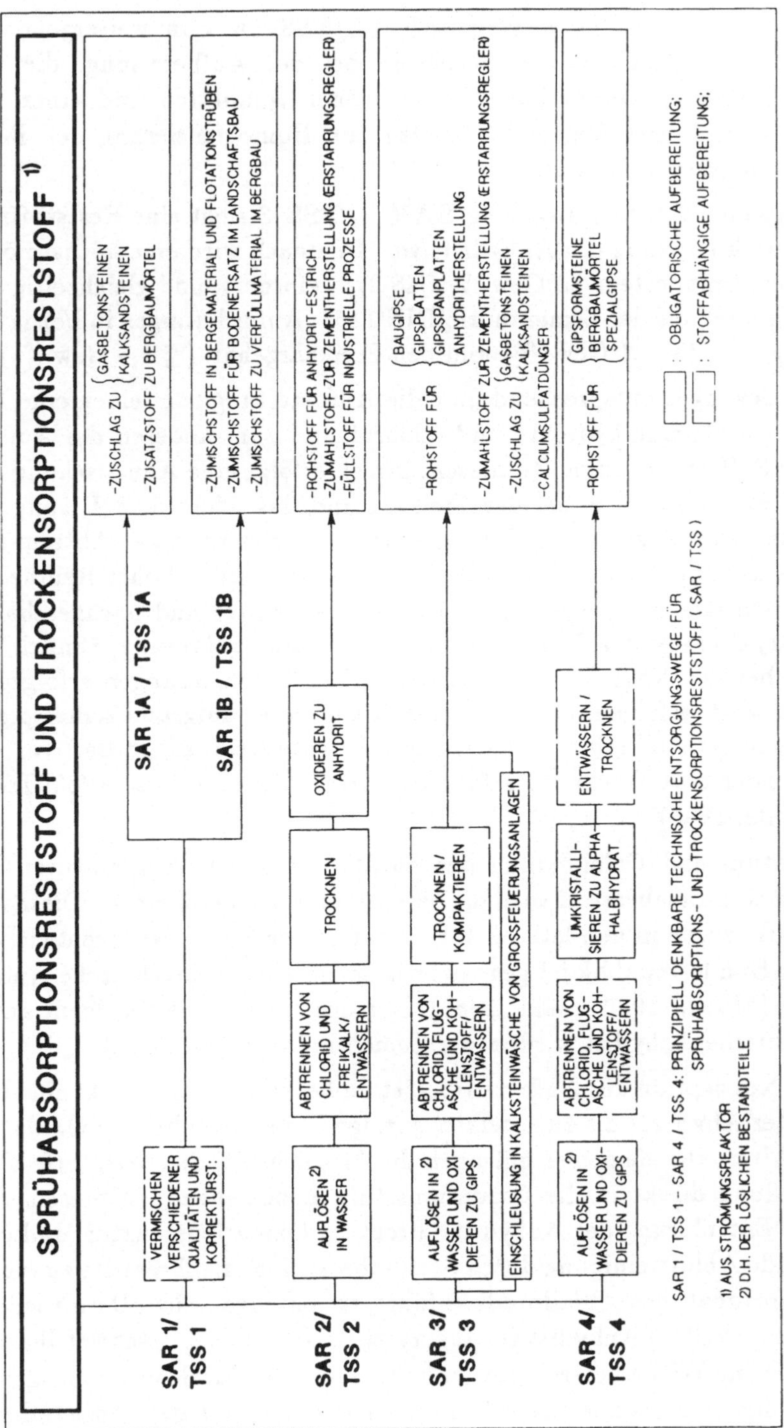

Abbildung 16: Prinzipiell denkbare technische Entsorgungswege für Sprühabsorptionsreststoff und Trockensorptionsreststoff (Strömungsreaktor)

Demgegenüber besteht beim Weg SAR 1A/TSS 1A kein weitergehendes Umweltbelastungsrisiko und ebensowenig bei der Aufbereitung, die nur aus einer einfachen Vermischung verschiedener Qualitäten und einer Zugabe von Korrekturstoffen (Gips, Kalk) zur Homogenisierung der Reststoffzusammensetzung besteht.

Der **technische Entsorgungsweg SAR 2/TSS 2** sieht eine Reststoffverwertung durch Nutzung des Anhydrits vor. Demnach wird eine höchstmögliche Reinheit (mindestens 80 Gew.-% $CaSO_4$) gefordert, und gleichzeitig bestehen, abgleitet aus der Zementnorm DIN 1164, Anforderungen in bezug auf den Chlorgehalt ($\leq$ 0,1 Gew.-%) und den Freikalkgehalt ($\leq$ 1,5 Gew.-%).

Den Anforderungen entsprechend muß die Aufbereitung zum einen eine Abtrennung von Calciumhydroxid und -chlorid und zum anderen die Aufoxidation des Sulfits umfassen. Zu diesem Zweck erfolgt eine Anmaischung der Reststoffe mit Wasser, wobei der Freikalk und das Chlorid in Lösung gehen. Daran schließt sich eine Entwässerung mit gleichzeitiger Abtrennung bzw. Auswaschung der gelösten Stoffe zur Gewährleistung hoher Reinheiten an. Diese Schritte können in einem Rührwerksbehälter und nachgeschalteten Hydrozyklon sowie Vakuumbandfilter mit Wasseraufdüsung, ähnlich wie es bereits bei der REA-Gips-Aufbereitung bei Großfeuerungen erfolgreich praktiziert wird, erfolgen. Das Calciumsulfit ist aber aufgrund seines plättchenförmigen Kristallhabitus relativ schlecht entwässerbar, so daß vor der Oxidation noch eine Trocknung erforderlich ist (Odler und Bloss, 1986; Tseng und Rochelle, 1986).

Zur Oxidation und Calcinierung des Sulfitstaubes bei Temperaturen um 850 ° C durch Luftsauerstoff wird die Wirbelbettechnik eingesetzt. Diese Anlagentechnik wurde in den letzten Jahren für diesen Zweck weiterentwickelt, und in der Bundesrepublik ist gegenwärtig schon eine großtechnische Anlage in Betrieb (Mosch, 1986; Fläkt, 1989). Der dort in pelletierter Form anfallende technische Anhydrit wird in der Zementindustrie verwertet.

Bei dieser Konzeption der Aufbereitung ist zu beachten, daß sowohl ein chloridbelastetes Abwasser als auch relativ geringe Emissionen bei der Oxidation anfallen. Alternativ dazu besteht auch die Möglichkeit, die Reststoffe ohne Vorbehandlung direkt in die Oxidationsstufe einzubringen. In diesem Fall erfolgt die Entchlorung des Anhydrits direkt im Oxidationsreaktor, und eine nachfolgende Abluftreinigung durch Sprühabsorption, die ihrerseits zu einem calciumchloridhaltigen Abfallprodukt führt, ist unumgänglich. Damit jedoch der Freikalkgehalt im Anhydrit verringert wird, ist es sinnvoll, schwefelhaltige Brennstoffe im Wirbelbettreaktor zu verwenden, wodurch in einem gewissen Maße das entstehende Schwefeldioxid seinerseits mit dem vorhandenen Freikalk zu Anhydrit reagiert.

Diese Alternative verursacht zwar keine Abwässer, sie führt aber zu einem weiteren Abfallanfall. Die geforderten Produktspezifikationen sind wesentlich schwieriger einzuhalten, und sie ist daher vom Gesichtspunkt einer sicheren Verwertung eher kritisch zu beurteilen.

Der **technische Entsorgungsweg SAR 3/TSS 3** basiert auf der Oxidation des Calciumsulfites auf nassem Wege zu Dihydrat (Gips) und ist bezogen auf die Verwertungsoptionen identisch dem technischen Entsorgungsweg ATR 2; dementsprechend sei hier hinsichtlich der Verwertungsanforderungen auf die Ausführungen im Abschnitt 4.4.2 (Tabelle 14) verwiesen.

Ausgehend von den Qualitätsanforderungen, die insbesondere bei der Verwertung in der Gipsindustrie durch hohe Reinheitsansprüche gekennzeichnet sind, ist bei der gesamten Aufbereitung eine sehr fein abgestimmte Verfahrensführung notwendig (Gebhard und Uerpmann, 1988). Demnach ist die erste Aufbereitungsstufe so auszulegen, daß neben der primär ablaufenden Gipsbildung auch eine Abtrennung gewisser Mengen Flugasche bzw. Kohlenstoff erfolgt.[66]

Zur Gipsbildung in einem Rührbehälter werden die Reststoffe unter Zugabe von Wasser und Schwefelsäure bei einem pH–Wert von ca. 4 gelöst und durch Zufuhr von Luft oxidiert. Dabei reagiert auch der aufgelöste Kalk mit dem Sulfat der Schwefelsäure zu Gips (Hegemann, 1986; Fahlenkamp, 1985). Um die für die Verwertung geforderten Korngrößen zu erreichen, ist eine relativ lange Verweilzeit für das Kristallwachstum erforderlich.[67]

Die Abtrennung des Gipses aus der Suspension wird in einem Hydrozyklon, der auf die gewünschte Trennkorngröße eingestellt ist, durchgeführt. Darüber hinaus kann wahlweise in einem weiteren nachgeschalteten Hydrozyklon ein Teilstrom, der überwiegend sehr feinteilige Verunreinigungen (z.B. Flugasche) enthält, abgezogen werden (UMBW, 1990).

Der abgetrennte Gips wird dann in einem Vakuumbandfilter unter gleichzeitiger Aufdüsung von Wasser zur Rest–Chloridauswaschung entwässert. Je nach den spezifischen Verwertungsanforderungen (vgl. ATR 2, Abschnitt 4.4.2) wird der entwässerte Gips abschließend noch getrocknet und kompaktiert.

---

[66]Ist jedoch die Flugasche- bzw. Kohlenstoffabtrennung nicht in dem gewünschten Ausmaß erreichbar, dann besteht die Möglichkeit, den getrockneten Gips mit sehr reinen Gipssorten (REA–Gips oder Naturgips) zu vermischen, oder man sieht von der Verwertung in der Gipsindustrie ab und wählt eine Verwertung in den anderen Bereichen (vgl. Abbildung 16).

[67]Eine ausführliche Beschreibung des Oxidations- und Kristallbildungsprozesses, wie er auch analog in Kalksteinwäschen abläuft, ist in UMBW (1988) und Gebhard (1988) zu finden.

Da die gesamte Aufbereitung analog ist dem Verfahrensablauf einer Kalksteinwäsche nach der SO_2–Absorption (UMBW, 1988), ist die Einschleusung der Reststoffe an geeigneter Stelle bei einer Kalksteinwäsche alternativ möglich. Die Verwertung erfolgt dann gemeinsam mit dem REA–Gips der Großanlage, der dem Naturgips gleichwertig ist (Scholze et al., 1985; VGB, 1986).

Ebenso wie beim Weg SAR 2/TSS 2 ist diese Aufbereitung mit einem Anfall von Abwasser verbunden, das im sauren Bereich liegt und einer weiteren Behandlung unterzogen werden muß.

Der **technische Entsorgungsweg SAR 4/TSS 4** baut auf eine weitergehende Aufbereitung des entwässerten und gereinigten Gipses (vgl. SAR 3/TSS 3) durch Umkristallisation zu Calciumsulfat-α-Halbhydrat auf, das als Rohstoff für hochwertige Gipserzeugnisse dient. Insofern entspricht dies dem Entsorgungsweg ATR 3 (Abschnitt 4.4.2)

Vergleicht man die Entsorgungswege der Reststoffe SAR und TSS in bezug auf erzielbare Erlöse nach einer entsprechenden Aufbereitung, so kann davon ausgegangen werden, daß für den Anhydrit bis 40 DM/t, für den Gips bis 20 DM/t und für α–Halbhydrat bis 100 DM/t erzielt werden. Bei der Entsorgung nach SAR 1/TSS 1 ist der Erlös mit 0 - 10 DM/t am geringsten.

4.5.2 Calciumsulfit-/Calciumsulfatschlamm

Sowohl bei der Kalkwäsche als auch bei der Kondensationswäsche fällt beim Fehlen einer Oxidationsstufe als Reststoff ein Calciumsulfit-/Calciumsulfatschlamm (KWR) an.

Reststoffcharakterisierung

Je nach Verfahrenskonzeption kann der Wassergehalt im KWR bis 50 % betragen. Der wasserfreie Reststoff enthält seinerseits aufgrund der notwendigen Staubabscheidung bis max 5 Gew.-% Flugasche und mindestens 95 Gew.-% Entschwefelungsprodukt, das sich größenordnungsmäßig aus Calciumsulfit und Calciumsulfat im Verhältnis 4 : 1 zusammensetzt. Darüber hinaus können beim Einsatz von Kalkstein als Absorptionsmittel[68] noch kleine Mengen an Calciumcarbonat und Verunreinigungen (z.B. $MgCO_3$) im Reststoff sein. Die Reststoffeigenschaften und damit auch die Entsorgung werden wie bei SAR und TSS durch den hohen Sulfitgehalt determiniert (vgl. dazu Abschnitt 4.5.1).

Verwertungsmöglichkeiten und Reststoffaufbereitung
(gemäß Abbildung 17)

Der wesentliche Unterschied des wasserfreien Reststoffes im Vergleich zu den Reststoffen SAR und TSS (Abschnitt 4.5.1) ist, daß nur in geringsten Mengen Calciumcarbonat, -hydroxid und -chlorid im Reststoff vorhanden sind.

Demnach ergibt sich im Hinblick auf die in der Abbildung 17 dargestellten Entsorgungswege eine analoge Struktur zu den Wegen SAR 1 – 4 und TSS 1 – 4 (vgl. Abbildung 16, Abschnitt 4.5.1). Die Verwertungsoptionen sind vollkommen identisch und nur bei der Aufbereitung bestehen geringfügige Unterschiede dahingehend, daß bei den Wegen KWR 1 und KWR 2 eine Entwässerung und Trocknung als erste Aufbereitungsschritte vorgeschaltet sind und bei allen Wegen, ausgenommen KWR 3, das Auswaschen von Chlorid als Zwischenschritt nicht obligatorisch ist. Im übrigen wird auf die Ausführungen im Abschnitt 4.5.1 verwiesen.

[68] Als Absorptionsmittel können Branntkalk, Kalkhydrat oder Kalksteinmehl eingesetzt werden; letzteres wird trotz seiner geringen Reaktivität aus ökonomischen Gründen vor allem im Großkraftwerksbereich bevorzugt.

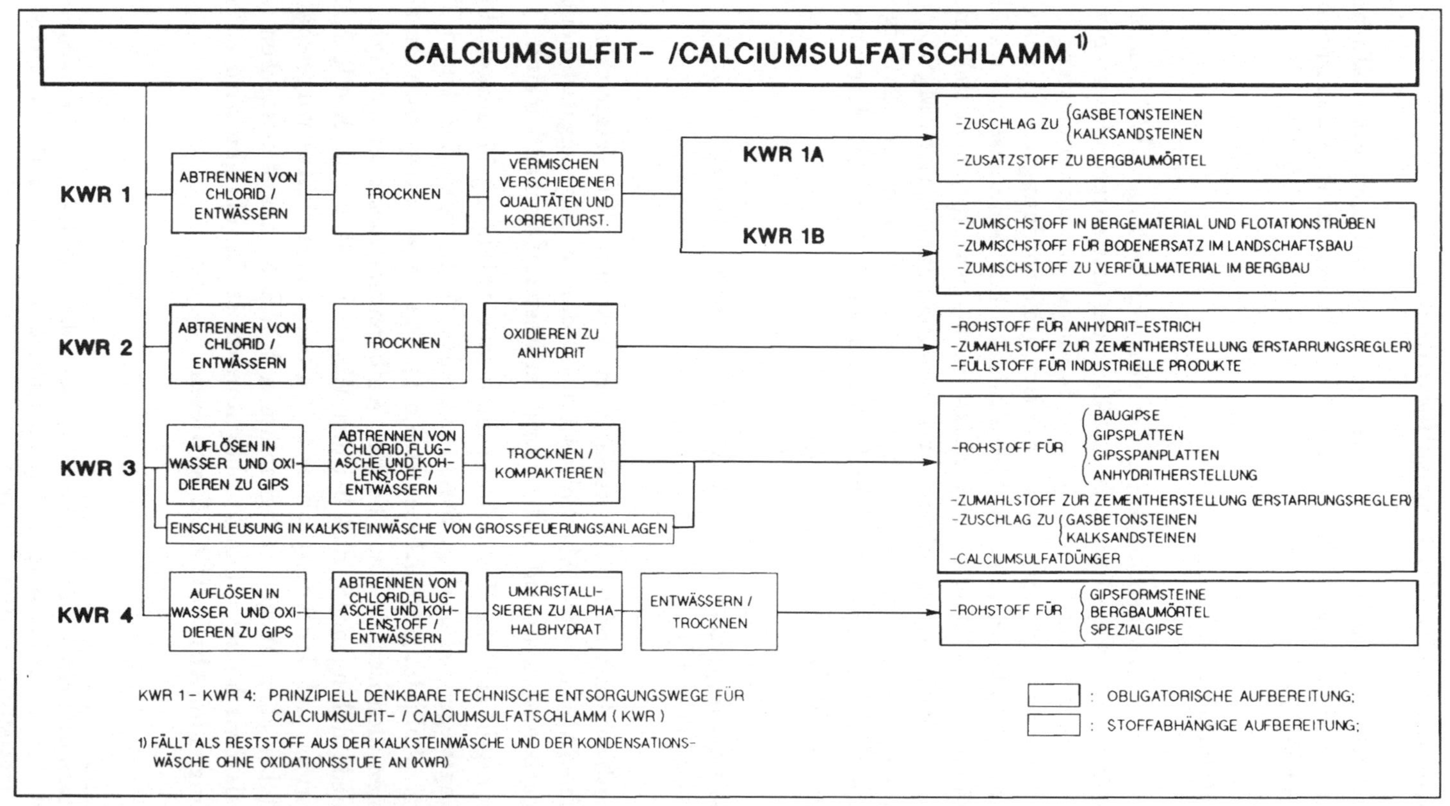

Abbildung 17: Prinzipiell denkbare technische Entsorgungswege für Calciumsulfit-/Calciumsulfatschlamm

4.6 Technische Entsorgungswege für hochcalciumsulfathaltige Reststoffe

4.6.1 Trockensorptionsreststoff aus Schüttgut–Tiefbett–Reaktor

Das Trockensorptionsverfahren nach dem Prinzip des Schüttgut–Tiefbett–Reaktors ist in der Bundesrepublik Deutschland im TA Luft–Feuerungsanlagenbereich gegenwärtig das meisteingesetzte Entschwefelungsverfahren.

Reststoffcharakterisierung

Der anfallende trockene Reststoff (TST) beinhaltet angesichts der obligaten Staubvorabscheidung nur geringe Flugstaubgehalte von 3 – 8 Gew.-%. Der Schwefel wird fast ausschließlich als Sulfat gebunden, und demnach ergeben sich Gipsgehalte von ca. 60 Gew.-%. Weiter sind im TST noch erhebliche Mengen Calciumhydroxid und -carbonat, etwa im Verhältnis 1 : 1, in der Größenordnung von je 15 Gew.-% vorhanden. Darüber hinaus ist wie bei allen trockenen Reststoffen auch noch Calciumchlorid (bis zu 5 Gew.-%) im TST enthalten.

Basierend auf dieser Reststoffzusammensetzung steht bei der Entsorgung die Nutzung des hohen Gipsgehaltes im Vordergrund, wobei die übrigen Stoffe mehr oder weniger von Nachteil sein können.

Verwertungsmöglichkeiten und Reststoffaufbereitung
(gemäß Abbildung 18)

Bezugnehmend auf die Konzeption und Bewertung der einzelnen technischen Entsorgungswege besteht weitgehende Übereinstimmung mit den Entsorgungswegen SAR 1/TSS 1, SAR 3/TSS 3 und SAR 4/TSS 4, so daß nachfolgend auf die Ausführungen dazu (vgl. Abbildung 16, Abschnitt 4.5.1.) aufgebaut wird und nur die wesentlichen Unterschiede dargestellt werden.

Die Verwertungsoptionen des **technischen Entsorgungweges TST 1** sind wegen dem im Reststoff nicht enthaltenen Calciumsulfit gegenüber SAR 1/TSS 1 etwas erweitert. Von herausragender Bedeutung bei diesem Weg ist wiederum eine möglichst gleichbleibende Produktqualität sowie eine Rezepturoptimierung/-anpassung beim Reststoffeinsatz.

Die **technischen Entsorgungswege TST 2 und TST 3** unterscheiden sich von SAR 3/TSS 3 und SAR 4/TSS 4 insofern, daß in der ersten Aufbereitungsstufe die Oxidation von Sulfit zu Sulfat nicht erforderlich ist, sondern nur die Umwandlung von Kalk ($CaCO_3$ und $Ca(OH)_2$) zu Gips. Dies erfolgt in einem Rührbehälter durch Zugabe von verdünnter Schwefelsäure unter Bildung von Wasser und Kohlendioxid (Hegemann, 1986).

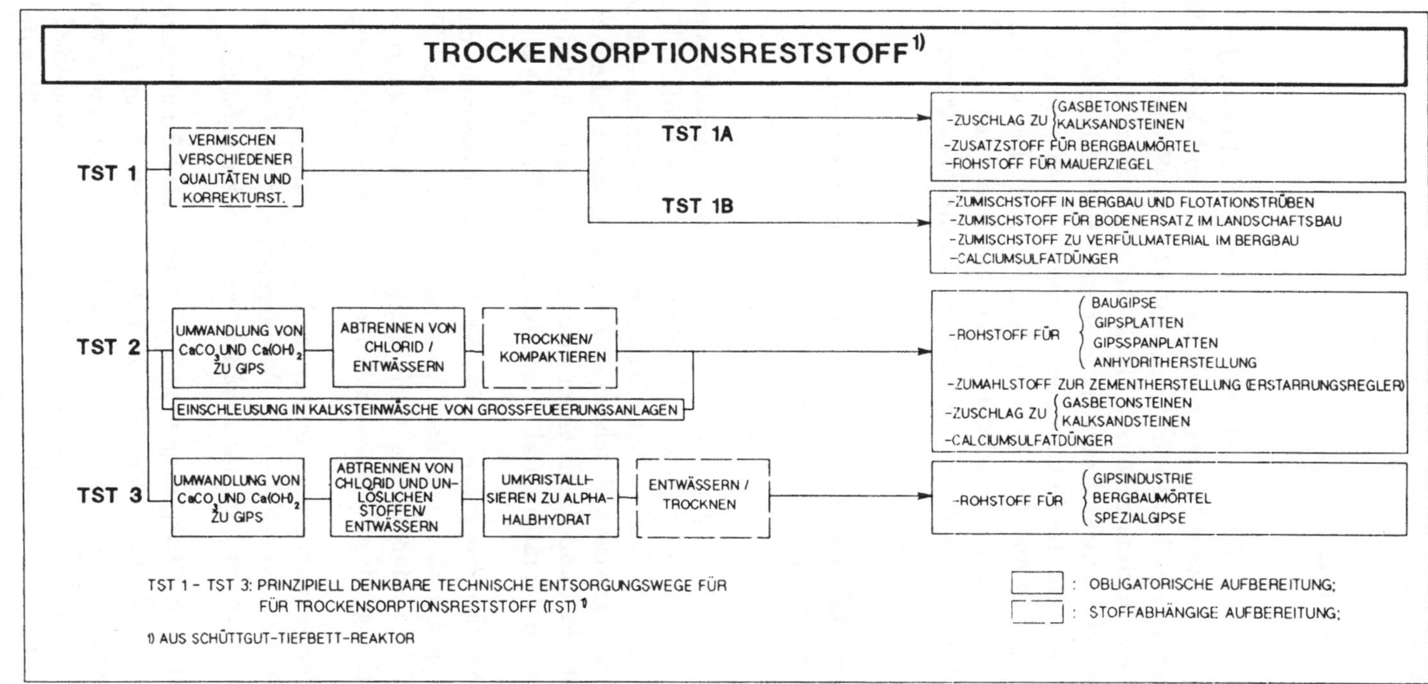

Abbildung 18: Prinzipiell denkbare technische Entsorgungswege für Trockensorptionsreststoff (Schüttgut-Tiefbett-Reaktor)

4.6.2 REA–Gips

Reststoffcharakterisierung

Bei der Kalk- und der Kondensationswäsche mit Oxidationsstufe fällt feuchter REA–Gips mit einem Wassergehalt zwischen 10 und 30 Gew.-% an. Der wasserfreie REA–Gips besteht zu mehr als 95 Gew.-% aus Gips sowie geringen Anteilen Calciumcarbonat, Flugasche und Verunreinigungen. Wird als Absoptionsmittel nicht Kalkstein sondern Branntkalk oder Kalkhydrat verwendet, dann sind die Gehalte des Calciumcarbonats und der Verunreinigungen sehr gering und der Gipsanteil am höchsten. Des weiteren sind der Chloridgehalt, der proportional dem Wasseranteil ist, und die Gipskristallform, die sehr stark anlagenabhängig ist, für die Entsorgung von Bedeutung.

Verwertungsmöglichkeiten und Reststoffaufbereitung
(gemäß Abbildung 19)

Der wasserfreie REA–Gips ist angesichts des hohen Gipsgehaltes und der Art der übrigen Stoffverbindungen dem Trockensorptionsreststoff TST (vgl. Abschnitt 4.6.1) ähnlich. Unterschiede bestehen vor allem darin, daß der REA-Gips neben einer gewissen Feuchte (Wassergehalt) einen erheblich höheren Calciumsulfatgehalt und damit einen wesentlich kleineren Anteil an Nebenbestandteilen wie Flugasche, Calciumcarbonat und Chloride hat.

Die technischen Entsorgungswege für REA–Gips entsprechen demnach in ihrer Konzeption auch jenen des Trockensorptionsreststoffes (TST) (vgl. Abschnitt 4.6.1), so daß auf die Ausführungen dort zurückgegriffen werden kann und nachfolgend nur die wesentlichen Unterschiede aufgezeigt werden.

Sofern eine Verwertung gemäß dem **technischen Entsorgungsweg RG 1** erfolgt, können im Einzelfall hohe Wassergehalte störend sein, und daher beinhaltet die Aufbereitung stoffabhängig eine Trocknungsstufe.

Die **technischen Entsorgungswege RG 2 und RG 3** unterscheiden sich von TST 2 und TST 3 vor allem dadurch, daß die Umwandlung von $CaCO_3$ zu Gips nicht obligatorisch ist und die weitergehende Abtrennung von Chlorid bzw. Entwässerung bei RG 3 nicht erforderlich ist. Im Einzelfall mögliche Nachteile bei der Verwertung in der Gipsindustrie (RG 2) aufgrund der Gipskristallform können durch Zusatz- bzw. Stellmittel ausgeglichen werden.

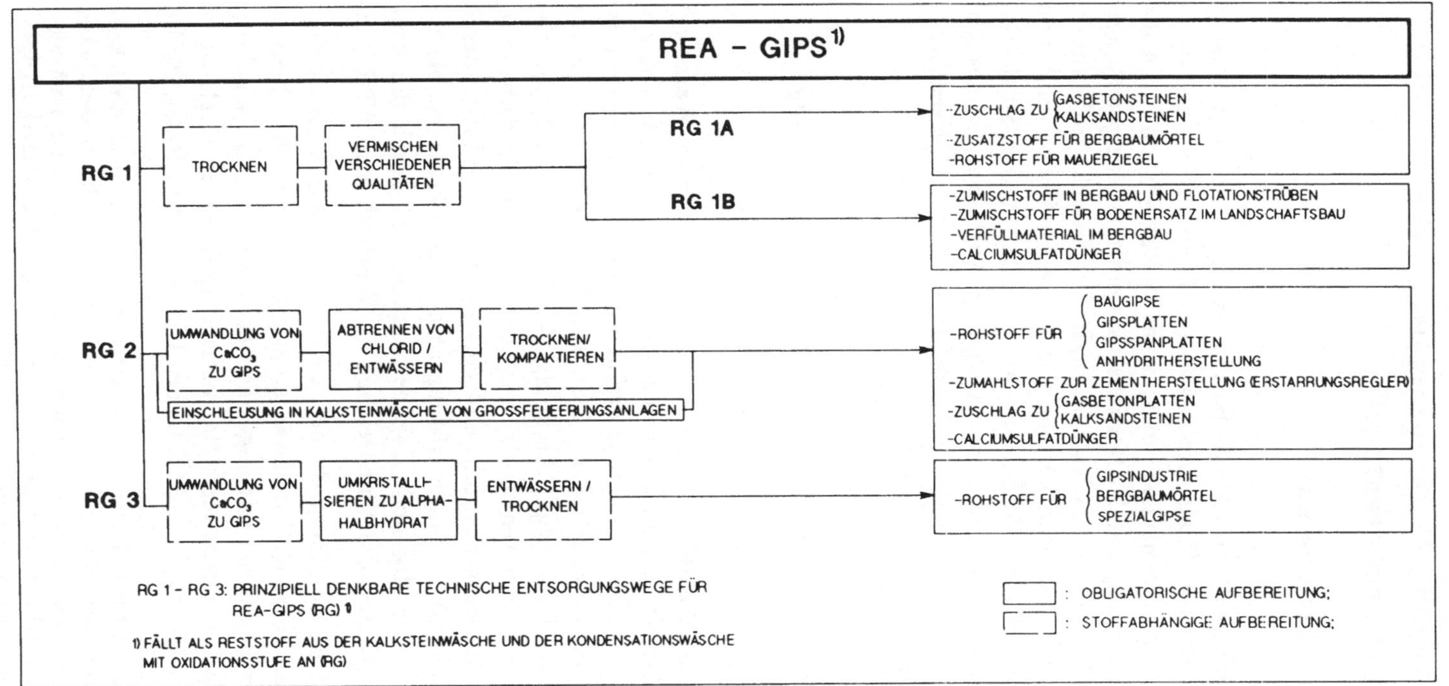

Abbildung 19: Prinzipiell denkbare technische Entsorgungswege für den REA-Gips

4.7 Technische Entsorgungswege für Alkaliwäschereststoffe

Reststoffcharakterisierung

Der Alkaliwäschereststoff (AWR) fällt in wäßriger Form mit Wassergehalten zwischen 70 – 85 Gew.-% an. Der wasserfreie Reststoff besteht zum überwiegenden Teil aus Natriumsulfat (bis max ca. 95 Gew.-%) und in Abhängigkeit der Anlagenauslegung und der Betriebsweise noch in geringen Mengen von jeweils wenigen Prozenten aus Natriumsulfit, Natriumchlorid[69] und Flugasche (bis 3 Gew.-%).[70] Demnach besteht eine große Ähnlichkeit mit dem Alkali-Trockenadditivreststoff (ATR), so daß hinsichtlich der Stoffeigenschaften und der Konzeption der Entsorgungswege die Ausführungen des Abschnittes 4.4.2 weitgehend gültig sind und nachfolgend nur die wesentlichen Unterschiede dazu herausgestellt werden.

Verwertungsmöglichkeiten und Reststoffaufbereitung
(gemäß Abbildung 20)

Der AWR unterscheidet sich von ATR, abgesehen vom Wassergehalt, vor allem durch das Vorhandensein von Natriumsulfit und das Fehlen von Natriumcarbonat. Darauf aufbauend ergibt sich für die Konzeption der technischen Entsorgungswege AWR 1 – 3 die gleiche Struktur wie für den Alkali-Trockenadditivreststoff (vgl. Abbildung 15, Abschnitt 4.4.2), jedoch mit dem Vorteil, daß bei der ersten Aufbereitungsstufe bei allen Entsorgungswegen die Auflösung in Wasser entfällt und eine mögliche Oxidation des Natriumsulfits zu -sulfat durch Lufteindüsung sowie eine Flugascheabtrennung nur im Einzelfall notwendig sind. Darüber hinaus wird durch die Abwesenheit von Natriumcarbonat die Aufbereitung im Vergleich zum ATR erleichtert.

Als Option ist in Abbildung 20 bei AWR 2 die Einschleusung des AWR in den Vorwäscher einer Kalksteinwäsche angeführt. Diese Möglichkeit besteht jedoch nur bei Verfahren mit abgetrennten Vorwäscherkreisläufen (UMBW, 1988) und sofern nennenswerte Natriumsulfitgehalte im Reststoff vorliegen. Das Natriumsulfit reagiert mit HCl des Rauchgases zu NaCl, H_2O und SO_2,

[69]Natriumchlorid ist jedoch nur dann im Reststoff enthalten, wenn die Alkaliwäsche bei einer Kohlefeuerung betrieben wird und keine naßarbeitende Staubabscheidung erfolgt.

[70]Da in der Alkaliwäsche die Staubabscheidewirkung minimal ist, muß eine hochwirksame Staubvorabscheidung (filternder oder elektrischer Abscheider) erfolgen, und dies führt zu sehr geringen Flugaschegehalten im AWR.

das in der Folge in den REA-Gips eingebunden wird. Das Natriumsulfat und das Natriumchlorid des Reststoffes bleiben in Lösung und werden ebenso wie die Flugasche mit dem Abwasser aus der REA abgezogen. Diese Option ist aus Umweltgesichtspunkten kritisch zu sehen, da der wesentliche Teil des Reststoffes in die Umwelt, d. h. ins Abwasser, abgegeben wird.

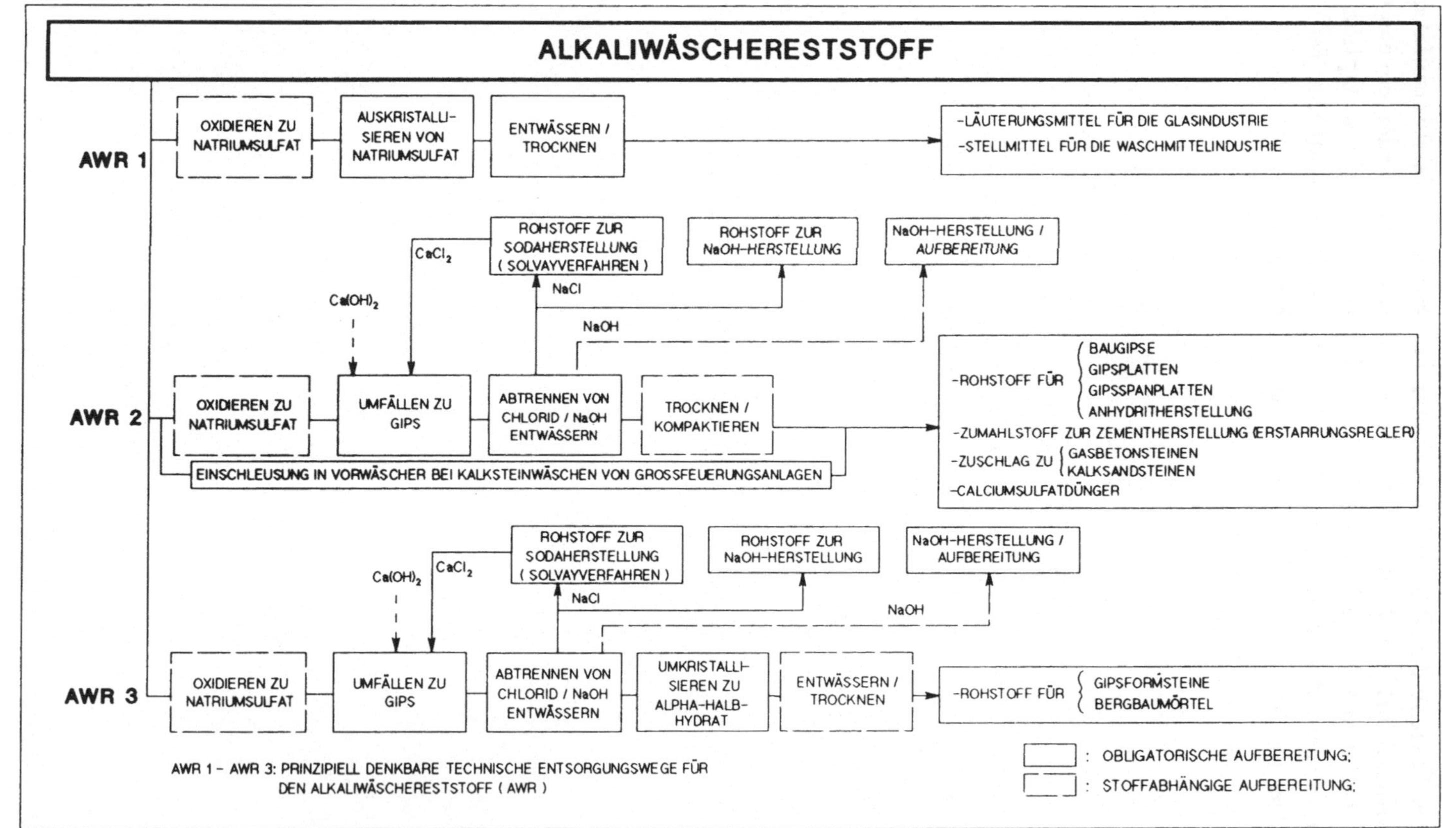

Abbildung 20: Prinzipiell denkbare technische Entsorgungswege für den Alkaliwäschereststoff

4.8 Transportsysteme

Angesichts der im Regelfall unterschiedlichen geographischen Lage zwischen den Reststoffanfallstellen und den Entsorgungsstellen sind Transporte erforderlich. Prinzipiell ist aufgrund der vorliegenden Entsorgungsstruktur (vgl. Abschnitt 3.3) sowohl ein Transport von der Quelle zur Aufbereitung, als auch der Weitertransport zur Senke in Betracht zu ziehen. Durch differierende Reststoffqualitäten der einzelnen Quellen und durch die im allgemeinen sehr diskrete Verteilung der Quellen bzw. Senken sowie zeitliche Schwankungen bei Anfall bzw. Bedarf erfolgt der Transport direkt und für jeden Fall getrennt; d. h. eine Sammlung und ein Umschlag, wie es bei der Hausmüllentsorgung üblich ist, ist nicht relevant.

Prinzipiell steht für die Durchführung der Transportleistung der Fremdbezug oder der Transport im Eigenbetrieb (Werkverkehr) zur Verfügung. Der Werkverkehr, der seit Jahren stark im Zunehmen begriffen ist, wird vor allem für den Transport hochwertiger Güter gewählt (Zobel, 1988). Da es sich bei den Reststoffen jedoch um geringwertige Güter handelt, die bezogen auf eine einzelne Quelle in relativ geringen Mengen anfallen, kommt am ehesten der Fremdbezug in Betracht, als dessen Vorteil allgemein seine hohe Flexibilität angesehen wird (Paraschis, 1989).

Die *Transportart* und die Stoffeigenschaften (vgl. Tabelle 15 und 16, Abschnitt 4.9) sind im Zusammenhang zu sehen. Wesentlich ist die physikalische Form, in der ein Reststoff vorliegt; demnach kann eine Einteilung in flüssige/schlammartige, stichfeste, pulverförmige und stückige (nach Agglomeration) Reststoffe vorgenommen werden. Entsprechend dazu müssen als Transportart Behältnisse gewählt werden, die einerseits den sicheren Transport und andererseits eine problemlose Be- und Entladung gewährleisten. Im Hinblick auf die nachfolgend analysierten Transportkosten genügt hier die grobe Unterteilung in offene und Silo-/Tankwagen.

Als *Transportmittel* stehen grundsätzlich der Lastkraftwagen, die Eisenbahn und des Binnenschiff zur Verfügung. Obwohl die Transportkosten bei der Beförderung per Schiff spezifisch am günstigsten sind (vgl. Abbildung 21), wird der Einsatz von Binnenschiffen durch die relativ großen Ladungseinheiten und vor allem durch das dünne Netz geeigneter Wasserstraßen nur in Ausnahmefällen eine praktische Möglichkeit sein und wird hier nicht weiter verfolgt.

Für die Wahl des Reststofftransportes auf der Straße oder auf der Schiene sind die Transportkosten ein entscheidender Faktor. Generell gilt für beide Transportmittel eine zweifache Kostendegression in der Form, daß sowohl mit zunehmender Entfernung als auch mit steigender Gewichtsklasse pro La-

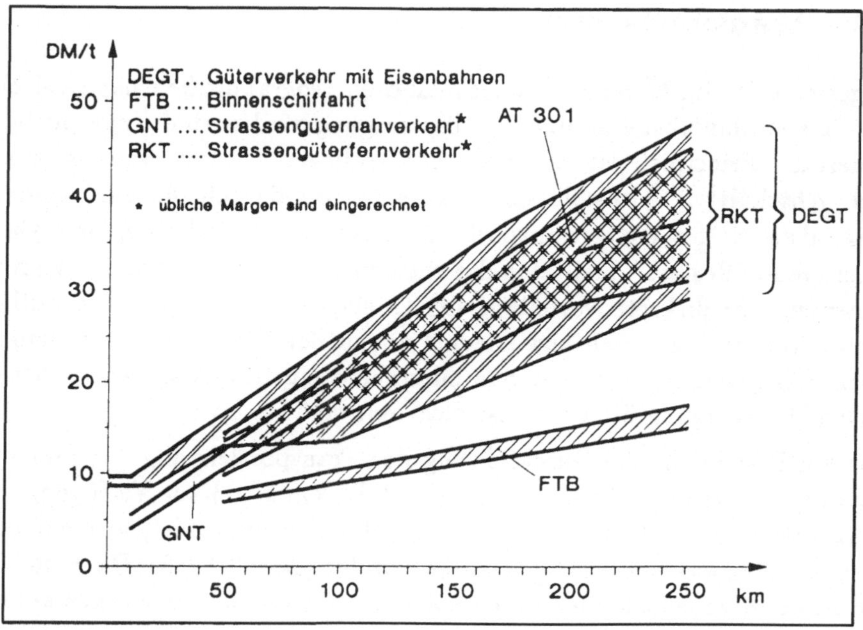

Abbildung 21: Transportkosten nach Verkehrsträgern (25 t Gewichtsklasse, außer FTB)

dung die Transportkosten pro Tonne und Entfernungskilometer abnehmen. Da die Transportkosten einen nicht unerheblichen Anteil an den Gesamtentsorgungskosten haben (vgl. Abschnitt 3.3.3) und daher eine starke Transportkostenempfindlichkeit besteht, wird den nachfolgenden Betrachtungen die hohe Gewichtsklasse von 25 t zugrundegelegt.

Der Güterverkehr auf der Straße ist tarifgebunden und wird für den Nahverkehr durch den GNT (1988) und für den Fernverkehr durch den RKT (1988) geregelt.[71]

Auf die *Frachtsätze im Nahverkehr* sind in Abbildung 21 je nach den transportierten Mengen und bei stationären Abnahmeanlagen Nachlässe bis 25 % üblich, bei Dauervertrag ist auch ein Abzug von 40 % möglich (untere und obere Begrenzung des Bereiches). Eine Unterscheidung in Silo-/Tankfahrzeuge und andere Fahrzeuge ist aus Kostengesichtspunkten nicht relevant.

Tarifsätze im Güterfernverkehr können um maximal 10 % erhöht oder ermäßigt werden, bei Ausnahmetarifen um 8,5 %. Die Regeltarife der La-

[71]Der Nahverkehrsbereich geht bis zu einem Umkreis von 50 km, gerechnet in der Luftlinie vom Mittelpunkt des Standortes des Kraftfahrzeuges (GNT, 1988).

dungsklasse F für Silo-/Tankfahrzeuge und andere Fahrzeuge unterscheiden sich nur leicht (< 3 %).

Bei den relevanten Ausnahmetarifen liegen die für Silo-/Tankfahrzeuge erheblich über denen für andere Fahrzeuge (25 %). Der in Abbildung 21 dargestellte Bereich ist nach oben durch den Regeltarif der Ladungsklasse F für Silo-/Tankfahrzeuge (abzüglich 10 %) und nach unten durch den Ausnahmetarif AT 301 für andere Fahrzeuge (abzüglich 8,5 %) begrenzt. AT 302 (Aschen) und AT 401 (Gips) liegen innerhalb dieser Bandbreite. Darüber hinaus ist in Abbildung 21 eine Mindestausblasgebühr von 0,70 DM/t berücksichtigt.

Werden die Reststoffe als Abfälle deklariert, dann besteht für den Straßentransport gemäß GüKG (1985) keine Tarifbindung, was eine weitere Reduzierung der Transportkosten bis zu 20 % ermöglicht[72]. Im Gegensatz dazu besteht eine analoge Befreiung beim Schienentransport nicht.[73] Die Tarife der Deutschen Bahn sind im DEGT (1988) festgehalten. Für Güter der Steine und Erden Industrie gilt prinzipiell die Regelklasse B (obere Linie in Abbildung 21), wobei für sehr viele Güter (z. B. auch Flugasche) der wesentlich günstigere Ausnahmetarif AT 120 besteht (untere Linie in Abbildung 21). Darüber hinaus ist der AT 135, der etwas über dem AT 120 liegt, hier noch von Bedeutung; dieser gilt u. a. für Gips und Anhydrit. Die Bahntarife unterscheiden nicht wie die Straßentarife zwischen verschiedenen Behältertypen.

Bei einem Kostenvergleich mit dem Straßentransport sind des weiteren 2 - 5 DM/t für die Be- und Entladung anzusetzen (in Abbildung 21 nicht enthalten).

Ein Vergleich zur Beförderung auf der Straße zeigt, daß die Bahn erst ab etwa 40 km relevant ist und der Lkw bis 80 km deutliche Vorteile aufweist (Rentz et al., 1976). Ab dieser Entfernung besitzt keines der beiden Transportmittel entscheidende Vorteile. Vielmehr kommt es im Einzelfall darauf an, ob Gleisanschlüsse existieren, wieweit es Unterschiede bei den Tarifentfernungen (vgl. Abschnitt 5.1.3) gibt und welche Margen und Sondertarife vereinbart werden (Willeke und Werner, 1985[74]). Dies begründet sich insbesondere in der derzeit praktizierten Tarifpolitik (vgl. GüKG).

[72]Diese Reduzierung bedingt eine hohe Auslastung der Transportmittel

[73]Für den Transport von Abfällen gibt es verschiedene Ausnahmetarife sowie einige Besonderheiten bei der Tarifbildung, die in Willeke und Werner (1985) ausführlich beschrieben sind.

[74]Willeke und Werner (1985) führen in ihrer Untersuchung auch eine ausführliche Analyse des Lkw- und Bahntransportes unter Umweltgesichtspunkten durch.

Für die Gesamttransportkosten sind demnach vor allem folgende Faktoren von Bedeutung:

- Die physikalische Form: Sie determiniert die Behälterart (Silo-/Tank- oder offener Behälter); eine Veränderung kann durch eine Aufbereitung erfolgen (z. B. Agglomeration).
- Das spezifische Reststoffgewicht: Dieses kann ebenfalls durch Aufbereitungsschritte erheblich beeinflußt werden (z. B. Entwässerung).
- Die Transportentfernung: Diese steigt mit zunehmender Zentralisierung und Differenzierung der Entsorgungstechniken, wobei die Kostendegression zentraler Aufbereitungsanlagen tendenziell ein Gegengewicht bildet.

Im Straßen- und Schienenverkehr werden auch zunehmend Container und Wechselbehälter eingesetzt; dies bietet folgende Vorteile:

- geringere Zeiten für die Be- und Entladung,
- Ausnutzung der Container als Pufferlager,
- die Container können grundsätzlich sowohl mit der Bahn als auch mit dem Lkw transportiert werden; dadurch wird eine höhere Flexibilität erreicht.

Die Kosten für den Container müssen zusätzlich getragen werden. Sie sind jedoch nicht ausschließlich den Transportkosten zuzuordnen, da die Wechselbehälter teilweise auch eine Lagerfunktion erfüllen können.

4.9 Lagersysteme

Die zeitliche Diskrepanz zwischen Anfall und Verwertung der Reststoffe macht eine Zwischenlagerung notwendig. Exemplarisch zeigt Abbildung 22 dazu typische Saisonverläufe.

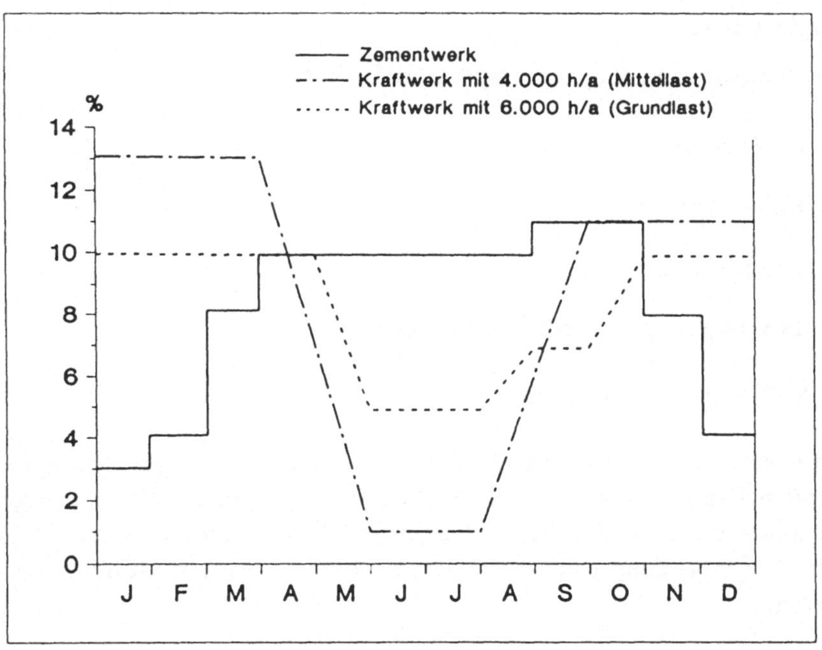

Abbildung 22: Saisonverlauf der Zement- und der Stromproduktion

Die Lagerung kann entweder bei der Quelle oder in Verbindung mit der eventuell notwendigen Aufbereitung durch das Entsorgungsunternehmen erfolgen. Darüber hinaus ist prinzipiell auch die Lagerung beim Verwerter möglich; da dies jedoch zusätzliche Kosten für ihn verursacht, wird in der Regel eine Anlieferung nach Bedarf und nicht nach Angebot bevorzugt.

Wie aus den Ausführungen im Abschnitt 3.3.3 hervorgeht, wird bei indirekter Entsorgung die Lagerung in der Praxis meist von Entsorgungsunternehmen durchgeführt. Wird darüber hinaus auch der Transport von diesen Unternehmen übernommen, so bietet dies den Vorteil, daß durch die antizyklischen Verläufe von Anfall und Verwertung (vgl. Abbildung 22) ein Teil der Transportmittel innerhalb einer Periode (Jahr) je nach Bedarf entweder für den Transport von den Quellen zur Aufbereitung/Lagerung oder für den Transport weiter zu den Senken eingesetzt wird. Damit kann die Bereitstellung von Transportmitteln insgesamt reduziert werden.

Analog wie bei der Transportart gehen auch bei der Wahl der Lagerart die Reststoffeigenschaften ein; die Tabellen 15 und 16 geben dazu einen Überblick.

Aufbauend auf den Stoffeigenschaften kann ein Lagersystem mit den nachfolgend angeführten Lagerarten in Verbindung mit Ein- und Austrageinrichtungen, die insgesamt einer reststoffspezifischen Abstimmung bedürfen, konzipiert werden.

Prinzipiell kommen folgende Lagerarten in Betracht:

- Freilagerung
- Hallenlagerung
- Silolagerung
- Tanklagerung (nur für Flüssigkeiten)
- Container als Pufferlager

Für die letztlich interessierenden spezifischen Lagerkosten pro Tonne zu entsorgenden Reststoffs ist es nicht möglich, generell gültige Werte anzugeben. Diese können nur für den konkreten Einzelfall berechnet werden und liegen in der Größenordnung von 0 – 15 DM/t, wobei folgende Einflußfaktoren dominieren:

- Anteil der für die Zwischenlagerung anstehenden Reststoffmenge an der Jahresanfallmenge
- Lagerart inklusive Ein- und Austragseinrichtungen
- Bauart und örtliche Gegebenheiten
- Reststoffspezifische Sonderausstattungen (z.B. Beheizung für Silo, Berieselungsanlage bei der Freilagerung von pulverförmigen Stoffen, etc.)

Tabelle 15: Beurteilung der Lager- und Transporteigenschaften der Reststoffe in Anfallform (UMBW, 1990)

Eigenschaften	Reststoffe in Anfallform [1]							
	pulverförmig						stichfest	flüssig
	RFA	WA	CTR	ATR	SAR/TSS/KWR	TST	KWR	AWR
Schüttdichte g/cm^3	0,7-1,2	0,7- 1	0,8- 1	0,8-1,2	0,6- 1	0,6-1,2	-	ca.1,25[2]
Verfestigung durch Feuchtigkeit	gering	hoch	hoch	gut	hoch	hoch	-	-
Verfestigung durch statischen Druck	gering	mittel	mittel	mittel	mittel	mittel	-	-
Frostbeständigkeit	-	-	-	-	-	-	-	-
Freilagerfähigkeit	schlecht	schlecht	schlecht	schlecht	schlecht	schlecht	schlecht	-
Silolagerfähigkeit	gut	mäßig	mäßig	mäßig	mäßig	mäßig	schlecht	-
pneumat. Förderbarkeit	gut	gut	gut	mittel	gut	gut	schlecht	-
mechan. Förderbarkeit	gut	gut	gut	gut	gut	gut	gut	-
Pumpfähigkeit	-	-	-	-	-	-	-	gut

1) Bezüglich der Abkürzungen wird auf das Abkürzungsverzeichnis verwiesen
2) Dichte der Lösung

Tabelle 16: Beurteilung der Lager- und Transporteigenschaften der Reststoffe nach bestimmter Aufbereitung (vgl. Kapitel 4) (UMBW, 1990)

Eigenschaften	Reststoffe nach der Aufbereitung entsprechend der TEW [1]								
	stückig					pulverförmig			
	RFA 2/4	WA 2	CTR 2	REA-Gips[2]	SAR 3 / TSS 3 / KWR 3	WA 3	CTR 3	REA-Gips[3]	Alpha[4]
Schüttdichte g/m^3	0,7 - 1	ca.1,2	ca.1,2	ca.1,2	ca.1,2	0,7 - 1	0,7 - 1	0,6 - 1,2	0,6- 1,2
Verfestigung durch Feuchtigkeit	-	-	-	-	gering	gering	gering	hoch	hoch
Verfestigung durch statischen Druck	-	-	-	-	gering	gering	-	gering	gering
Frostbeständigkeit	gut	gut	gut	mittel	-	-	mäßig	-	-
Freilagerfähigkeit	gut	gut	gut	gut	mäßig	mäßig	gut	schlecht	schlecht
Silolagerfähigkeit	gut	gut	gut	gut	gut	gut	gut	gut	gut
pneumat. Förderbarkeit	-	-	-	-	gut	gut	-	-	gut
mechan. Förderbarkeit	gut	gut	gut	gut	gut	gut	gut	gut	gut
Pumpfähigkeit	-	-	-	-	-	-	-	-	-

1) Bezüglich der Abkürzungen wird auf das Abkürzungsverzeichnis verwiesen
2) gilt für ATR 2, SAR 3 / TSS 3 / KWR 3, RG 2 /TST 2, AWR 2
3) gilt für ATR 2, SAR 3 / TSS 3 / KWR 3, RG 2 /TST 2, AWR 2, jedoch ohne Kompaktierung, sowie RG 1 / TST 1
4) α-Halbhydrat ($CaSO_4 \cdot ½H_2O$); ATR 3, SAR 4 / TSS 4 / KWR 4, TST 3, AWR 3

5 ENTWICKLUNG EINES PLANUNGSMODELLS ZUR ERSTELLUNG REGIONALER ENTSORGUNGSALTERNATIVEN

Eine regionale Entsorgungsalternative ist wie im Abschnitt 3.3.2 definiert die Menge aller Entsorgungswege, die ihrerseits wiederum jeweils aus einem technischen Entsorgungsweg (TEW) und einem logistischen Entsorgungsweg (LEW) bestehen.

Die im Kapitel 4 konzipierten TEW müssen für die weitere Planung hinsichtlich der Kosten in Verbindung mit der Feinkonzeption im konkreten Planungsfall quantitativ bewertet werden. Damit können diese TEW in einem Planungsprozeß Eingang finden, indem mit Hilfe eines computergeeigneten Planungsmodells gute Lösungen der logistischen Entsorgungswege und damit auch regionale Entsorgungsalternativen entwickelt werden.

Die Erstellung eines solchen computergeeigneten Planungsmodells ist Inhalt dieses Kapitels. Dabei ist es das Ziel, unter Berücksichtigung der charakteristischen Anforderungen und Randbedingungen Methoden des Operations Research zu modifizieren und problemspezifisch weiterzuentwickeln. Es ist jedoch nicht möglich, im Rahmen dieser Arbeit eine Algorithmenentwicklung im engeren Sinn sowie Effizienzvergleiche z. B. bezüglich Rechenzeit und Speicherplatz durchzuführen.

Wesentlich bei der Modellbildung erscheint, daß die Datenqualität begrenzt ist und Möglichkeiten zum Einblick in die Problemzusammenhänge (-struktur) und zur Erstellung von Alternativen gegeben sein müssen.

5.1 Aggregationen und Abbildungen

5.1.1 Quellen- und Senkenstruktur

Als Größe für ein Planungsgebiet, insbesondere auch aus administrativen Gründen[75], wird das Gebiet eines durchschnittlichen Bundeslandes der Bundesrepublik Deutschland zugrundegelegt. Dementsprechend ist davon auszugehen, daß je mehrere hundert Quellen pro Reststofftyp bzw. Senken pro Senkentyp existieren können. Es ist jedoch aus zwei Gründen erforderlich,

[75] Dies resultiert aus dem AbfG, wonach die Durchführung der Abfallentsorgung bei den nach Landesrecht zuständigen Körperschaften liegt (vgl. Abschnitt 3.2.2).

diese hohe Anzahl durch eine geographische Aggregation auf eine geringere Anzahl repräsentativer Quellen bzw. Senken zu reduzieren:

1. Aus Datenschutzgründen sind dem Planer die exakten Standorte nicht für alle Quellen bzw. Senken bekannt, sondern vielfach ist nur eine regionale Zuordnung (z. B. auf Landkreisebene) zugänglich.

2. Aus rechentechnischen Gründen (Rechenzeit, Speicherbedarf) ist es unabdingbar, die Anzahl um etwa eine Größenordnung zu verringern.

Eine Aggregation schließt aber nicht aus, daß auch gleichzeitig einzelne konkrete Quellen bzw. Senken, die sich beispielsweise durch ihren überdurchschnittlich hohen Anfall bzw. ihre Verwertungskapazität hervorheben, in die Quellen- und Senkenstruktur aufgenommen werden. Bei einer Aggregation auf Landkreisebene würde dies maximal etwa 50 Quellen pro Reststofftyp und 50 Senken pro Senkentyp bedeuten; in praktischen Planungsfällen liegt die Anzahl meist wesentlich niedriger (vgl. Kapitel 7).

Die durch eine Aggregation bedingte Ungenauigkeit[76] muß dabei möglichst gering gehalten werden. Dafür müssen in einer betrachteten Region die Standortverteilung und die zugehörigen Anlagengrößen berücksichtigt werden.

Neben der geographischen Lage einer repräsentativen Quelle ist für den jeweiligen Reststofftyp die erwartete durchschnittliche Jahresanfallmenge zu ermitteln, und eine Abschätzung der Schwankungen im Jahresablauf, die im weiteren zur Bestimmung des Lagerbedarfs benötigt werden, ist vorzunehmen. Analog dazu muß für eine repräsentative Senke die durchschnittliche jährliche Verwertungskapazität für den zugehörigen Senkentyp ermittelt werden.

5.1.2 Abbildung der Reststoffaufbereitung

Zur operationalen Planung der Entsorgungsalternativen mittels computergestützter Systeme muß eine Abbildung der Reststoffaufbereitung in Form von Stoffströmen und Kostenfunktionen erfolgen. Darüber hinaus sind auch die Standorte auf eine handhabbare Menge von potentiellen Aufbereitungsstandorten einzugrenzen.

[76]Einen Überblick über den Einfluß der geographischen Aggregation und des damit verbundenen Fehlers bei der Berechnung der Transportentfernung geben Daskin et al. (1987) und Ludwig (1978).

Die Stoffströme der Reststoffaufbereitung sind im wesentlichen festgelegt durch den Reststofftyp und die für den jeweiligen technischen Entsorgungsweg charakteristische Aufbereitung. Schwankungen der Stoffströme in gewissen Bandbreiten werden hervorgerufen durch variierende Reststoffzusammensetzungen einerseits und durch verwerterspezifische Produktanforderungen andererseits. Für die Abbildung der Stoffströme ist primär eine Erfassung der mengenmäßigen Input-/Outputströme erforderlich. Die chemische Zusammensetzung interessiert erst bei der nachfolgenden elementbezogenen Stoffstromanalyse von bereits entwickelten regionalen Entsorgungsalternativen.

Die relevanten Input-/Ouputströme sind folgende:

Input

- Reststoffeinbringung – Anfallform
- Additive zur Stoffumwandlung
- Wassereintrag

Output

- Reststoffausbringung – Verwertungsform (Endprodukt)
- Nebenproduktausbringung
- Abfallaustrag
- Abwasseraustrag (geeignet zur Einleitung in Vorfluter)

Schematisch sind diese Stoffströme in Abbildung 23 dargestellt. Darüber hinaus ist in Abbildung 24 ein Quantifizierungsschema enthalten, das eine einfache Bestimmung der für die Modellbildung relevanten Größen, das sind die antransportierte Reststoffmenge, der Verwertungsprozentsatz und die abtransportierte Endproduktmenge, ermöglicht.[77]

Mit den Stoffstromnummern gemäß Abbildung 24 gilt:

$$\begin{aligned} \text{antransportierte Reststoffmenge} &= (1) + (2) \\ \text{abtransportierte Endproduktmenge} &= (3) + (6) + (8) \\ \text{Verwertungsprozentsatz} &= (3) + (4) \end{aligned}$$

[77]Stoffströme, die für die Modellbildung von untergeordneter Bedeutung sind, sind darin zwar dargestellt, aber nicht quantifiziert.

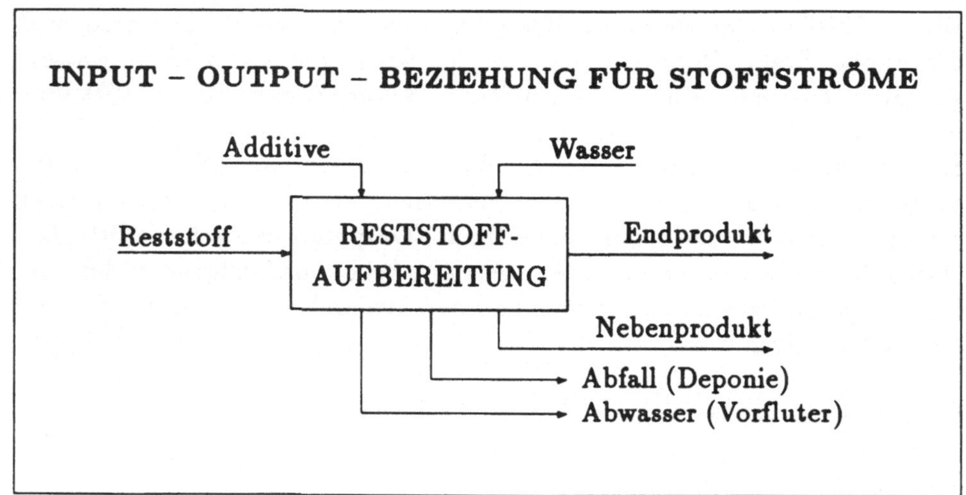

Abbildung 23: Stoffströme der Reststoffaufbereitung

Korrespondierend dazu sind in der Tabelle 17 die entsprechenden Werte für alle im Kapitel 4 konzipierten technischen Entsorgungswege angegeben. Es sei jedoch ausdrücklich darauf hingewiesen, daß die Werte in Tabelle 17 hier nur einen Überblick über die Größenordnung geben können, denn wie in Kapitel 4 bei den jeweiligen Reststoffzusammensetzungen angesprochen sind die Stoffströme (Menge und Zusammensetzung) von vielen Einflußfaktoren abhängig, so daß in der Praxis erhebliche unkalkulierbare Schwankungen auftreten. Demnach ist man für die Planungen in gewissem Maße auf Schätzungen angewiesen, und dadurch sind vor allem der Genauigkeit durch die beschränkte Datenqualität Grenzen gesetzt. Dieser Umstand ist insbesondere bei der Modellbildung (Abschnitt 5.2) und dem anzuwendenden Lösungsverfahren (Abschnitt 5.4) zu berücksichtigen.

Die zweite Komponente der Abbildung der Reststoffaufbereitung neben den Stoffströmen sind die Kostenfunktionen. Wesentlich dafür sind der Verlauf einer Kostenfunktion sowie die Abhängigkeiten der Kosten.

Die Auslegung einer Aufbereitungsanlage erfolgt grundsätzlich für eine spezifische Aufbereitungsleistung in [t/h]. Eine Änderung des spezifischen Durchsatzes durch intensitätsmäßige Anpassung ist bei den hier betrachteten Verfahrenstypen nur in engen Bereichen möglich. Dementsprechend kann die jährliche Aufbereitungsleistung im wesentlichen nur durch eine zeitliche Anpassung variiert werden, und somit kann mit einer Anlagengröße immer nur ein bestimmter jährlicher Kapazitätsbereich abgedeckt werden. Der zugehörige lineare Kostenverlauf (Kostenfunktion), bestehend aus fixen Kosten

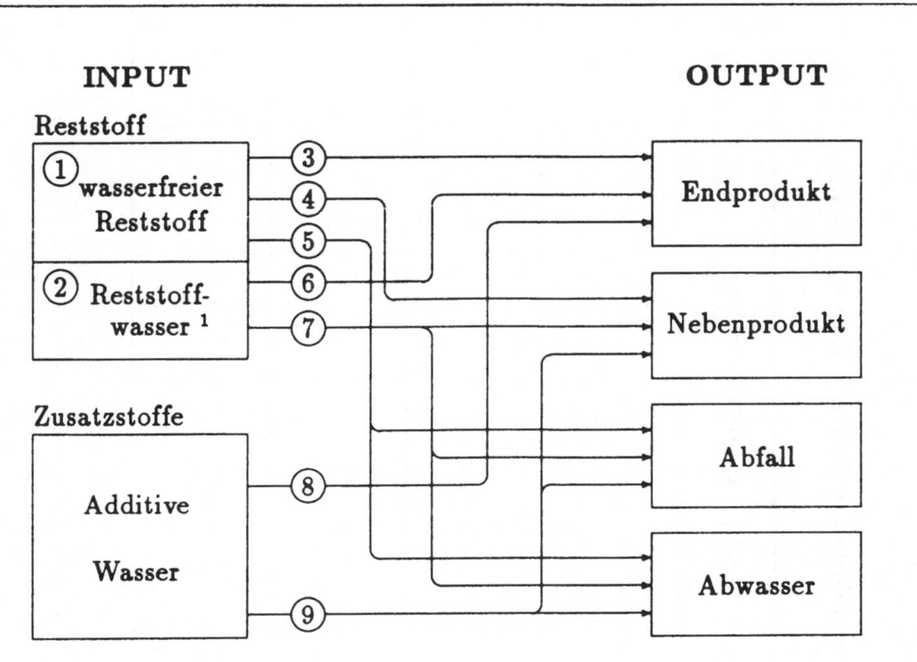

① **Wasserfreier Reststoff inklusive Kristallwasser; entspricht 100 % und ist Bezugsbasis für die Stoffströme 2 bis 9**

② **Prozentsatz an freiem Reststoffwasser**

③ **Prozentsatz des wasserfreien Reststoffes, der durchschnittlich im Endprodukt enthalten ist**

④ **Prozentsatz des wasserfreien Reststoffes, der durchschnittlich im Nebenprodukt enthalten ist**

⑤ **Prozentsatz des wasserfreien Reststoffes, der durchschnittlich ausgeschleust werden muß**

⑥ **Prozentsatz des Reststoffwassers, der durchschnittlich im Endprodukt verbleibt**

⑦ **Prozentsatz des Reststoffwassers, der durchschnittlich nicht im Endprodukt verbleibt**

⑧ **Prozentsatz an Zusatzstoffen, der durchschnittlich im Endprodukt verbleibt**

⑨ **Prozentsatz an Zusatzstoffen, der durchschnittlich nicht im Endprodukt verbleibt**

[1] **nur bei > 3 Gew.-% zu berücksichtigen**

Abbildung 24: Quantifizierungsschema der Aufbereitungsstoffströme

Tabelle 17: Stoffströme der Reststoffaufbereitung für alle konzipierten technischen Entsorgungswege

TEW-NUMMER	RFA	WA	CTR	ATR	TSS	SAR	KWR	TST	RG	AWR
1	40 / -	100 / -	100 / -	70 / -	100 / -	100 / -	98 / 0	100 / -	100 / 0	100 / 0
	60 / -	0 / -	0 / -	25 / -	0 / -	0 / -	0 / 100	0 / -	0 / 15	0 / 300
	0 / 0	0 / 0	0 / 0	5 / 0	0 / 0	0 / 0	2 / 0	0 / 0	0 / 0	0 / 0
2	60 / -	100 / -	100 / -	55 / -	70 / -	85 / -	98 / 0	90 / -	98 / 0	60 / 0
	40 / -	0 / -	0 / -	40 / -	0 / -	0 / -	0 / 100	0 / -	0 / 15	40 / 300
	0 / 10	0 / 25	0 / 40	5 / 40	30 / 5	15 / 5	2 / 5	10 / 20	2 / 2	0 / 45
3	60 / -	60 / -	50 / -	55 / -	95 / -	95 / -	95 / 0	90 / -	90 / 0	60 / 0
	35 / -	25 / -	20 / -	40 / -	0 / -	0 / -	0 / 100	0 / -	0 / 15	40 / 300
	5 / 0	15 / 0	30 / 0	5 / 35	5 / 35	5 / 20	5 / 10	10 / 5	10 / 2	0 / 35
4	60 / -				90 / -	95 / -	95 / 0			
	35 / -				0 / -	0 / -	0 / 100			
	5 / 0				10 / 5	5 / 3	5 / 5			

Die Positionen in den sechsteiligen Feldern entsprechen den in der Abbildung 24 dargestellten Stoffströmen, wobei von oben nach unten in der ersten Spalte die Ströme ③,④,⑤ und in der zweiten Spalte die Ströme ⑥,⑦,⑧ stehen.

und konstanten variablen Kosten je Leistungseinheit, ist daher nach unten aus ökonomischen Gründen und nach oben aus zeitlichen und technischen Gründen begrenzt.[78]

Bei zunehmender Anlagengröße ist der Kostenverlauf durch steigende Fixkosten und sinkende proportionale Kosten aufgrund der Größendegression (economies of scale) gekennzeichnet. Stellt man schließlich die Kostenfunktionen für mehrere Anlagengrößen wie in Abbildung 25 dargestellt[79] gegenüber, so resultiert daraus ein ***stückweise linearer konkaver Gesamtkostenverlauf,*** *der sich in mehrere Kapazitätsbereiche mit jeweils einer unteren und oberen Kapazitätsgrenze (λ und κ) gliedert.* [80]

Zur Beurteilung relevanter Abhängigkeiten der absoluten Höhe der Kosten ist es sinnvoll, die Zusammensetzung der fixen und variablen Kosten etwas detaillierter aufzuschlüsseln. Im wesentlichen umfassen die *fixen Kosten* die Kosten für

- Standorterschließung,
- Aufbereitungsanlagen,
- Lager- und Fördereinrichtungen,
- allgemeine Betriebsinfrastruktureinrichtungen,
- Personal (anteilig)

und die *variablen Kosten* die Kosten für

- Betriebsmittel und Additive,
- Personal (anteilig),
- Nebenproduktentsorgung,
- Abwasser- und Abfallentsorgung.

[78]Streng betrachtet sind die fixen Kosten nicht absolut fix, da beispielsweise durch eine Erhöhung der jährlichen Betriebsstunden einer Anlage deren Lebensdauer durch eine bestimmte Vollastbetriebsstundenzahl begrenzt ist, die Kapitalkosten je Leistungseinheit sinken. Dementgegen stehen gewisse Mehrkosten bei den variablen Kosten infolge von Mehrarbeitszuschlägen. Solche nichtlinearen Effekte können jedoch aufgrund der verfügbaren Daten (Qualität) in der Planung nicht berücksichtigt werden, so daß der lineare Kostenverlauf eine hinreichend gute Approximation der Realität darstellt.

[79]Abbildung 25 zeigt eine Kostenfunktion, wie sie beim modifizierten Planungsmodell (Abschnitt 5.2.3) zugrundegelegt wird, d. h. es besteht keine Abhängigkeit der Kosten vom Reststoff und von der Entsorgungsalternative (Stoffstrom).

[80]Diese resultierende Kostenfunktion entspricht einem klassischen Kostenverlauf bei mutativer Betriebsgrößenvariation, der bei Gutenberg (1979) ausführlich beschrieben ist.

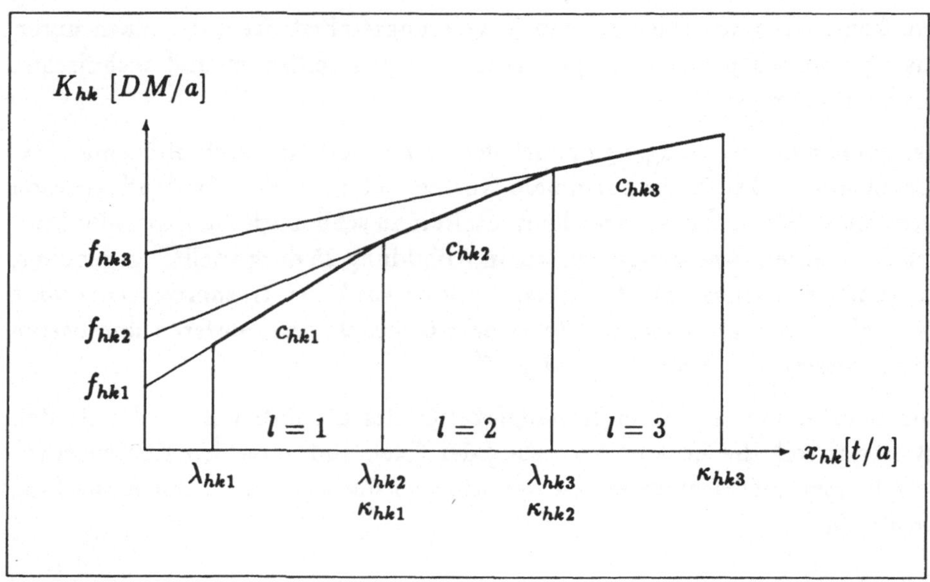

Abbildung 25: Gesamtkostenverlauf der Aufbereitung am Standort k bezogen auf die Aufbereitungstechnik h für 3 Kapazitätsbereiche

Von Bedeutung ist, daß die *Kosten für Lagerung, Nebenproduktentsorgung und Deponierung in den Aufbereitungskosten* berücksichtigt sind. Eine Analyse der oben angeführten Positionen führt zum Ergebnis, daß sowohl bei den fixen als auch bei den variablen Kosten eine mehr oder weniger starke *Abhängigkeit vom technischen Entsorgungsweg und vom Aufbereitungsstandort besteht.* Darauf aufbauend erhebt sich die Frage, ob und wieweit es Interdependenzen der Kosten gibt, wenn man in die Betrachtung mehrere technische Entsorgungswege und mehrere Aufbereitungsstandorte simultan einbezieht. Dabei zeigt sich für den Fall, daß wenn an einem konkreten Aufbereitungsstandort Aufbereitungen von mehr als einem technischen Entsorgungsweg errichtet werden, beachtliche Interdependenzen der Aufbereitungskosten auftreten können.

Dazu betrachte man für einen bestimmten Standort k, für zwei unterschiedliche technische Entsorgungswege mit den Aufbereitungstechniken h_1^k und h_2^k die Aufbereitungskostenfunktionen für zwei beliebige Kapazitätsbereiche l_1^k und l_2^k. Jede dieser beiden Kostenfunktionen besteht sowohl hinsichtlich der fixen als auch der variablen Kosten aus einem vom jeweiligen technischen Entsorgungsweg abhängigen und unabhängigen Anteil.[81]

[81]Das Verhältnis der vom technischen Entsorgungsweg unabhängigen zu den abhängigen Kosten liegt in der Regel in der Größenordnung von 1 : 10 (UMBW, 1990).

Erfolgen Errichtung und Betrieb der beiden Aufbereitungen an einem Standort gemeinsam, so ergeben sich Kostenreduktionen bei den technischen Entsorgungswegen unabhängigen Kostenanteile[82] durch Größendegressionseffekte und andere Effekte. Darüber hinaus können aus den gleichen Gründen auch bei den vom technischen Entsorgungsweg abhängigen Kostenanteile Kostenreduktionen eintreten, wenn einzelne unit-operations bzw. Anlagenkomponenten mehrfach, d. h. für h_1^k und h_2^k, genutzt werden können.

Diese Kostenreduktionen können jedoch nur im konkreten Einzelfall quantifiziert werden, da dafür die jeweiligen jährlichen Reststoffaufbereitungsmengen bekannt sein müssen.

Demnach besteht für die absolute Höhe der Aufbereitungskosten neben der Abhängigkeit vom technischen Entsorgungsweg und vom Aufbereitungsstandort auch noch eine solche von der Entsorgungsalternative mit der zugehörigen Standort- und Stoffstromstruktur.

Angesichts der hohen Anzahl von denkbaren Entsorgungsalternativen ist es jedoch unmöglich, diese Abhängigkeit generell zu berücksichtigen, so daß im modifizierten Planungsmodell davon abgesehen wird und nur in Sonderfällen mit besonders hohen Kostenreduktionspotentialen darauf eingegangen wird (vgl. Abschnitt 5.2.3). Die Kostenreduktionen werden dementsprechend im allgemeinen erst nachträglich einkalkuliert.

Für die Modellbildung in Abschnitt 5.2.2 muß die Abhängigkeit der Aufbereitungskosten vom technischen Entsorgungsweg näher präzisiert werden. Geht man von der Definition des technischen Entsorgungsweges/Komponenten (vgl. Abschnitt 3.3.2) einerseits und den oben aufgelisteten Kostenarten andererseits aus, so kann die Abhängigkeit vom technischen Entsorgungsweg generell durch Abhängigkeiten von Reststofftyp, Aufbereitungstechnik und Senkentyp ersetzt werden. Da aber bei der allgemeinen Modellformulierung im Abschnitt 5.2.2 eine eindeutige Zuordnung von Aufbereitungstechniken zu Senkentypen zugrundegelegt wird, kann die Abhängigkeit vom Senkentyp entfallen.

Die Abhängigkeit vom Reststofftyp bezieht sich nur auf die variablen Kosten. Da die Reststoffabhängigkeit für die relativ geringe Anzahl relevanter Fälle durch Modellmodifikationen näherungsweise abgebildet werden kann, reduziert sich die Abhängigkeit vom technischen Entsorgungsweg für das modifizierte Planungsmodell (Abschnitt 5.2.3) auf eine einzige Abhängigkeit: die von der Aufbereitungstechnik.

---

[82] Pauschal ausgedrückt können diese Kostenanteile als von der verarbeiteten Gesamtreststoffmenge abhängig bezeichnet werden.

Für die mathematische Darstellung der Aufbereitungskostenfunktion ergibt sich daraus folgende Formulierung, die beim modifizierten Planungsmodell zugrundegelegt wird[83]:

$$K_{hk}(x_{hk}) = \begin{cases} f_{hk1} + c_{hk1}\, x_{hk}, & \lambda_{hk1} < x_{hk} \leq \kappa_{hk1} \\ f_{hk2} + c_{hk2}\, x_{hk}, & \lambda_{hk2} < x_{hk} \leq \kappa_{hk2} \\ \vdots & \vdots \\ f_{hk\mu} + c_{hk}\, x_{hk\mu}, & \lambda_{hk\mu} < x_{hk} \leq \kappa_{hk\mu} \end{cases} \qquad (4)$$

wobei $\lambda_{hk1} = \lambda_{hk}$ und für $l = 2, \ldots, \mu_{hk}$ gilt:

$$\begin{aligned} f_{hkl} &> f_{hkl-1} \\ c_{hkl} &< c_{hkl-1} \\ \lambda_{hkl} &= \kappa_{hkl-1} \end{aligned}$$

f_{hkl} ... fixe Aufbereitungskosten am Standort k für die Aufbereitungstechnik h und Kapazitätsbereich l

c_{hkl} ... variable Aufbereitungskosten am Standort k für die Aufbereitungstechnik h und Kapazitätsbereich l

λ_{hkl} ... untere Kapazitätsgrenze am Standort k für die Aufbereitungstechnik h und Kapazitätsbereich l

κ_{hkl} ... obere Kapazitätsgrenze am Standort k für die Aufbereitungstechnik h und Kapazitätsbereich l

λ_{hk} ... untere Kapazitätsgrenze für die Aufbereitungstechnik h am Standort k

x_{hk} ... Aufbereitungsmenge für die Aufbereitungstechnik h am Standort k

μ_{hk} ... Anzahl der Kapazitätbereiche für die Aufbereitungstechnik h am Standort k

Als maximale Anzahl an Kapazitätsbereichen, die sich aus den Anlagengrößen über eine minimale und maximale jährliche Aufbereitungsmenge ableitet, ist für praktische Planungsfälle unter Beachtung der Qualität des verfügbaren Datenmaterials $\mu_{hk}^{max} = 3$ ausreichend (UMBW, 1990).

Im Gegensatz zu den Quellen und Senken sind die Standorte der Aufbereitung, sofern nicht nur bereits existierende Standorte in die Planung einbezogen werden sollen, noch offen. Deshalb ist es erforderlich, eine begrenzte Anzahl von potentiellen Aufbereitungsstandorten zu bestimmen und für den

[83]Zur Definition der Variablen und Indexmengen vgl. Abschnitt 5.2.2

weiteren Planungsprozeß bereitzustellen; darauf wird in Kapitel 6 näher eingegangen.

Unter Optimierungsgesichtspunkten ist eine möglichst hohe Anzahl potentieller Standorte wünschenswert. Diese ist aber begrenzt durch Mindestanforderungen an Standortfaktoren einerseits und den exponentiell ansteigenden Optimierungs– bzw. Planungsaufwand andererseits. Eine vernünftige, der Problemstellung angepaßte Anzahl muß sich an der Gegenüberstellung der Qualität des verfügbaren Datenmaterials und der durch die Optimierung erreichbaren Verbesserung, d. h. Verringerung der Entsorgungskosten, orientieren. Demgemäß erscheint als höchste Anzahl von potentiellen Aufbereitungsstandorten a_n^{max} etwa ein Drittel der höchsten Quellenzahl bzw. Senkenzahl als ausreichend (R ist die Menge aller Reststoffe n).

$$a_n^{max} = 1/3\ max\ \{\ q_n, s_n\} \qquad \text{mit: } q_n = |Q_n|,\ s_n = |S_n|,\ \forall\, n \in R$$

5.1.3 Spezifische Transportkosten und Transportentfernung

Wie im Abschnitt 4.8 ausgeführt ist für den Transport mit dem Lkw und der Eisenbahn nur die 25 t – Gewichtsklasse von Bedeutung. Als Transportart ist in Abhängigkeit vom Reststofftyp entweder ein offener oder ein Silo-/Tankwagen erforderlich, und dementsprechend fallen in der Regel auch unterschiedliche spezifische Kosten an.

Die Berechnung der spezifischen Transportkosten zwischen zwei Orten, beispielsweise Quelle i und Aufbereitung k, kann dann nach folgender Gleichung durchgeführt werden:

$$c_{ik} = d_{ik} \cdot T \qquad \text{und} \qquad T = f(d_{ik}, w) \tag{5}$$

mit c_{ik} := spezifische Transportkosten von i nach k [DM/t], (vgl. Abbildung 21, Abschnitt 4.8)

d_{ik} := Transportentfernung von i nach k [km]

T := Transporttarif [DM/t km], wobei dieser eine Funktion von d_{ik} und der Wagenart w ist.

Die Transporttarife sind in der Bundesrepublik Deutschland durch Tarifwerke festgelegt (vgl. Abschnitt 4.8). Damit können die spezifischen Transportkosten in Abhängigkeit von Wagenart und Transportmittel (Lkw oder Bahn) als Funktion der Transportentfernung dargestellt werden.

Diese Funktion ist eine Treppenfunktion mit degressivem Verlauf und zunehmender Stufenweite bei steigender Entfernung (Paraschis, 1989). Da die Stufenhöhe jeweils nur eine Größenordnung von 2 – 3 % hat, liegt dies weit innerhalb der durch die erlaubten Margen gegebenen Bandbreite der realen Kosten. Demnach bedeutet es keine Ungenauigkeit, wenn für die Planung je eine entsprechende stückweise lineare spezifische Transportkostenfunktion für die beiden Wagenarten (offener oder Silo-/Tankwagen) verwendet wird.

Als Transportentfernung muß gemäß den relevanten Tarifwerken die frachtsatzbildende Entfernung herangezogen werden. Diese frachtsatzbildende Entfernung kann für alle Transportstrecken in der Bundesrepublik Deutschland aus Tabellenwerken ermittelt werden.

Da dieser Weg für umfangreichere Planungsprobleme aus zeitlichen Gründen nicht praktikabel erscheint, kann alternativ die Ermittlung der Transportentfernung aus einer Straßendatenbank erfolgen. In dieser Straßendatenbank sind alle relevanten Straßenverbindungen (Autobahn, Bundesstraßen, Landstraßen) in Form eines Graphen, dessen Ecken den amtlichen Straßenknoten und dessen Pfeile den Streckenabschnitten zwischen benachbarten Knoten entsprechen, abgebildet.[84] Damit kann mit Hilfe eines Algorithmus zur Bestimmung kürzester Wege jede Transportentfernung errechnet werden.[85] Dieses Verfahren wurde auch von Dehnert (1976) angewandt, der es in seiner Arbeit auch ausführlich beschreibt. Darüber hinaus wird hinsichtlich der Algorithmen auf Domschke (1985 a) und Neumann (1975) verwiesen.

Durch die Wahl repräsentativer Orte für Quellen und Senken kommt es für den Fall, daß ein potentieller Aufbereitungsstandort mit einem dieser Orte zusammenfällt, zu einer Transportentfernung gleich Null, was jedoch nicht der Realität entspricht. Daher ist es notwendig, für solche Sonderfälle eine Plausibilitätsüberprüfung durchzuführen und gegebenenfalls korrigierte Transportentfernungen zu berücksichtigen.

[84] Als Datengrundlage stehen dafür die Straßenbauamtskarten oder die Netzknoten- und Bauwerkskarten zur Verfügung. In der Regel sind jedoch adäquate Straßendatenbanken bei den zuständigen Straßenbauämtern mittlerweile vorhanden.

[85] Eine Untersuchung zur Frage, wieweit die mit dem Algorithmus berechneten Entfernungen von den amtlichen Tarifentfernungen abweichen, führte zum Ergebnis, daß die berechneten Entfernungen durchschnittlich um 8 % kürzer sind (Heining, 1990). Dementsprechend ist ein Korrekturfaktor zu berücksichtigen.

5.2 Problemformulierung und Modellbildung

5.2.1 Entsorgungsalternativen und Entsorgungsweg-interdependenzen

Nach Abschnitt 3.3.2 (Definition 3.1)besteht ein Entsorgungsweg (EW) aus einem technischen Entsorgungsweg (TEW) und einem logistischen Entsorgungsweg (LEW), der die Komponenten Anfallorte – Transportmengen und -wege zu den Aufbereitungen – Aufbereitungsorte – Deponiemengen aus den Aufbereitungen – Lagerorte und -mengen – Transportmengen und -wege zu Verwertungen sowie Verwertungsorte beinhaltet.

Darauf aufbauend ist eine Entsorgungsalternative (EA) für das gesamte Planungsgebiet die Menge bzw. Vereinigung aller relevanten Entsorgungswege. Charakteristisch für eine Entsorgungsalternative ist ihre Anzahl p von Aufbereitungsstandorten.

Es ist das Ziel der Planung, ausgehend von einer EA mit einer optimalen Standortanzahl weitere EA mit einer sukzessive abnehmenden Standortanzahl zu erstellen (vgl. Abschnitt 5.4.1).

Bei der Vereinigung der EW zu einer EA müssen auftretende Interdependenzen beachtet werden. Tabelle 18 zeigt dazu alle relevanten Interdependenzen und die davon betroffenen Größen, das sind die Aufbereitungskosten und die Stoffströme.

Tabelle 18: Entsorgungsweginterdependenzen und betroffene Größen

INTERDEPENDENZEN	vom TEW abhängig	vom LEW abhängig
zwischen den EW eines Reststoffes	——	Aufbereitungskosten[2]
zwischen den EW unterschiedl. Reststoffe	Stoffströme Aufbereitungskosten[1]	Aufbereitungskosten[2]

[1]... bezogen auf die vom TEW abhängigen Aufbereitungskosten
[2]... bezogen auf die vom TEW unabhängigen Aufbereitungskosten

Die Interdependenzen in bezug auf die Aufbereitungskosten sind in Abschnitt 5.1.2 ausführlich besprochen.

Hinsichtlich der Stoffströme sind aufgrund der Definition des TEW (vgl. Abschnitt 4.1) nur Wechselwirkungen zwischen den EW *unterschiedlicher* Reststoffe möglich. Dazu gibt Abbildung 26 einen Überblick über relevante Grundtypen von Stoffstromführungen durch paarweise Vergleiche von TEW.[86] Die Vergleiche beziehen sich einerseits auf die Aufbereitungstechnik (mit dem Zuständen v, t–v und g) und andererseits auf die Senkentypen (mit den Zuständen v und g).

Ergänzend dazu faßt Abbildung 27 Vergleiche für die im Kapitel 4 dargestellten Entsorgungswege zusammen. Alle nicht in der Abbildung 27 dargestellten Vergleiche sind von Typ [v/v], und demnach bestehen für die Mehrheit der möglichen Fälle keine Interdependenzen in bezug auf die Stoffströme. Wechselwirkungen bestehen jedoch in den Fällen vom Typ [g/g] – tritt relativ häufig auf –, vom Typ [t–v/g] – tritt selten auf – und von den Typen [t–v/v] sowie [g/v], die nur in Sonderfällen auftreten.

[86]Die Vergleiche sind nur grob-qualitativ, da dies für die Modellbildung ausreichend ist.

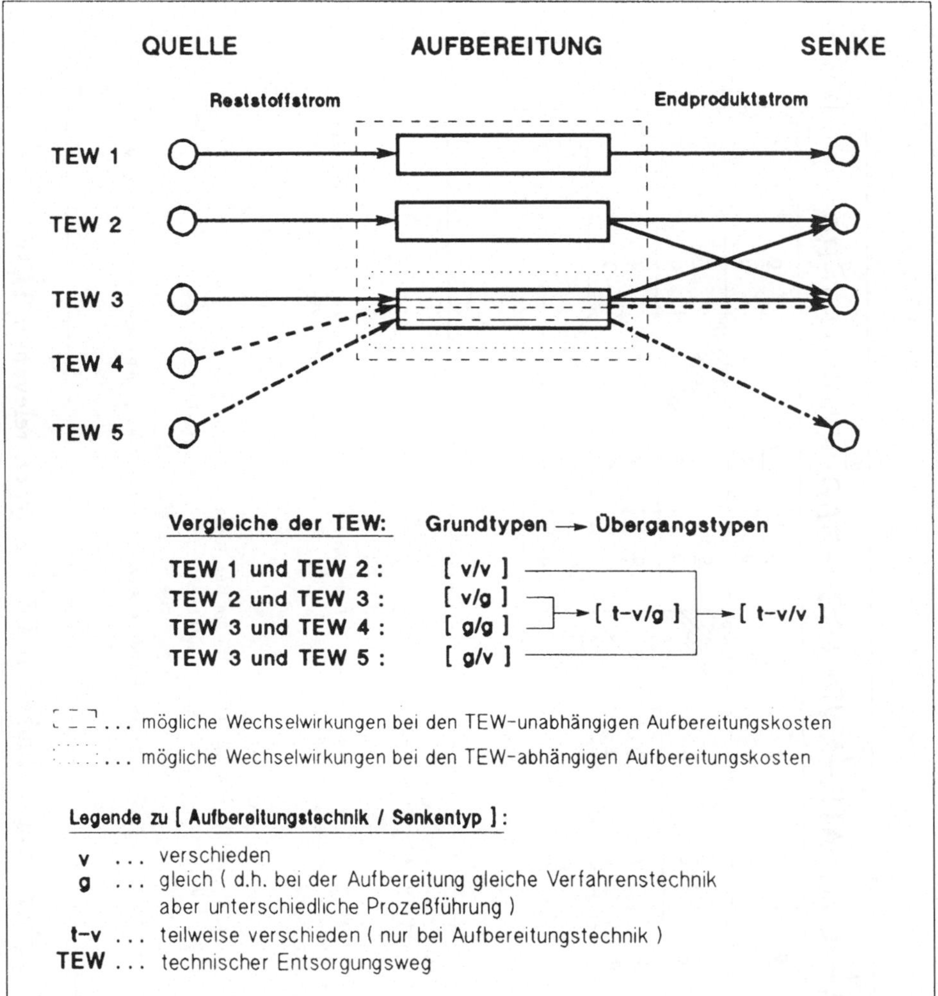

Abbildung 26: Vergleich von TEW und relevante Stoffstromführungen

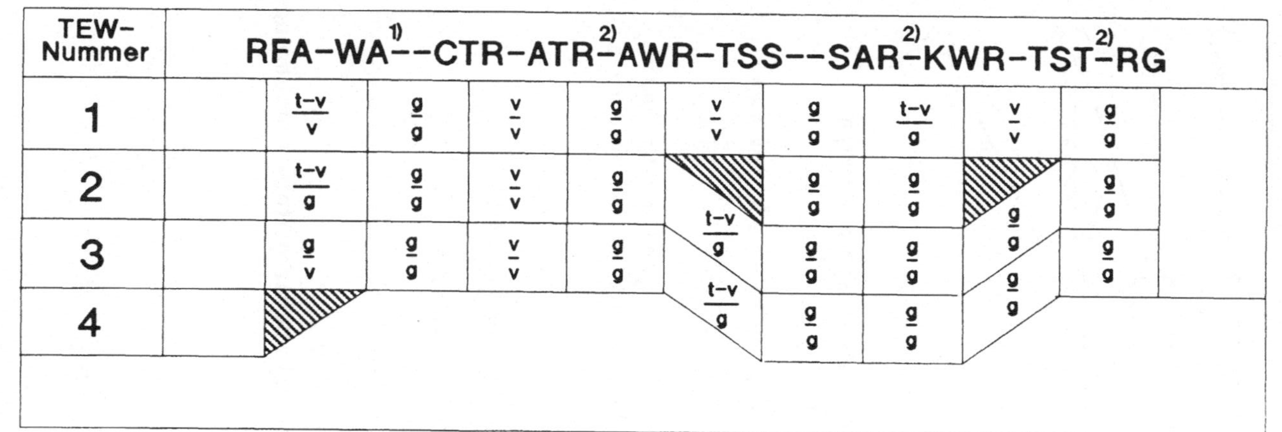

Abbildung 27: Vergleich zwischen Aufbereitungstechniken und Senkentypen relevanter TEW

5.2.2 LP–Formulierung des Planungsmodells

Die nachfolgende Modellformulierung enthält die **Zielsetzung**, die Stoffströme innerhalb der relevanten Entsorgungsstruktur so festzulegen, daß bei maximaler Reststoffverwertung die Summe aus Transport- und Aufbereitungskosten, d. h. die Entsorgungskosten, minimal werden. Insbesondere umfaßt die Festlegung die Wahl der Aufbereitungen nach Ort und Anlagengröße in Verbindung mit einer Zuordnung (inklusive Mengenströme) aller Quellen einerseits und relevanter Senken andererseits.

Das vorliegende Problem entspricht in seiner Grundstruktur einem sogenannten zweistufigen kapazitierten **Warehouse–Location–Problem (WLP)** (Domschke und Drexl, 1985), das durch folgende Merkmale gekennzeichnet ist:

1. Bei der Aufbereitung finden **Stoffumwandlungen** statt, die in Abhängigkeit des TEW zu Massenveränderungen zwischen der antransportierten Reststoffmenge und der abtransportierten Endproduktmenge führen.

2. Die **Kosten der Aufbereitung** sind vom Reststofftyp, von der Aufbereitungstechnik, vom Standort, von der Anlagengröße (Kapazitätsbereich) und von den Stoffströmen (d. h. von der Entsorgungsalternative) abhängig.

3. Das Problem umfaßt **mehrere Reststoffe**, die voneinander abhängig sind, und zwar in bezug auf die Stoffströme (Stoffstromzusammenführungen) und auf die Aufbereitungskosten.

4. Durch die in einer Entsorgungsalternative begrenzte Anzahl von Aufbereitungsstandorten besteht eine sogenannte **Konfigurationsbedingung** (Hummeltenberg, 1981).

5. Die **Transportkosten** sind für die jeweilige Transportart von der Transportentfernung **linear** abhängig.

Über die angeführten Merkmale hinaus existiert jedoch der Unterschied zu WLP, daß bei diesen üblicherweise eine Nachfrage nach Gütern befriedigt wird, hier aber die anfallenden Reststoffe vollständig entsorgt werden müssen. Darüber hinaus besteht auch noch die Forderung, daß die Verwertung Priorität besitzt und demnach ein höchstmöglicher Anteil des Reststoffanfalls zu verwerten ist.

Wesentlich in bezug auf das 3. Merkmal ist, daß bisher bekannte Problemstellungen[87] bzw. Modellformulierungen zu Mehrgüterproblemen entweder von einer strikten Unabhängigkeit der Güter ausgehen oder eine Abhängigkeit bzw. Wechselwirkung in der Form besteht, daß auf einer Transportstrecke oder bei einer Umladestation (entspricht hier der Aufbereitung) eine Mengen- bzw. Durchflußbeschränkung existiert und die vorhandene Kapazität unter mehreren Gütern aufgeteilt wird, wie z. B. bei Kennington und Helgason (1980); dies unterscheidet sich grundlegend von der Problemstellung dieser Arbeit.

Diese Besonderheit hat auch Auswirkungen auf die Merkmale 1, 2 und 4, und zwar auf ihre methodische Einbeziehung beim Lösungsverfahren des unten dargestellten Modells, weil im Lösungsprozeß eine simultane Berücksichtigung aller Merkmale erfolgen muß.

Hinsichtlich der LP–Formulierung von WLP wird in der Literatur (Domschke und Drexl, 1985; Hummeltenberg, 1981) zwischen einer **aggregierten Modellformulierung**, bei der Abfluß, Zufluß oder Durchfluß bei der Aufbereitung beschränkt wird, und einer **disaggregierten Modellformulierung**, bei der die Flüsse (d. h. transportierte bzw. aufbereitete Mengen) durch variable obere Schranken begrenzt werden, unterschieden.

Da für die nachfolgende Problemlösung (vgl. Abschnitt 5.4) ein Netzwerkverfahren[88] verwendet wird und dieses bei der disaggregierten Form erst nach geeigneter Dekomposition einsetzbar ist (Hummeltenberg, 1981), wird hier von der aggregierten Form ausgegangen, und zwar in der Form mit Beschränkung des Durchflusses, weil darin die vorgegebene stückweise lineare Aufbereitungskostenfunktion leicht berücksichtigt werden kann.

Man kann damit folgendes Modell formulieren:

[87]Vgl. dazu: Geoffrion et al. (1974 und 1978), Kenningten und Helgason (1980), Neebe und Khumawala (1981), Karkazis und Boffey (1981), Aikens (1985), Lamatsch und Neumann (1986), Klincewicz et al. (1986) und Paraschis (1989)

[88]Als Vorteile von Netzwerkverfahren gegenüber Verfahren der linearen Programmierung gelten allgemein die numerische Stabilität, der geringe Speicherplatzbedarf, die einfachen Rechenoperationen sowie relativ leichte Programmierbarkeit (Hummeltenberg, 1981). Darüber hinaus bietet der Einsatz eines Netzwerkverfahrens weiter problemspezifische Vorteile (vgl. Abschnitt 5.4).

MINIMIERE

$$EK^p(x,y) = \underbrace{\sum_{n\in R}\sum_{h\in T}\sum_{i\in Q}\sum_{k\in A}(c_{nhik}\, x_{nhik}\,(1+w_n))}_{TKQ} + \underbrace{\sum_{h\in T}\sum_{k\in A}\sum_{l\in M_{hk}}(f_{hkl}^{Y_p}\, y_{hkl} + \sum_{n\in R} c_{nhkl}^{Y_p}\, x_{nhkl})}_{AK} + \underbrace{\sum_{m\in U}\sum_{h\in T}\sum_{k\in A}\sum_{j\in S}(c_{mhkj}\, x_{mhkj})}_{TKS} \quad (6)$$

unter den Nebenbedingungen:

$$\sum_{h\in T_n}\sum_{k\in A_n} x_{nhik}\,(1+w_n) = q_{ni} \qquad \forall\, n\in R,\ i\in Q \quad (7)$$

$$\sum_{h\in T_m}\sum_{k\in A_m} x_{mhkj} \le s_{mj} \qquad \forall\, m\in U,\ j\in S \quad (8)$$

$$-\sum_{n\in R_h}\sum_{i\in Q_h} x_{nhik} + \sum_{n\in R_h}\sum_{l\in M_{hk}} x_{nhkl} = 0 \qquad \forall\, k\in A,\ h\in T_k \quad (9)$$

$$-\sum_{n\in R_h}\sum_{l\in M_{hk}} x_{nhkl}\, m_{nh} + \sum_{j\in S_m} x_{mhkj} = 0 \qquad \forall\, k\in A,\ h\in T_k \text{ und } m = g(h) \quad (10)$$

$$\sum_{l\in M_{hk}} y_{hkl} \le 1 \qquad \forall\, k\in A,\ h\in T_k \quad (11)$$

$$\lambda_{hkl}\, y_{hkl} \le \sum_{n\in R_h} x_{nhkl} \le \kappa_{hkl}\, y_{hkl} \qquad \forall\, k\in A,\ h\in T_k,\ l\in M_{hk} \quad (12)$$

$$y_{hkl} \in \{0,1\} \qquad \forall\, k\in A,\ h\in T,\ l\in M_{hk} \quad (13)$$

$$x_{nhik},\ x_{nhkl},\ x_{mhkj} \ge 0 \qquad \forall\, n\in R,\ h\in T,\ i\in Q,\ j\in S,\ k\in A,\ l\in M_{hk},\ m\in U \quad (14)$$

$$p = \sum_{k\in A} z_k \le Z \quad (15)$$

$$\sum_{l\in M_{h_1 k}} y_{h_1 kl} \ge \sum_{l\in M_{h_2 k}} y_{h_2 kl} \qquad \forall\, k\in (A_{h_1}\cup A_{h_2}) \text{ mit } h_1, h_2\in T \wedge h_1 \wp h_2 \quad (16)$$

Mit folgenden Abkürzungen:

AS	...	potentieller Aufbereitungsstandort
AT	...	Aufbereitungstechnik
KB	...	Kapazitätsbereich
RS	...	Reststofftyp
ST	...	Senkentyp

bedeuten dabei:

$EK^p(x,y)$	:=	Entsorgungskosten für die Entsorgungsalternative p mit p geöffneten AS
TKQ	:=	Transportkosten von den Quellen zu den Aufbereitungen
TKS	:=	Transportkosten von den Aufbereitungen zu den Senken
AK	:=	Aufbereitungskosten
A	:=	$\{1,\ldots,a\}$ Menge der AS k
A_h	:=	$\{1,\ldots,a_h\}$ Menge der AS $k \in A$ für die AT h, mit $h \in T$
A_n	:=	$\{1,\ldots,a_n\}$ Menge der AS $k \in A$ für RS n, mit $n \in R$
A_m	:=	$\{1,\ldots,a_m\}$ Menge der AS $k \in A$ mit AT h, deren Endprodukte beim ST m verwertet werden können, mit $m = g(h)$ und $m \in U$, $k \in A$
Q	:=	$\{1,\ldots,q\}$ Menge der Quellen i
Q_n	:=	$\{1,\ldots,q_n\}$ Menge der Quellen $i \in Q$ für RS n, mit $n \in R$
Q_h	:=	$\{1,\ldots,q_h\}$ Menge der Quellen $i \in Q$ für alle RS $n \in R_h$, die bei der AT h aufbereitet werden können, mit $h \in T$
R	:=	$\{1,\ldots,r\}$ Menge der RS n
R_h	:=	$\{1,\ldots,r_h\}$ Menge der RS $n \in R$, die bei der AT h aufbereitet werden können, mit $h \in T$
S	:=	$\{1,\ldots,s\}$ Menge der Senken j
S_m	:=	$\{1,\ldots,s_m\}$ Menge der Senken $j \in S$ vom ST m, mit $m \in U$
T	:=	$\{1,\ldots,t\}$ Menge der AT h
T_n	:=	$\{1,\ldots,t_n\}$ Menge der AT $h \in T$ für RS n, mit $n \in R$
T_m	:=	$\{1,\ldots,t_m\}$ Menge der AT $h \in T$, deren Endprodukte beim ST m verwertet werden können, mit $m = g(h)$ und $m \in U$

T_k := $\{1,\ldots,t_k\}$ Menge der AT $h \in T$ am AS k, mit $k \in A$

M_{hk} := $\{1,\ldots,\mu_{hk}\}$ Menge der KB l für eine AT h am AS k, mit $h \in T$ und $k \in A$

U := $\{1,\ldots,s\}$ Menge der Senkentypen m

g : $T \to U$ eindeutige Abbildung der Menge T aller AT h in die Menge U aller ST m, so daß gilt: $h \longmapsto g(h) = m$

$\wp$:= exogen vorgegebene binäre Relation zwischen zwei AT $h_1, h_2 \in T$

Darüber hinaus gelten folgende Beziehungen:

$$A = \bigcup_{n\in R} A_n = \bigcup_{m\in U} A_m; \quad Q = \bigcup_{n\in R} Q_n = \bigcup_{h\in T} Q_h;$$

$$R = \bigcup_{h\in T} R_h; \quad S = \bigcup_{m\in U} S_m; \quad T = \bigcup_{n\in R} T_n = \bigcup_{k\in A} T_k = \bigcup_{m\in U} T_m$$

x_{nhik} := Transportmenge für den wasserfreien RS n von der Quelle i zum AS k und AT h

x_{nhkl} := Aufbereitungsmenge für den wasserfreien RS n am AS k mit der AT h und dem KB l

x_{mhkj} := Transportmenge für ein vom AS k aus der AT h kommendes Endprodukt zur Senke j vom ST m

c_{nhik} := spezifische Transportkosten für den RS n von der Quelle i zum AS k und AT h

$c^{Y_p}_{nhkl}$:= variable Aufbereitungskosten für den RS n am AS k mit AT h und dem KB l, bezogen auf den zur Entsorgungsalternative p zugehörigen Aufbereitungsstandortvektor Y_p

c_{mhkj} := spezifische Transportkosten für ein vom AS k aus der AT h kommendes Endprodukt zur Senke j vom ST m

$f^{Y_p}_{hkl}$:= fixe Aufbereitungskosten am AS k für die AT h und dem KB l, bezogen auf den zur Entsorgungsalternative p zugehörigen Aufbereitungsstandortvektor Y_p

λ_{hkl} := untere Kapazitätsgrenze der AT h am AS k für den KB l

κ_{hkl} := obere Kapazitätsgrenze der AT h am AS k für den KB l

y_{hkl} := Binärvariable $\{0,1\}$; 1, wenn am AS k eine AT h und dem KB l errichtet wird; 0 sonst

z_k := Indikatorfunktion mit $z_k = 1$, wenn $\sum_{h \in T} \sum_{l \in M_{hk}} y_{hkl} \geq 1$, und $z_k = 0$ sonst; $\forall\, k \in A$

Y_p := $(z_k)_a$, Aufbereitungsstandortvektor mit den $a = |A|$ Komponenten z_k

p := Anzahl der in einer Entsorgungsalternative p geöffneten AS k

q_{ni} := Reststoffanfallmenge für den RS n an der Quelle i

s_{mj} := Verwertungskapazität für den ST m an der Senke j

m_{nh} := Massenveränderung bei der Aufbereitung von RS n mit der AT h; die Massenveränderung entspricht dem Verhältnis von abtransportierter zu antransportierter (wasserfreien) Menge (vgl. Abschnitt 5.1.2)

w_n := Wassergehalt von RS n bezogen auf den wasserfreien Reststoff (vgl. Abschnitt 5.1.2)

M := hinreichend große Zahl für fiktive Aufbereitungskosten bzw. für ein fiktives Verwertungspotential (siehe Ausführungen unten)

Z := Zahl der in einer Entsorgungsalternative maximal geöffneten AS k

Darüber hinaus werden im Abschnitt 5.2.3 noch folgende Variablen verwendet:

α_k^h := Kostenreduktion der TEW-abhängigen Aufbereitungskosten am AS k bezogen auf alle $h \in T_k$; diese entstehen durch Parallelbetrieb von zwei oder mehreren AT h an einem AS k

$\beta_k^{x_k}$:= Kostenreduktion der TEW-unabhängigen Aufbereitungskosten am AS k bezogen auf die Gesamtaufbereitungsmenge $x_k = \sum_{h \in T} \sum_{n \in R_h} \sum_{l \in M_{hk}} x_{nhkl}$; diese entstehen durch Parallelbetrieb von zwei oder mehreren AT h an einem AS k

v_{nh} := Verwertungsfaktor bei der Entsorgung von RS n über den TEW mit der AT h; $v_{nh} = [0,1], \in \Re$; der Verwertungsfaktor entspricht dem Verhältnis von im Endprodukt und Nebenprodukt enthaltene Reststoffmenge zur antransportierten (wasserfreien) Reststoffmenge (vgl. Abschnitt 5.1.2)

Diese Modellformulierung geht davon aus, daß mit einer Aufbereitungstechnik zwar **mehrere Reststofftypen** aufbereitet werden können, aber die Entsorgung des Endproduktes[89] nur zu **einem Senkentyp** erfolgen darf. Bezogen auf einen Senkentyp dürfen jedoch mehrere Endprodukte, die aus unterschiedlichen Aufbereitungstechniken kommen, verwertet werden. D. h., Stoffstromzusammenführungen unterschiedlicher Stofftypen sind möglich, Stoffstromtrennungen in verschiedene Stofftypen dagegen nicht.

Das bedeutet im Hinblick auf die Wechselwirkungen zwischen TEW (vgl. Abschnitt 5.2.1), daß die Fälle [v/v], [v/g] und [g/g] standardmäßig im Modell erfaßt sind und der Fall [g/v], der nur als Sonderfall auftritt, durch zwei getrennte Aufbereitungstechniken zu berücksichtigen ist. Für die Fälle [t–v/g] und [t–v/v] ist aufgrund der Aufbereitungskosten zu entscheiden, ob sie wie die entsprechenden Fälle mit gleicher oder verschiedener Aufbereitungstechnik in das Modell aufgenommen werden.

Damit die Forderung nach maximaler Verwertung erfüllt werden kann, muß die Aufbereitungskapazität größer als das Minimum aus Reststoffanfall und Verwertungspotential sein. Da generell die Möglichkeit besteht, daß die Anfallmengen der Reststoffe die relevanten Verwertungspotentiale übersteigen, muß in das Modell eine fiktive Aufbereitung mit sehr hohen Kosten M und eine nachfolgende fiktive Senke mit sehr hohem Verwertungspotential M, die als Deponie für Überschußmengen aufgefaßt werden kann, aufgenommen werden. Damit kann die Bedingung der vollständigen Entsorgung des gesamten Reststoffanfalls im Modell erfüllt werden (Gleichung (7)).

Da bei der Aufbereitung bei allen nassen Reststoffen das freie, d. h. das nicht chemisch gebundene Wasser, abgetrennt wird und die Endprodukte praktisch trocken mit einer sehr geringen Restfeuchte zur Verwertung gehen, kann der Wassergehalt in nassen Reststoffen auf der Strecke von der Quelle zur Aufbereitung als Teilstoffstrom der Größe $x_{nhik} \cdot w_n$ angesehen werden.

Die Bedingung (8) gewährleistet, daß die einzelnen Verwertungspotentiale nicht überschritten werden,[90] und die Gleichungen (9) und (10) beschränken

---

[89] Bezogen auf die Outputstoffströme der Aufbereitung (vgl. Abbildung 23, Abschnitt 5.1.2) werden die Stoffströme "Nebenprodukt" und "Abfall" nicht im Modell abgebildet, da die entsprechenden Entsorgungskosten in den Aufbereitungskosten enthalten sind.

[90] In der Restriktion (8) wird die Verwertungsmenge aufgrund des vorhandenen Potentials nach oben begrenzt. In der Praxis existieren jedoch aus wirtschaftlichen Gründen auch untere Grenzen, d. h. für eine Verwertung werden Mindestverwertungsmengen gefordert. In diesem Fall müßte durch Einführung zusätzlicher Binärvariablen die Bedingung (8) analog wie Bedingung (12) formuliert werden. Davon wird jedoch hier aus Gründen der Vereinfachung abgesehen. Es wird aber darauf hingewiesen, daß dieser Gesichtspunkt bei der Interpretation der mit dem Modell entwickelten Lösungen berücksichtigt werden muß.

den Durchfluß bei den Aufbereitungen.

Theoretisch können an einem Standort pro Aufbereitungstechnik mehrere Anlagen auch unterschiedlicher Anlagengröße gleichzeitig errichtet und betrieben werden. Aber bei realen Anwendungen zum vorliegenden Problem werden von den Anlagen nur untere und kaum obere Kapazitätsgrenzen ausgehen (vgl. Kapitel 7). Dementsprechend wird durch Bedingung (11) die Anlagenzahl pro Aufbereitungstechnik und Standort auf 1 begrenzt; Bedingung (12) berücksichtigt die Einhaltung der oberen und unteren Kapazitätsschranken eines Kapazitätsbereiches.

Die Restriktion (15) beschränkt die zur Erstellung einer Entsorgungsalternative maximal zulässige Zahl an Aufbereitungsstandorten. Schließlich erlaubt die Bedingung (16) Präzedenzrelationen zwischen Aufbereitungsstandorten/ -techniken in der Form, daß die Technik h_2 an einem Standort nur dann zulässig ist, wenn auch Technik h_1 gewählt wird. Damit besteht die Möglichkeit, für den Fall [g/v], trotz getrennter Abbildung im Modell (d. h. wie [v/v]), die Aufbereitung an demselben Standort zu planen.

Einschränkend ist festzuhalten, daß das so formulierte Modell als Zielfunktion bisher nur Kostenminimierung enthält. Auf die Einbeziehung der ökologischen Forderung maximaler Reststoffverwertung – wie eingangs erwähnt – wird in Abschnitt 5.2.5 eingegangen.

5.2.3 LP–Formulierung des modifizierten Planungsmodells

Die in 5.2.2 formulierte Aufgabe ist ein gemischt–ganzzahliges lineares Optimierungsproblem. Bei dessen Lösung rufen die Abhängigkeiten der Aufbereitungskosten von der Entsorgungsalternative bzw. von den Stoffströmen, die jedoch unbekannt sind, besondere Schwierigkeiten hervor. Prinzipiell kann in einem solchen Fall, da eine vollständige Enumeration utopisch ist, das Optimum nur schrittweise durch Iteration bestimmt werden. Dies ist aber aufgrund des großen Umfanges realer Probleme unpraktikabel.

Aus diesem Grunde werden die nachfolgenden Relaxationen sowie eine Transformation zur Verringerung der Problemkomplexität hinsichtlich des Lösungsaufwandes in das Modell aufgenommen.

Relaxation der Stoffstromabhängigkeit der Aufbereitungskosten bei getrennten Stoffströmen[91]

Diese Relaxation wird in der Form durchgeführt, daß im Rahmen der Optimierung diese Abhängigkeit unberücksichtigt bleibt und die entsprechenden Kostenreduktionen erst a posteriori bei der Berechnung der Gesamtentsorgungskosten über die Größen α_k^h (für TEW-abhängige Kosten) und $\beta_k^{z_k}$ (für TEW-unabhängige Kosten)[92] berücksichtigt werden. Nur im Sonderfall einer Interdependenz vom Typ [g/v],[93] der im Modell wie Typ [v/v] abgebildet wird, kann es sinnvoll sein, pauschale Kostenreduktionen bereits a priori durch Modifikation der Kostenfunktion einzubeziehen. Dies bedingt jedoch, daß im Rahmen einer Voroptimierung (vgl. Abschnitt 5.4.3) die Größenordnung erwarteter Kostenreduktionen abgeschätzt wird. Diese Relaxation beeinflußt nicht die Genauigkeit der Optimierung an sich, sondern sie bedeutet lediglich eine gewisse Einschränkung des Optimierungsspielraumes/Lösungsraumes.

Relaxation der Stoffstromabhängigkeit der Aufbereitungskosten bei zusammengeführten Stoffströmen [94]

Diese Relaxation ist notwendig, um die Abhängigkeit der variablen Aufbereitungskosten vom Reststofftyp zu lösen. Diese Lösung bedeutet, daß man durchschnittliche variable Aufbereitungskosten ($\bar{c}_{hkl}$) wie folgt wählt:

Werden z. B. die beiden Reststoffe n_1 und n_2 zu einem Stoffstrom vor der Aufbereitung zusammengeführt, dann gilt:

$$c_{n_1hkl} \leq \bar{c}_{hkl}^{n_1n_2} \leq c_{n_2hkl} \tag{17}$$

Dadurch entsteht eine gewisse Ungenauigkeit, die jedoch im Vergleich zur Datenqualität unbedeutend ist.

---

[91] D. h. bei verschiedener Aufbereitungstechnik bzw. [v/v]

[92] Die Kostenreduktion für TEW-unabhängige Kosten kann näherungsweise pauschal als von der Gesamtreststoffmenge, die am Standort k aufbereitet wird, abhängig angesehen werden.

[93] Bei diesem Typ besteht im allgemeinen ein erhebliches Kostenreduktionspotential durch Zusammenlegung der AT zu einer Großanlage.

[94] D. h. bei gleicher Aufbereitungstechnik bzw. [g/g]

Darüber hinaus gilt für die durchschnittliche Massenveränderung:[95]

$$\text{aus} \qquad x_{n_1hkl} \cdot m_{n_1h} + x_{n_2hkl} \cdot m_{n_2h} = \bar{m}_h^{n_1n_2}(x_{n_1hkl} + x_{n_2hkl})$$

$$\text{folgt} \qquad \bar{m}_h^{n_1n_2} = \frac{m_{n_1h}\,(x_{n_1hkl} \,/\, x_{n_2hkl}) + m_{n_2h}}{(x_{n_1hkl} \,/\, x_{n_2hkl}) + 1}$$

Da jedoch das Verhältnis der Teilstoffströme x_{n_1hkl} und x_{n_2hkl} unbekannt ist, muß $\bar{m}_h^{n_1n_2}$ wie folgt gewählt werden:

$$m_{n_1h} \leq \bar{m}_h^{n_1n_2} \leq m_{n_2h} \qquad (18)$$

Damit kann generell die Abhängigkeit der Massenveränderung allein auf die Aufbereitungstechnik beschränkt werden ($m_{nh} \rightarrow m_h$). Durch diese Relaxation entsteht eine gewisse Ungenauigkeit in der Optimierung, die jedoch aufgrund der stofflichen Ähnlichkeit der beiden Stoffströme (gleiche Aufbereitungstechnik) gering ist und bei praktischen Planungsfällen innerhalb der durch die Datenqualität begrenzten Genauigkeit liegt.

Transformationen zur Elimination der Massenveränderung

Stoffstromzusammenführungen bei Senkentypen, d. h. Stoffströme aus verschiedenen Aufbereitungstechniken, finden nur im Sonderfall einer Interdependenz vom Typ [v/g] (vgl. Abschnitt 5.2.1) statt. In der Regel besteht eine eineindeutige Zuordnung von Senkentyp und Aufbereitungstechnik. Darauf aufbauend können die Massenveränderungen, verursacht durch die Aufbereitung, durch nachfolgende Transformationen aus dem Modell eliminiert werden, was hinsichtlich des Lösungsaufwandes[96] wesentliche Vorteile bringt.

---

[95] In der Literatur (vgl. Domschke, 1985 b, S. 21) wird im Zusammenhang mit verallgemeinerten Transport- und Umladeproblemen in der Regel der Begriff "Gewichtsveränderungen" verwendet, darüber hinaus findet man auch noch die Bezeichnung "Netzwerk mit Kantengewinnen".

[96] Die vorliegende Entsorgungsstruktur kann mit Hilfe eines gerichteten Graphen abgebildet werden (vgl. Abschnitt 5.2.4). Das zugehörige Optimierungsproblem ist aufgrund der Massenveränderungen ein verallgemeinertes Netzwerkflußproblem, das durch diese Transformation in ein einfaches Netzwerkflußproblem, für das sehr effiziente Lösungsalgorithmen existieren, überführt wird.

Für die Transformation der spezifischen Transportkosten von den Aufbereitungen zu den Senken und der Senkenkapazitäten gilt:

$$\bar{c}_{mhkj} := c_{mhkj} \cdot m_h \tag{19}$$

$$\bar{s}_{mj} := s_{mj} \frac{1}{m_h} \tag{20}$$

$$\forall\ k \in A,\ h \in T,\ j \in S,\ m \in U \text{ mit } m = g(h)\ ,$$

sowie für die Transportmenge

$$\bar{x}_{mhkj} := x_{mhkj} \frac{1}{m_h} \tag{21}$$

Für den Sonderfall einer Interdependenz vom Typ [v/g] gilt für die Bestimmung von $\bar{s}_{mj}$, wenn z. B. zwei Stoffströme aus den Aufbereitungstechniken h_1 und h_2 bei einer Senke mit der Senkenkapazität s_{mj} verwertet werden:

$$\text{Aus} \qquad s_{mj} \geq x_{mh_1kj} + x_{mh_2kj}$$

$$\bar{s}_{mj}^{h_1h_2} \geq \bar{x}_{mh_1kj} + \bar{x}_{mh_2kj}$$

$$\text{mit} \qquad \bar{x}_{mh_1kj} := x_{mh_1kj} \frac{1}{m_{h_1}}$$

$$\bar{x}_{mh_2kj} := x_{mh_2kj} \frac{1}{m_{h_2}}$$

folgt für den Engpaßfall, d. h. Gleichheit erfüllt:

$$\bar{s}_{mj}^{h_1h_2} = s_{mj} \cdot \left[\frac{x_{mh_1kj}}{x_{mh_2kj}} \cdot \frac{1}{m_{h_1}} + \frac{1}{m_{h_2}} \right] \Big/ \left[\frac{x_{mh_1kj}}{x_{mh_2kj}} + 1 \right] \tag{22}$$

Analog kann diese Transformation auch für mehr als zwei Stoffströme durchgeführt werden.

Da jedoch das Verhältnis der Teilstoffströme wieder unbekannt ist, kann eine durchschnittliche Massenveränderung wie folgt gewählt werden:

$$m_{h_1} \leq \bar{m}_h^{h_1 h_2} \leq m_{h_2} \tag{23}$$

Damit gilt für die Transformation der Senkenkapazität:

$$\bar{s}_{mj}^{h_1 h_2} = s_{mj} \cdot \frac{1}{\bar{m}_h^{h_1 h_2}} \tag{24}$$

Durch diese Transformation entsteht zwar eine Ungenauigkeit, die jedoch nur im Engpaßfall bei der Senke j Einfluß auf das Optimierungsergebnis hat. Wählt man die durchschnittliche Massenveränderung zu niedrig, so bedeutet dies, daß das real verfügbare Verwertungspotential überschritten wird und umgekehrt. Im Zweifelsfall ist es daher besser, relativ große Werte für $\bar{m}_n$ zu wählen.

Nimmt man die beschriebenen Relaxationen und Transformationen in das Planungsmodell auf und setzt darüber hinaus

$$\bar{c}_{nhik} := c_{nhik}(1 + w_n) \tag{25}$$

$$\bar{q}_{ni} := \frac{q_{ni}}{1 + w_n}, \tag{26}$$

dann erhält man folgende Form des modifizierten Planungsmodells:

MINIMIERE

$$\overline{EK^p}(x,y) = \sum_{n\in R}\sum_{h\in T}\sum_{i\in Q}\sum_{k\in A}(\bar{c}_{nhik}\, x_{nhik}) + \sum_{h\in T}\sum_{k\in A}\sum_{l\in M_{hk}}(f_{hkl}\, y_{hkl} + \bar{c}_{hkl}\sum_{n\in R_h} x_{nhkl}) + \sum_{m\in U}\sum_{h\in T}\sum_{k\in A}\sum_{j\in S}(\bar{c}_{mhkj}\, \bar{x}_{mhkj}) \quad (27)$$

unter den Nebenbedingungen:

$$\sum_{h\in T_n}\sum_{k\in A_n} x_{nhik} = \bar{q}_{ni} \qquad \forall\, n\in R,\ i\in Q \quad (28)$$

$$\sum_{h\in T_m}\sum_{k\in A_m} \bar{x}_{mhkj} \leq \bar{s}_{mj} \qquad \forall\, m\in U,\ j\in S \quad (29)$$

$$-\sum_{n\in R_h}\sum_{i\in Q_h} x_{nhik} + \sum_{n\in R_h}\sum_{l\in M_{hk}} x_{nhkl} = 0 \qquad \forall\, k\in A,\ h\in T_k \quad (30)$$

$$-\sum_{n\in R_h}\sum_{l\in M_{hk}} x_{nhkl} + \sum_{j\in S_m} \bar{x}_{mhkj} = 0 \qquad \forall\, k\in A,\ h\in T_k \text{ und } m = g(h) \quad (31)$$

$$\sum_{l\in M_{hk}} y_{hkl} \leq 1 \qquad \forall\, k\in A,\ h\in T_k \quad (32)$$

$$\lambda_{hkl}\, y_{hkl} \leq \sum_{n\in R_h} x_{nhkl} \leq \kappa_{hkl}\, y_{hkl} \qquad \forall\, k\in A,\ h\in T_k,\ l\in M_{hk} \quad (33)$$

$$y_{hkl} \in \{0,1\} \qquad \forall\, k\in A,\ h\in T,\ l\in M_{hk} \quad (34)$$

$$x_{nhik},\ x_{nhkl},\ \bar{x}_{mhkj} \geq 0 \qquad \forall\, n\in R,\ h\in T,\ i\in Q,\ j\in S,\ k\in A,\ l\in M_{hk},\ m\in U \quad (35)$$

$$p = \sum_{k\in A} z_k \leq Z \quad (36)$$

$$\sum_{l\in M_{h_1 k}} y_{h_1 kl} \geq \sum_{l\in M_{h_2 k}} y_{h_2 kl} \qquad \forall\, k\in (A_{h_1}\cup A_{h_2}) \text{ mit } h_1, h_2 \in T \wedge h_1 \wp h_2 \quad (37)$$

Damit errechnen sich die Entsorgungskosten der Alternative p wie folgt:

$$EK^p = \overline{EK^p}(x,y) - \sum_{k\in A}(\alpha_k^h + \beta_k^{x_k}) \quad (38)$$

5.2.4 Formulierung des modifizierten Planungsmodells als Netzwerkflußproblem

Bei üblichen Lösungsverfahren kann zwischen Verfahren der linearen Programmierung und Netzwerkverfahren unterscheiden werden (Domschke, 1985 a).

Voraussetzung für den Einsatz von Netzwerkverfahren ist die Darstellung des vorliegenden Problems durch ein Netzwerk. Dazu kann die gegebene Entsorgungsstruktur mit den Entsorgungswegen durch einen bewerteten Digraphen $G = (V, E, c, \lambda, \kappa)$ abgebildet werden[97]:

Mit

$$\begin{aligned} V &:= \text{Menge der Knoten,} \\ E &:= \text{Menge der Pfeile,} \end{aligned}$$

und den Pfeilbewertungen

$$\begin{aligned} c &:= \text{Kostenbewertung,} \\ \lambda &:= \text{untere Kapazitätsschranke,} \\ \kappa &:= \text{obere Kapazitätsschranke,} \end{aligned}$$

wobei

$$\begin{aligned} c &: E \to \Re_+ \\ \lambda &: E \to \Re_+ \\ \kappa &: E \to \Re_+ \end{aligned}$$

Wesentlich für ein Netzwerk ist, daß keine reststoffübergreifenden Nebenbedingungen in den Knoten oder Pfeilen vorkommen, und dementsprechend wird auf den Relaxationen von Abschnitt 5.2.3 aufgebaut.

Zusammensetzung der Knotenmenge (vgl. Abbildung 28)

Die Knotenmenge kann zerlegt werden in:

- Quellenknoten
- Senkenknoten
- Aufbereitungsknoten
- Zusatzknoten

[97] Hinsichtlich der graphentheoretischen Grundbegriffe wird auf die einschlägige Fachliteratur verwiesen, z. B. Neumann (1975), Domschke (1985 a).

Bei den *Quellenknoten* repräsentiert jeder Knoten eine Quelle mit der Reststoffanfallmenge q_{ni} und bei den *Senkenknoten* jeder Knoten eine Senke mit der Verwertungskapazität s_{mj} ($\forall\, i \in Q,\ n \in R,\ m \in U,\ j \in S$).

Für der Abbildung der Aufbereitung müssen – bezogen auf eine Aufbereitungstechnik h und einen Standort k – je $3 + |\, M_{hk} \,|$ *Aufbereitungsknoten* in dem Digraph berücksichtigt werden ($\forall\, k \in A,\ h \in T$).

Um die Kosten der Aufbereitung hk darstellen zu können, muß neben dem Knoten hk ein Knoten hk^* eingeführt werden. Zusätzlich muß zwischen den Knoten hk und hk^* ein Knoten hk' eingefügt werden, damit die Restriktion, daß pro Aufbereitungstechnik h und Standort k höchstens eine Anlagengröße existieren darf, abgebildet werden kann. Die obere Kapazitätsschranke auf dem Pfeil (hk, hk') wird demnach gleich $\kappa_{hk\mu}$ (mit $\mu = |\, M_{hk} \,|$) gesetzt (vgl. Abschnitt 5.4).

Darüber hinaus müssen durch die Berücksichtigung mehrerer Kapazitätsbereiche (Anlagengrößen) zwischen den Knoten hk' und hk^* zusätzliche μ parallele Pfeile eingefügt werden, wobei jeder dieser μ Pfeile zur eindeutigen Abbildung wiederum durch Einführung eines fiktiven Knotens l und zwei aufeinanderfolgende Pfeile ersetzt wird.

Damit die Forderung nach einer vollständigen Entsorgung des gesamten Reststoffanfalls erfüllt werden kann, müssen die *Zusatzknoten* d und d', die einer Deponie für nichtverwertbare Überschußmengen entsprechen, eingeführt werden (vgl. Abschnit 5.2.2).

Ergänzt man schließlich das bestehende Netzwerk noch durch eine fiktive Flußquelle q, die den gesamten Reststoffanfall auf sich vereint, und eine fiktive Flußsenke, die die gesamte Verwertungskapazität zusammenfaßt, so entsteht daraus ein sogenannter Flußgraph[98] (vgl. Abbildung 28), von dem in der graphentheoretischen Literatur häufig ausgegangen wird.

In dem Netzwerk der Abbildung 28 sind keine Pfeile für die Entsorgung der bei der Aufbereitung teilweise entstehenden Abfälle enthalten, da die Beseitigung der Abfälle auf lokalen Deponien in der Nähe der Aufbereitung erfolgt (vgl. Abschnitt 3.3.2).

[98] Ein Flußgraph erfüllt in jedem Fall die Voraussetzung, daß das zugrundeliegende Netzwerk schwach zusammenhängend ist (Neumann, 1975).

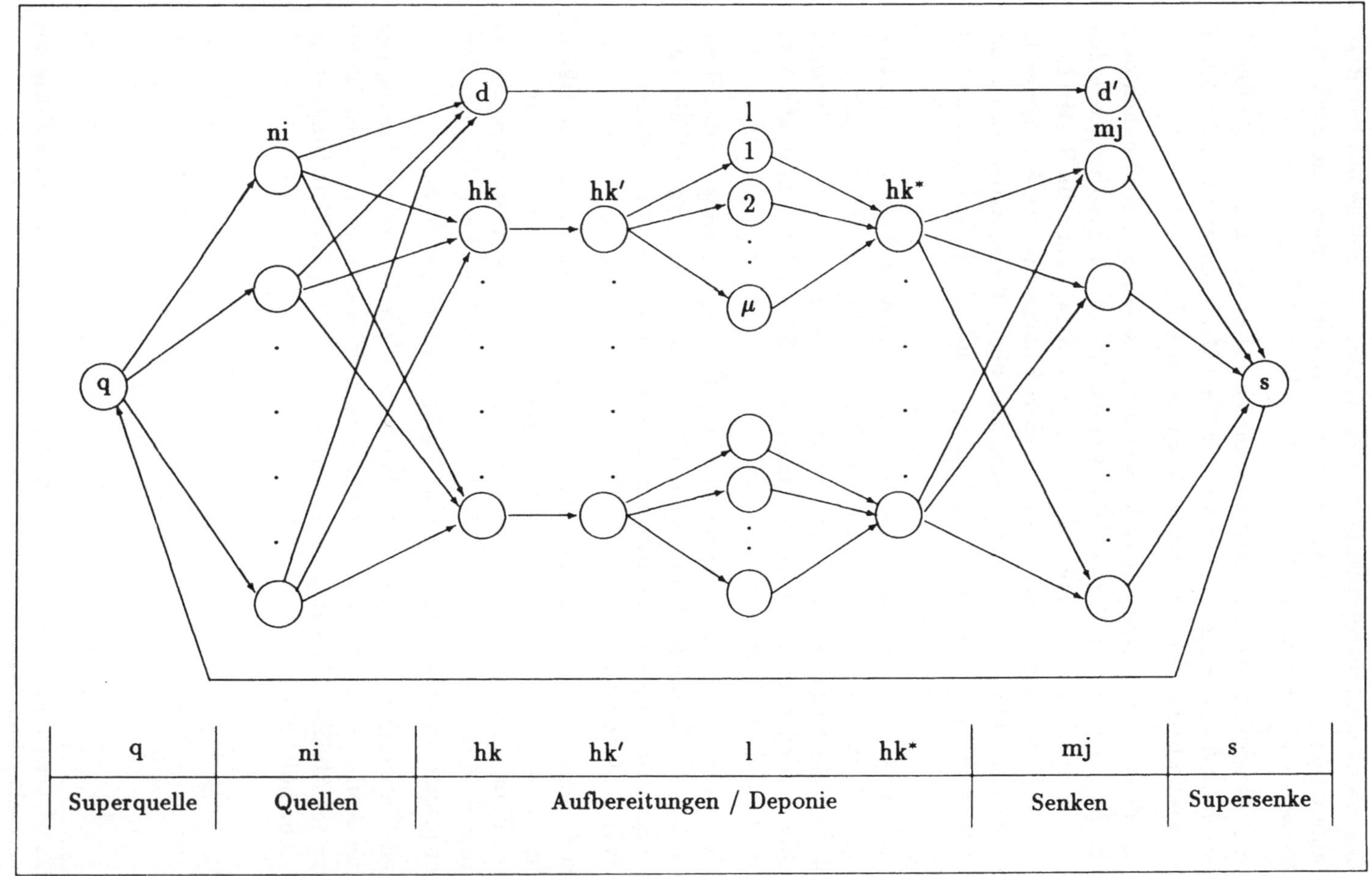

Abbildung 28: Problemstruktur als Netzwerk (ohne Pfeilbewertung)

Bewertung der Pfeilverbindungen

Angesichts der Massenveränderungen – auf den Pfeilen zwischen den Knoten hk' und hk^* – liegt hier ein verallgemeinertes Netzwerk vor (Hummeltenberg, 1981). Berücksichtigt man jedoch die in Abschnitt 5.2.3 dargestellte Transformation zur Elimination der Massenveränderung, so wird das verallgemeinerte Netzwerk in ein einfaches Netzwerk übergeführt. Darauf aufbauend und mit der Notation wie beim modifizierten Planungsmodell (Abschnitt 5.2.3) sind in der Tabelle 19 alle Pfeilbewertungen zusammengefaßt.

Tabelle 19: Pfeilbewertungen des Flußgraphen zum modifizierten Planungsmodell

PFEILE	c	λ	κ
Flußquelle → Quellen			
$q \rightarrow ni$	0	$\bar{q}_{ni}$	$\bar{q}_{ni}$
Quellen → Aufbereitungen/Deponie			
$ni \rightarrow hk$	$\bar{c}_{nhik}$	0	$\min\{\bar{q}_{ni}, \kappa_{hk\mu}\}$
$ni \rightarrow d$	0	0	$\bar{q}_{ni}$
Aufbereitungen/Deponie			
$hk \rightarrow hk'$	0	0	$\kappa_{hk\mu}$
$hk' \rightarrow l$	$\bar{c}_{hkl}$	λ_{hkl}	κ_{hkl}
$l \rightarrow hk^*$	0	λ_{hkl}	κ_{hkl}
$d \rightarrow d'$	M	0	M
Aufbereitungen → Senken			
$hk^* \rightarrow mj$	$\bar{c}_{mhkj}$	0	$\min\{\kappa_{hk\mu}, \bar{s}_{mj}\}$
Senken/Deponie → Flußsenke			
$mj \rightarrow s$	0	0	$\bar{s}_{mj}$
$d' \rightarrow s$	0	0	M

Damit die Forderung nach maximaler Verwertung erfüllt werden kann, muß die in die Planung eingehende Aufbereitungskapazität größer als das Minimum aus Reststoffanfall und Verwertungspotential sein. Die Bewertung des Deponiepfeiles (d, d') erfolgt durch eine hinreichend große Zahl M (vgl. Abschnitt 5.2.2).

In dem so bewerteten Digraphen werden die Restriktionen (28), (29), (30), (31), (32), (33) und (35) abgebildet, nicht jedoch die Bedingungen (34), (36) und (37), deren Einhaltung im Lösungsalgorithmus für das Netzwerkflußproblem gewährleistet wird (vgl. Abschnitt 5.4).

Entsprechend der Zielfunktion ist das zugehörige Netzwerkflußproblem ein Kostenminimierungsproblem.

5.2.5 Einbeziehung des Umweltparameters

Ausgehend von der ökologischen Zielsetzung, die Verwertung zu maximieren und gleichzeitig auch das Risiko einer möglichen zukünftigen Umweltbelastung in Verbindung mit der Verwertung zu minimieren, unterscheiden sich die TEW teilweise erheblich (vgl. Kapitel 4). Darüber hinaus müssen in einer umfassenden Beurteilung der TEW aus Umweltgesichtspunkten Sekundäreffekte wie der Verbrauch/die Belastung von Umweltressourcen durch den Transport und die Aufbereitung ebenfalls berücksichtigt werden.

Bei der Planung wird davon ausgegangen, daß die Sekundäreffekte in Form einer Internalisierung der externen Kosten bei den entsprechenden Kostenarten berücksichtigt sind und daher nicht explizit in die Planung einbezogen werden müssen. Das mögliche Umweltbelastungspotential bei der Verwertung muß dann weitgehend im Rahmen der Vorselektion[99] der TEW einfließen, so daß die ausgewählten TEW gewissen Mindestansprüchen genügen.[100]

Eine Möglichkeit zur Charakterisierung der TEW unter Umweltgesichtspunkten ist die Einführung des *Verwertungsfaktors.*[101] Zu dessen Einbezug in das Planungsmodell, das in der Zielfunktion "nur" eine Kostenminimierung enthält, gibt es die folgenden zwei Möglichkeiten:

[99]Die Vorselektion der TEW berücksichtigt vor allem qualitative Bewertungskriterien wie Umweltverträglichkeit bzw. Umwelbelastungspotential der Verwertung, langfristige Sicherheit der Verwertung, Akzeptanz der mit Reststoffen hergestellten Produkte, technischer Enwicklungsstand der Aufbereitungstechnik u. a. m.

[100]In UMBW (1990) wurde das Belastungspotential eines TEW durch einen neu definierten Belastungsfaktor auf der Basis der Stoffströme im System Aufbereitung–Verwertung bewertet. Für die Vorselektion der TEW (vgl. Abschnitt 7.2.2) wurde dieser Belastungsfaktor mit dem Verwertungsfaktor weiter zu einem Umweltfaktor des Entsorgungsweges aggregiert und dazu eine Mindestgrenze festgelegt.

[101]Zur Definition des Verwertungsfaktors siehe Abschnitt 5.2.2.

- **"direkt"** durch Bildung einer *Präferenzordnung*[102] innerhalb der TEW eines jeden Reststoffes
- **"indirekt"** durch Bildung einer vom Verwertungsfaktor abhängigen *Deponiepreisfunktion* für jeden Reststofftyp

Bildung einer Präferenzordnung

Die TEW eines jeden Reststoffes werden in eine nach Verwertungsfaktor abnehmende Rangfolge geordnet. Dementsprechend wird in der Planung ein TEW - beginnend beim ersten TEW - so lange bevorzugt, bis sein Verwertungspotential ausgeschöpft ist; erst dann wird der nächste TEW in der Rangfolge in den Planungsprozeß einbezogen; usw. (vgl. Abschnitt 5.4).

Bildung einer Deponiepreisfunktion

Es besteht die Möglichkeit, die Deponiepreise DP (bzw. Abwasserabgaben) als Funktion des Verwertungsfaktors ($DP = f(v_{nh})$) so festzulegen, daß der spezifische Deponiepreis (pro Tonne Abfall) mit abnehmendem Verwertungsfaktor steigt (Abbildung 29). Damit wird der Verwertungsfaktor eines TEW über den Deponiepreis bewertet und so als zusätzliche Aufbereitungskosten monetarisiert.

Eine Möglichkeit zur Quantifizierung der Deponiepreisfunktion ist beispielsweise deren Orientierung an den Aufbereitungskosten, wobei man wie folgt vorgehen kann: Man reihe für einen Reststoff die TEW nach abnehmenden Verwertungsfakoren ($v_{nh1} > v_{nh2} > v_{nh3}$ usw.) und vergleiche die spezifischen Aufbereitungskosten[103] k_{hk} ($k_{hk} = K_{hk}/x_{hk}$) für einen beliebigen Kapazitätsbereich an einem repräsentativen Aufbereitungsstandort k; man eliminiere im nächsten Schritt alle TEW, deren k_{hk} höher als jene des Vorgängers sind (d. h. ein TEW mit geringerem v_{nh} aber höheren k_{hk} ist so gesehen uninteressant).

---

[102] Die Präferenzordnung bietet darüber hinaus auch die Möglichkeit, qualitative Bewertungskriterien, wie sie bei der Vorselektierung (siehe oben) herangezogen werden, miteinzubeziehen.

[103] Dabei müssen die in den Aufbereitungskosten berücksichtigten Erlöse für Endprodukte wieder hinzuaddiert werden.

Aus dieser neu entstandenen Reihe der TEW kann für jeweils zwei TEW (h_1 und h_2) mit unterschiedlichen v_{nh} die zugehörige Differenz der spezifischen Aufbereitungskosten $\Delta k_{h_1 h_2}$ ermittelt werden und als Grundlage für die Bildung der Deponiepreisfunktion herangezogen werden (vgl. Abbildung 29).

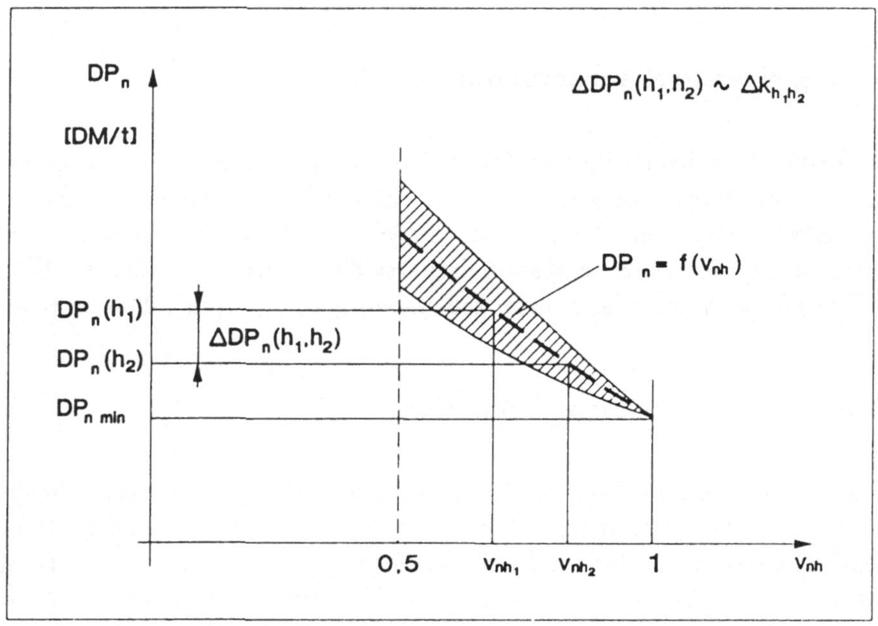

Abbildung 29: Deponiepreisfunktion

Diese Vorgehensweise geht davon aus, daß unterlassener Aufbereitungsaufwand, durch höhere Deponiepreise "bestraft" wird, um die Verwertung zu steigern.

Geht der Verwertungsfaktor über den Deponiepreis ein und werden im Rahmen der Optimierung für einen Reststoff mehrere TEW simultan in den Lösungsprozeß miteinbezogen (vgl. Abschnitt 5.4), dann entsteht ein *unerwünschter Nebeneffekt bei den Transportkosten* von der Aufbereitung zu den Senken: Bei einem TEW mit einem höheren Verwertungsfaktor (im Vergleich zu einem alternativen TEW) fallen spezifisch höhere Transportkosten (bezogen auf 1 t anfallenden wasserfreien Reststoff) an, und daher ist dieser im Zuge der Optimierung, die auf eine Minimierung der Gesamtkosten abzielt, relativ schlechter.

Dieser unerwünschte Nebeneffekt kann durch folgende Transformation der spezifischen Transportkosten egalisiert werden:

$$\text{Mit} \quad v_{nh}^{max} = \max_{h \in T_n}\{v_{nh}\} \qquad \forall\, n \in R$$

$$\text{und} \quad \Delta v_{nh} = v_{nh}^{max} - v_{nh} \qquad \forall\, h \in T$$

$$\text{folgt} \quad \hat{c}_{mhkj} := \bar{c}_{mhkj}\,(1 + \Delta v_{nh}) \quad \forall\, k \in A,\ j \in S,\ h \in T,\ m = g(h) \tag{39}$$

$$(1 + \Delta v_{nh}) := \text{Transportstrafkostenfaktor}$$

5.3 Verfahren zur Lösung gemischt–ganzzahliger Probleme

5.3.1 Dekomposition des modifizierten Planungsmodells

Das modifizierte Planungsmodell (MP) (27) - (37) unterscheidet sich von bisher bekannten Modellen von Mehrgüterproblemen (vgl. Abschnitt 5.2.2) im Hinblick auf seine Komplexität[104] wesentlich aufgrund der zusätzlichen entsorgungswegübergreifenden Konfigurationsbedingung (36) und der Präzedenzrelationen (37) sowie der Kapazitätsbereiche.[105] Hummeltenberg (1981) bezieht grundsätzlich im theoretischen Teil seiner Arbeit Kapazitätsbereiche und Konfigurationsbedingungen mit ein, führt jedoch keine praktischen Anwendungen durch. Für den Fall eines einstufigen Einprodukt–WLP mit Berücksichtigung einer Standortbegrenzung wurden von Christofides und Beasley (1983) Untersuchungen durchgeführt.

Ein Nachteil in der Formulierung des MP ist, daß Präferenzrelationen zwischen den technischen Entsorgungswegen, die auf qualitativen Bewertungskriterien[106] basieren, nicht abgebildet sind und daher bei einem geschlossenen Lösungsalgorithmus auch nicht berücksichtigt werden können.

Aus diesen Gründen (Komplexität und Einbeziehung von Präferenzrelationen) und der speziellen Struktur vom MP sowie der Möglichkeit zur interaktiven Steuerung des Lösungsprozesses[107] wird zur Lösung des MP eine Dekomposition in Subprobleme durchgeführt. Diese erfolgt durch eine Vorgabe in bezug auf die Aufbereitungsstandorte, d. h. Aufteilung der Menge A in die Mengen O und $\overline{P}$ (siehe unten). Im Zuge dessen wird auch die Erfüllung der Konfigurationsbedingung und der Präzedenzrelationen gewährleistet.

Damit erhält man abgeleitet von MP als dekomponiertes modifiziertes Planungsmodell (DMP):

[104] Unter Komplexität wird hier sowohl "zusammenhängend" als auch "vielumfassend" verstanden (Patzak, 1982).

[105] Damit ist ein exponentieller Zuwachs von Rechenzeit und Speicherplatzbedarf verbunden.

[106] Vgl. dazu die Ausführungen im Abschnitt 5.2.5

[107] Die Entwicklung der Entsorgungsalternativen wird hier als Planungsprozeß angesehen, und daher soll der eingeschlagene Lösungsweg (Abschnitt 5.4) auch weitgehend Einblicke in die Problemstruktur und -zusammenhänge erlauben.

MINIMIERE

$$\begin{aligned}\overline{EK}(x,y) = & \sum_{n\in R}\sum_{h\in T}\sum_{i\in Q}\sum_{k\in\overline{P}}(\bar{c}_{nhik}\, x_{nhik}) + \\ & \sum_{h\in T}\sum_{k\in\overline{P}}\sum_{l\in M_{hk}}(f_{hkl}\, y_{hkl} + \bar{c}_{hkl}\sum_{n\in R_h} x_{nhkl}) + \\ & \sum_{m\in U}\sum_{h\in T}\sum_{k\in\overline{P}}\sum_{j\in S}(\bar{c}_{mhkj}\, \bar{x}_{mhkj})\end{aligned} \tag{40}$$

unter den Nebenbedingungen:

$$\sum_{h\in T_n}\sum_{k\in A_n} x_{nhik} = \bar{q}_{ni} \qquad \forall\, n\in R,\ i\in Q \tag{41}$$

$$\sum_{h\in T_m}\sum_{k\in A_m} \bar{x}_{mhkj} \le \bar{s}_{mj} \qquad \forall\, m\in U,\ j\in S \tag{42}$$

$$-\sum_{n\in R_h}\sum_{i\in Q_h} x_{nhik} + \sum_{n\in R_h}\sum_{l\in M_{hk}} x_{nhkl} = 0 \qquad \forall\, k\in\overline{P},\ h\in T_k \tag{43}$$

$$-\sum_{n\in R_h}\sum_{l\in M_{hk}} x_{nhkl} + \sum_{j\in S_m} \bar{x}_{mhkj} = 0 \qquad \forall\, k\in\overline{P},\ h\in T_k \text{ und } m = g(h) \tag{44}$$

$$\sum_{l\in M_{hk}} y_{hkl} \le 1 \qquad \forall\, k\in\overline{P},\ h\in T_k \tag{45}$$

$$\lambda_{hkl}\, y_{hkl} \le \sum_{n\in R_h} x_{nhkl} \le \kappa_{hkl}\, y_{hkl} \qquad \forall\, k\in\overline{P},\ h\in T_k,\ l\in M_{hk} \tag{46}$$

$$y_{hkl}\in\{0,1\} \qquad \forall\, k\in\overline{P},\ h\in T,\ l\in M_{hk} \tag{47}$$

$$x_{nhik},\ x_{nhkl},\ \bar{x}_{mhkj} \ge 0 \qquad \forall\, n\in R,\ h\in T,\ i\in Q,\ j\in S,\ k\in\overline{P},\ l\in M_{hk},\ m\in U \tag{48}$$

Es bedeuten:

O := $\{k \in A \mid z_k = 0\}$, Menge aller AS k, für die entschieden worden ist, daß **keine** Aufbereitungsanlage errichtet wird.

$\overline{P}$:= $\{k \in A \mid z_k = \{0,1\} \vee \{1\}\}$ Menge aller AS k, für die entweder **noch nicht entschieden** ist, oder **bereits entschieden** ist, daß eine Aufbereitungsanlage errichtet wird.

Dabei gilt: $A = \overline{P} \cup O, \quad \overline{P} \cap O = \emptyset, \quad |\overline{P}| = Z$

Aufgrund der speziellen Struktur von DMP, das keine entsorgungswegübergreifenden Bedingungen enthält, ist es möglich, das Modell nur für eine Teilmenge von Entsorgungswegen zu lösen. Da die Entsorgungswege im Modell durch die Aufbereitungstechniken $h \in T$ repräsentiert werden, gilt dann für eine solche Teilmengenlösung $h \in T_\tau$ (mit $\tau \in D$ und $T_\tau \subseteq T$; wobei $D := \{1, \ldots, d\}$ die Menge der Teilmengen τ von Entsorgungswegen $h \in T$ ist und DMP_τ das auf die Menge T_τ bezogene Submodell bzw. Subproblem).

Damit ergibt sich grundsätzlich die Möglichkeit der Einbeziehung von Präferenzrelationen. Dazu wird die Menge T der Entsorgungswege in Teilmengen T_τ mit $T = \cup_{\tau \in D} T_\tau$ und $T_\tau \cap T_{\tau'} = \emptyset$ für alle $\tau, \tau' \in D$ unterteilt (vgl. Abschnitt 5.4), und die Menge D wird so geordnet, daß hinsichtlich der Reihenfolge der Lösung von Subproblemen $DMP_\tau \prec DMP_{\tau+1}$ gilt; $\prec$ ist eine binäre Relation, die besagt, daß DMP_τ strikt vor $DMP_{\tau+1}$ gelöst werden muß (Habenicht, 1984).

Das in Abschnitt 5.4 dargestellte Verfahren baut auf dieser Dekomposition auf, wobei eine geeignete Optimierungsstrategie (vgl. Abschnitt 5.4.6) zur Bildung und Reihung der Subprobleme verwendet wird. Insbesondere werden im Rahmen eines übergeordneten heuristischen Verfahrens mit den optimalen Lösungen der Subprobleme gute Gesamtlösungen, d. h. Entsorgungsalternativen, bestimmt.

Zur Bestimmung der optimalen Lösungen der Subprobleme muß die mit DMP ausgedrückte gemischt-ganzzahlige Optimierungsaufgabe gelöst werden. Die dafür bekannten exakten Lösungsansätze werden in den nachfolgenden beiden Abschnitten dargestellt.

5.3.2 Branch-and-Bound Verfahren

Branch-and-Bound Verfahren (B&B-Verfahren) bilden einen speziellen Typ von Entscheidungsbaumverfahren, in dessen Verlauf das Ausgangsproblem stufenweise in leichter rechenbare Teilprobleme, sogenannte relaxierte Probleme, zerlegt wird; es ist eine exakte Methode mit partieller Enumeration. Der grundsätzliche Aufbau ist beispielsweise in Domschke (1985 b), Hummeltenberg (1981), Mevert und Suhl (1976) oder Tempelmeier (1983) ausführlich beschrieben.

Ziel des B&B-Prozesses ist es, parallel zur Zerlegung in Teilprobleme die Berechnung jener Teilprobleme auszuschließen, die keinen besseren als den bereits bekannten besten Zielfunktionswert (d. h. die aktuell beste zulässige Lösung) liefern können.

Charakteristisch für den B&B-Prozeß ist der Bereich für den optimalen Wert der Zielfunktion, der durch eine obere Schranke und eine untere Schranke begrenzt wird. Dieser wird im Laufe des Verfahrens immer weiter eingegrenzt, bis schließlich beide Schranken zusammenfallen und gleichzeitig den optimalen Zielfunktionswert darstellen.

Die Folge der Teilprobleme kann anhand eines mehrstufigen Lösungsbaumes dargestellt werden (vgl. Abbildung 30), wobei jeder Knoten ein Teilproblem darstellt und auf jeder Stufe über eine Aufbereitungstechnik an einem Standort entschieden wird, d. h. y_{hkl} wird zu 0 oder 1 fixiert ($\forall\ l \in M_{hk}$). Mit der für B&B-Verfahren typischen Aufteilung in geöffnete, geschlossene und freie Standorte kann jedes Teilproblem eindeutig bestimmt werden.

Es bedeuten:

O_h	:=	Menge aller AS $k \in A_h$, für die entschieden worden ist, daß die AT $h \in T$ nicht errichtet wird, d. h. $y_{hkl} = 0\ \forall\ l \in M_{hk}$
A_h^1	:=	Menge aller AS $k \in A_h$, für die entschieden worden ist, daß die AT $h \in T$ errichtet wird, aber der KB noch offen ist, d. h. $\sum_{l \in M_{hk}} y_{hkl} = 1$
A_h^2	:=	Menge aller AS $k \in A_h$, für die noch nicht entschieden worden ist, ob die AT $h \in T$ errichtet wird, d. h. $y_{hkl} = \{0,1\}$
P_h	:=	Menge aller AS $k \in A_h$, für die entschieden worden ist, daß die AT $h \in T$ mit einem bestimmten KB $l \in M_{hk}$ errichtet wird, d. h. $y_{hkl} = 1$

wobei gilt: $A_h = O_h \cup A_h^1 \cup A_h^2 \cup P_h \qquad \forall\ h \in T$

Die B&B–Strategie (Entwicklung des Lösungsbaumes), die entscheidend ist für die Effizienz der Verfahrens, wird dabei durch folgende Eigenschaften bestimmt (Hummeltenberg, 1981):[108]

- Wahl des Verzweigungsknotens
- Wahl der Verzweigungsvariablen
- Wahl des zu lösenden Teilproblems
- Formulierung des Teilproblems

Für die Wahl des Verzweigungsknotens, d. h. Wahl eines Teilproblemes aus den noch ungelösten Ästen des Lösungsbaumes, und auf die Wahl der Verzweigungsvariablen, d. h. Wahl einer Aufbereitungstechnik h an einem Standort k mit $k \in A_h^2$, gibt es jeweils mehrere Kriterien, die in der oben angesprochenen Literatur ausführlich beschrieben sind. Je nach der Fixierung der gewählten Verzweigungsvariablen erhält man ein neues Teilproblem, das formuliert und gelöst werden muß. Im Hinblick auf die Formulierung haben sich in bezug auf WLP vor allem die zwei Strategien LP–Relaxation und Lagrange–Relaxation durchgesetzt.

Bei der **LP–Relaxation** wird im DMP die Binärbedingung (47) durch die Nichtnegativitätsbedingung $y_{hkl} \geq 0$ ersetzt und in der Kapazitätsrestriktion (46) wird y_{hkl} durch 1 ersetzt. Aus dem so entstandenen relaxierten Problem kann auch y_{hkl} aus der Zielfunktion eliminiert werden, da diese bei nichtnegativen f_{hkl} genau dann minimal wird, wenn y_{hkl} gleich Null ist. Damit ist das relaxierte Problem ein lineares Umladeproblem, für das sowohl sehr effiziente LP–Verfahren[109] als auch graphentheoretische Verfahren existieren (Domschke, 1985 a).

Bei der **Lagrange–Relaxation** werden Nebenbedingungen mit Lagrange–Multiplikatoren "gewichtet" und in die Zielfunktion einbezogen (Geoffrion, 1974). Dies erfolgt in der Weise, daß für das relaxierte Problem hinsichtlich des Restriktionssystems eine spezielle Struktur entsteht und damit mit bekannten effizienten Algorithmen lösbar ist bzw. in mehrere unabhängige Subprobleme[110] zerlegbar ist.

[108]Darüber hinaus hat auch die Art der Problemformulierung Einfluß auf die Effizienz (Hummeltenberg, 1981).

[109]Bei der Lösung von kapazitierten Umladeproblemen mittels LP–Verfahren vermeidet man es, die unteren Kapazitätsbeschränkungen λ_{hkl} explizit zu berücksichtigen. Man löst vielmehr ein geeignet gebildetes Umladeproblem ohne untere Kapazitätsbeschränkungen. Die entsprechende Problem- und Lösungstransformation ist bei Domschke (1985 a) beschrieben.

[110]Bei kapazitierten WLP handelt es sich dabei um kontinuierliche Knapsackprobleme (Geoffrion und Bride, 1978).

Im vorliegenden Fall von DMP kann dies durch die Aufnahme der Restriktion (41) und (42) in die Zielfunktion erfolgen, was zur Folge hat, daß die verbleibenden Restriktionen (43) - (48) keine aufbereitungsstandort- und aufbereitungstechnik-übergreifenden Beziehungen mehr enthalten. Hinsichtlich der Durchführung dieser Relaxation sowie der Bestimmung der Lagrange-Multiplikatoren mit geeigneten Verfahren sind insbesondere die Arbeiten von Geoffrion und Bride (1978) sowie Christofides und Beasley (1983) hervorzuheben.

In der Regel liefert die Lagrange-Relaxation eine höhere untere Schranke als die LP-Relaxation, dem steht jedoch ein erhöhter Aufwand zur Lösung des Teilproblems gegenüber.

Neben den grundlegenden B&B-Strategien wurden bisher noch verschiedene spezielle problemspezifische Vorgehensweisen mit Erfolg eingesetzt. Darüber wird in Domschke (1985 b) und Paraschis (1989) sowie der dort angegebenen Literatur ein Überblick gegeben.

Es ist nicht möglich, generell für ein vorliegendes Problem die optimale Lösungsstrategie von vorne herein zu bestimmen, da die Abhängigkeit von konkreten quantitativen Problemen nicht vorhersehbar ist und darüber hinaus auch der Implementierung entsprechender Computerprogramme wesentliche Bedeutung zukommt.

Das B&B-Verfahren hat sich als geeignetste Methode zur Lösung allgemeiner gemischt-ganzzahliger Probleme herausgestellt und ist daher auch in allen kommerziell angebotenen Mathematischen Programmierungssystemen (MPS-Software) enthalten (Hummeltenberg, 1983). Für Probleme mit spezieller Struktur wurde bisher auch das im nachfolgenden Abschnitt beschriebene Verfahren von Benders mit Erfolg angewendet, es hat aber vergleichsweise noch keine weite Verbreitung gefunden.

5.3.3 Dekompositionsverfahren von Benders

Das gemischt-ganzzahlige Problem wird mit Hilfe der Dualen Dekomposition von Benders in einen ganzzahligen und in einen kontinuierlichen Teil zerlegt. Das kontinuierliche Teilproblem wird für feste Werte der ganzzahligen Variablen in seiner dualen Form gelöst.

Eine ausführliche Beschreibung der Benders-Dekomposition sowie der genaue Verfahrensablauf sind in Mevert und Suhl (1976) und Tempelmeier (1983), der auch ein Fortran-Programm dazu angibt, zu finden.

Analog wie beim B&B-Verfahren werden auch bei der Benders-Dekomposition im Laufe des Verfahrens untere und obere Schranken für den optimalen Zielfunktionswert errechnet. Die obere Schranke erhält man aus der Lösung des kontinuierlichen Problems in seiner dualen Form. Im vorliegenden Fall von DMP ist das kontinuierliche Problem für einen vorgegebenen Vektor der ganzzahligen Variablen ein lineares Umladeproblem, das jedoch aufgrund der aufbereitungstechnik- und aufbereitungsstandort-übergreifenden Restriktionen (41) und (42) im allgemeinen nicht weiter in separate Unterprobleme zerlegbar ist, so daß diesbezügliche mögliche Verfahrensvorteile nicht weiter ausnutzbar sind. Mit jeder Lösung des kontinuierlichen Problems erhält man eine zusätzliche duale Restriktion für das ganzzahlige Problem - dem sogenannten Master-Problem -, dessen Lösung eine neue untere Schranke und einen neuen optimalen Vektor der ganzzahligen Variablen liefert.

Geoffrion und Graves (1974, 1978) wandten das Verfahren für ein kapazitiertes-Mehrprodukt-WLP in einer etwas modifizierten Form mit Erfolg an. Darüber hinaus sind jedoch die Erfahrungen unterschiedlich im Hinblick auf die Vorteilhaftigkeit der Benders-Dekomposition im Vergleich zum B&B-Verfahren, und Hummeltenberg (1981) nennt dazu in seiner Arbeit mehrere Voraussetzungen für die effiziente Anwendung.

5.4 Spezielles Verfahren zur Generierung guter Lösungen

In diesem Abschnitt wird ein neues Verfahren zur Bestimmung guter Lösungen für das MP vorgestellt.[111] Wie bereits in Abschnitt 5.3.1 ausgeführt, wird dabei aus Gründen der Komplexität und vor allem durch die Einbeziehung

[111] Da das Verfahren auch auf heuristischen Algorithmen aufbaut, besteht keine Gewißheit, daß die optimale Lösung bestimmt wird, dementsprechend wird hier von guten Lösungen in bezug auf das vorliegende Optimierungsproblem gesprochen.

von Präferenzrelationen bzw. des Umweltparameters eine Dekomposition in Subprobleme durchgeführt.

Durch die bei praktischen Anwendungen begrenzte Datenqualität soll das Verfahren insbesondere Möglichkeiten zur Analyse von Problemzusammenhängen (Sensitivitätsanalyse) besitzen; dies bezieht auch die Voroptimierung zur Modifizierung von Aufbereitungskostenfunktionen (vgl. Abschnitt 5.2.3) ein. Auch wegen der Datenqualität erscheint es nicht unbedingt notwendig, optimale Lösungen zu bestimmen, so daß auch der Einsatz von Heuristiken zur Ermittlung von guten Lösungen zielführend ist.

Erfahrungen aus der Anwendung sowie eine Beurteilung der Leistungsfähigkeit und der Effizienz des Verfahrens sind im Kapitel 8 zusammengefaßt. Wieweit alternative Lösungsverfahren bzw. Verfahrensvariationen, wie sie im Abschnitt 5.3 aufgezeigt wurden, möglicherweise Verbesserungen bringen, kann im Rahmen dieser Arbeit nicht mehr untersucht werden.

5.4.1 Ausgangssituation und Lösungsweg

Die Ausgangssituation für den Einsatz des speziellen Verfahrens ist einerseits durch die Planungsdaten und andererseits durch die Optimierungsstrategie[112] gegeben (vgl. Abbildung 30). Die Optimierungsstrategie berücksichtigt insbesondere Präferenzrelationen/Umweltparameter bezogen auf die TEW sowie relevante Präzedenzrelationen und dient zur Bildung und Reihung von Subproblemen im Rahmen der Dekomposition beim Superpositionsverfahren (Abschnitt 5.4.3). Wie die Festlegung der Optimierungsstrategie erfolgt, ist im Abschnitt 5.4.5 analysiert. Darüber hinaus ist es für bestimmte Sonderfälle (vgl. Abschnitt 5.2.3) sinnvoll, pauschale Kostenreduktion, die mit Hilfe des Superpositionsverfahrens abgeschätzt werden (Voroptimierung), durch eine Modifikation der entsprechenden Aufbereitungskostenfunktionen zu berücksichtigen.

Darauf aufbauend kann die Entwicklung einer regionalen Entsorgungsalternative (EA) im engeren Sinne mit dem hier vorgeschlagenen speziellen Verfahren durchgeführt werden. Der Lösungsweg dazu, wie er auch in Abbildung 30 schematisiert dargestellt ist, besitzt folgenden Ablauf:

Zu Beginn des Verfahrens muß der Parameter Z für die maximale Anzahl von zulässigen Aufbereitungsstationen bestimmt werden. Da die Entwicklung einer neuen EA aufbauend auf der zuletzt generierten (alten) EA erfolgt, wird $Z^{neu} := p - 1$ (unter Berücksichtigung von $Z^{neu} \geq Z_{min}$) gesetzt; nur

[112] Vgl. dazu die Definition 5.1 im Abschnitt 5.4.3

AUSGANGSSITUATION

PLANUNGSDATEN für Quellen, Aufbereitungen
Senken und Transport

OPTIMIERUNGSSTRATEGIE zur Bildung und
Reihung von Subproblemen

MODIFIKATION VON AUFBEREITUNGSKOSTENFUNKTIONEN
mit Hilfe des Superpositionsverfahrens

LÖSUNGSWEG

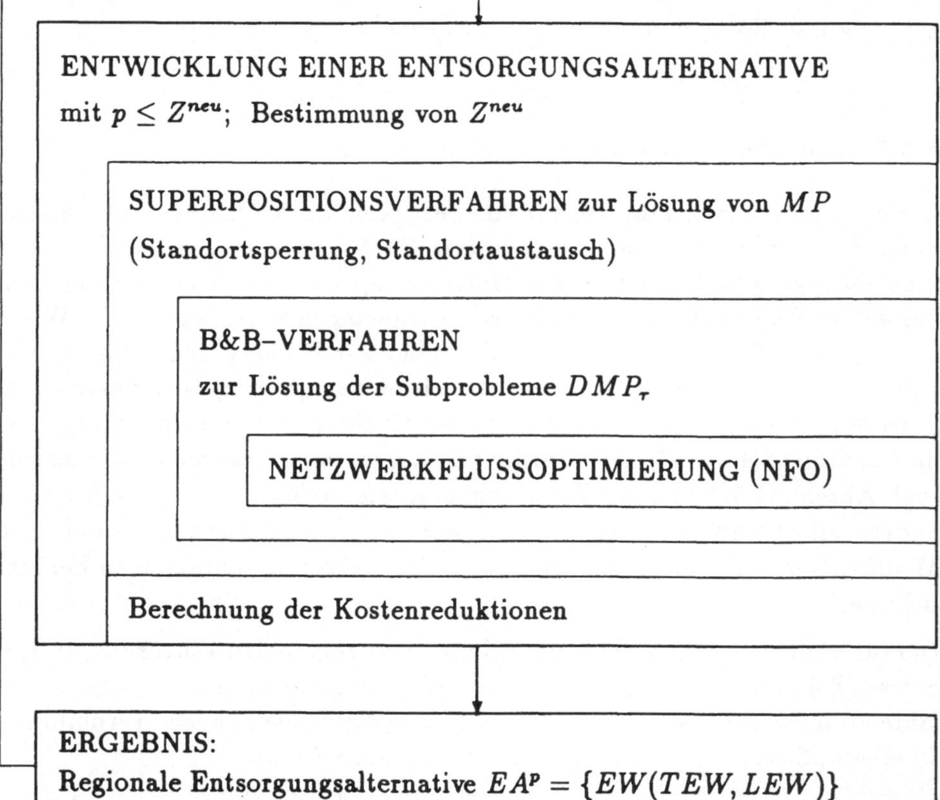

Abbildung 30: Ausgangssituation und Lösungsweg zum speziellen Verfahren

bei der ersten EA gilt $Z := a$. Die Errechnung von Z_{min} basiert auf einer Plausibilitätsprüfung, die externe Vorgaben hinsichtlich bestimmter AS, den Reststoffanfall und die Anlagenkapazitäten berücksichtigt.

Im nächsten Schritt wird mit dem Superpositionsverfahren unter Beachtung der festgelegten Optimierungsstrategie und relevanter Präzedenzrelationen das MP gelöst (vgl. Abschnitt 5.4.3), wobei im ersten Teilschritt "Standortsperrung", abgeleitet von der alten EA, eine zulässige Lösung in bezug auf die veränderte Konfigurationsbedingung mit Z^{neu} ermittelt wird. Im zweiten Teilschritt "Standortaustausch" wird diese zulässige Lösung iterativ optimiert. Die in beiden Teilschritten formulierten Subprobleme DMP_r werden mit Hilfe eines B&B-Verfahrens (vgl. Abschnitt 5.4.4) gelöst; die dabei auftretenden relaxierten Probleme sind "klassische" Netzwerkflußprobleme. Bei der Entwicklung der ersten EA entfallen die beiden Teilschritte, und das Superpositionsverfahren reduziert sich auf eine einmalige Lösung aller im Rahmen der Optimierungsstrategie zu bildenden Subprobleme.

Schließlich werden alle relevanten Kostenreduktionen (α_k^h und $\beta_k^{z_k}$) errechnet und in die Entsorgungskosten (Gleichung (38)) miteinbezogen.

5.4.2 Problemgröße

Im Hinblick auf die Lösung von MP ist es von Interesse, welche Größe das Problem bei realen Planungsaufgaben erreicht. Folgende Betrachtungen beziehen sich der Übersichtlichkeit wegen auf *einen* Reststofftyp (RS), wobei im allgemeinen von einer maximalen Anzahl r an RS von 4 – 7 ausgegangen werden kann.

Wie bereits im Abschnitt 5.1.1 dargestellt wurde, ist eine obere Grenze für die Quellenzahl q_n und Senkenzahl s_m 50 [Quellen/RS bzw. Senken/ST] und für die potentiellen Aufbereitungsstandorte a_n 15 [AS/AT], wobei diese für alle AT weitgehend identisch sind.

Für die Anzahl der Kapazitätsbereiche, die sich aufgrund der Anlagengrößen und aus der Approximation der Kostenfunktionen, d. h. stückweise Linearisierung, ableitet, kann unter Beachtung der Qualität der verfügbaren Daten $\mu_{hk}^{max} = 3$ [KB/AT] als hinreichend groß angesehen werden. Von jedem RS können des weiteren durch die Vorselektion der prinzipiell denkbaren TEW im Durchschnitt 2 – 3 [TEW/RS] in Betracht gezogen werden
(d. h. $t_n = 2 - 3$).

In der Regel werden bei praktischen Problemen jedoch nur wenige Variablen den Maximalwert erreichen, so daß für die Berechnung der unten angegebenen Kenngrößen folgende Durchschnittswerte zugrundegelegt werden:

$$
\begin{aligned}
q_n &= 20-25 \text{ [Quellen/RS]}\\
s_n &= 20-25 \text{ [Senken/ST]}\\
a_n &= 10 \text{ [AS/AT]}\\
\mu_{hk} &= 2 \text{ [KB/AT]}\\
t_n &= 2-3 \text{ [TEW/RS]}\\
r &= 4-7 \text{ [RS]}
\end{aligned}
$$

Damit ergeben sich für das MP ca. **50 Binärvariable/RS** und ca. **1000 kontinuierliche Variable/RS** bzw. ein entsprechendes Netzwerk mit ca. **1000 Pfeilen/RS und 200 Knoten/RS**. Darüber hinaus bedeutet dies für den theoretischen Fall einer vollständigen Enumeration, daß für die Auswahl der Errichtung von Aufbereitungstechniken $(1+\mu_{hk})^{a_n \cdot t_n} \approx 1 \cdot 10^{10}$ Möglichkeiten/RS bestehen.

Der Einsatz des Planungsmodells macht aufgrund des damit verbundenen Aufwandes nur über einer gewissen Mindestanzahl von Quellen bzw. Senken einen Sinn, was auch gewissen Mindest-Anfallmengen einzelner Reststofftypen entspricht.

Reststofftypen, die in kleineren Mengen bei wenigen Quellen anfallen, können in einem analogen "manuellen" Verfahren, das sich im wesentlichen auf Plausibilitätsüberlegungen stützt, behandelt werden. Die Ergebnisse daraus können dann durch die Möglichkeit externer Vorgaben (vgl. Abschnitt 5.4.4) im Planungsverfahren mitberücksichtigt werden.

5.4.3 Superpositions-Verfahren

Die Entwicklung einer neuen EA erfolgt in der Regel ausgehend von einer bestehenden bzw. zuvor generierten EA mit Hilfe des hier vorgeschlagenen heuristischen Superpositionsverfahrens[113]. Auf den Fall, daß noch keine EA besteht sowie auf die Anwendung des Superpositionsverfahren im Rahmen einer Voroptimierung zur Modifikation von Aufbereitungskostenfunktionen wird am Ende dieses Abschnittes eingegangen.

[113]Dieses Verfahren wird als Superpositionsverfahren bezeichnet, da eine Überlagerung von Lösungen der Subprobleme zu einer Gesamtlösung erfolgt. Klincewicz et al. (1986) verwenden in ihrer Arbeit in analoger Form den Begriff "Superpositions-Heuristik" für ein Verfahren, das ein *"multiproduct uncapacitated facility location problem"* durch Überlagern der Lösungen von mehreren *"uncapacitated facility location problems"* für jedes Produkt löst.

Bevor im weiteren das Verfahren dargestellt wird, werden einige grundlegende Definitionen angeführt:

Definition 5.1: Eine *Unterteilung* der Menge der Aufbereitungstechniken T in d disjunkte Mengen T_τ (mit $\tau \in D$ und $D := \{1, \ldots, d\}$) und $T = \cup_{\tau \in D} T_\tau$ sowie eine *zugehörige Reihung* der Teilmengen für die gilt: $DMP_\tau \prec DMP_{\tau+1}$, d. h. das Subproblem DMP_τ wird strikt vor $DMP_{\tau+1}$ gelöst, heißt **Optimierungsstrategie**.

Definition 5.2: Die Nebenbedingungen von DMP_τ mit $\tau = 1, 2, \ldots, d$ beschreiben den zulässigen Lösungsbereich $\{X_\tau, Y_\tau\}$. Ein Vektor x_τ mit $x_\tau \in X_\tau$ wird **Flußvektor** von DMP_τ genannt und ein Vektor y_τ mit $y_\tau \in Y_\tau$ wird **Standortvektor** von DMP_τ genannt. Ein d-Tupel $\xi = (x_1, x_2, \ldots, x_d)$ von Flußvektoren x_τ heißt **Flußmuster** und ein d-Tupel $\varphi = (y_1, y_2, \ldots, y_d)$ von Standortvektoren y_τ heißt **Standortmuster**.

Definition 5.3: Ein Flußvektor x_τ^{min} heißt **kostenminimaler Flußvektor** von DMP_τ, wenn es keinen zulässigen Flußvektor x_τ gibt, der geringere Entsorgungskosten als x_τ^{min} mit dem zugehörigen **kostenminimalen Standortvektor** y_τ^{min} verursacht; es gilt:

$$\overline{EK}_\tau(x_\tau^{min}, y_\tau^{min}) = \min\{\overline{EK}_\tau(x_\tau, y_\tau) \mid x_\tau \in X_\tau,\ y_\tau \in Y_\tau\}$$

Damit sind $\xi^{min} = (x_1^{min}, x_2^{min}, \ldots, x_d^{min})$ das **kostenminimale Flußmuster**, $\varphi^{min} = (y_1^{min}, y_2^{min}, \ldots, y_d^{min})$ das zugehörige **kostenminimale Standortmuster** und

$$\overline{EK}(\xi^{min}, \varphi^{min}) = \sum_{\tau \in D} \overline{EK}_\tau(x_\tau^{min}, y_\tau^{min})$$

die **minimalen Gesamtentsorgungskosten**.

Definition 5.4: $\{\xi^{min}, \varphi^{min}\}^p$ wird als **optimale Entsorgungsalternative** mit p geöffneten Aufbereitungsstandorten und $\{x_\tau^{min}, y_\tau^{min}\}$ als **optimale Teilentsorgungsalternative** bezeichnet; zur Vereinfachung werden in der Folge dafür die Begriffe Entsorgungsalternative und Teilentsorgungsalternative sowie die Schreibweisen $\{\xi, \varphi\}^p$ und $\{x_\tau, y_\tau\}$ verwendet.

Durch das Standortmuster φ einer zulässigen Lösung wird allen Binärvariablen y_{hkl} ein Wert 0 oder 1 zugeordnet. Demnach gilt $A_h^1 = A_h^2 = \emptyset \; \forall \; h \in T$ und die Mengen A, A_h der AS können wie folgt unterteilt werden:

P_h := $\{k \in A_h \mid \sum_{l \in M_{hk}} y_{hkl} = 1\}$, Menge aller AS $k \in A_h$, für die entschieden worden ist, daß **eine** AT $h \in T$ mit einem bestimmten KB $l \in M_{hk}$ errichtet wird.

O_h := $\{k \in A_h \mid \sum_{l \in M_{hk}} y_{hkl} = 0\}$, Menge aller AS $k \in A_h$, für die entschieden worden ist, daß **keine** AT $h \in T$ errichtet wird.

Weiterhin sei:

$$A_h = P_h \cup O_h, \quad P_h \cap O_h = \emptyset, \qquad \forall \; h \in T$$

$$A = \bigcup_{h \in T} A_h, \quad P = \bigcup_{h \in T} P_h, \quad O = A \setminus P, \quad p := |P| = \sum_{k \in A} z_k, \quad o := |O|$$

Darüber hinaus können für den Fall, daß an einem AS k bereits eine AT existiert bzw. unbedingt eine errichtet werden soll, sogenannte *externe Vorgaben* gemacht werden, mit:

V_h := $\{k \in A_h \mid \sum_{l \in M_{hk}} y_{hkl} = 1, \text{für alle EA}\}, \; V_h \subseteq P_h$

V := $\bigcup_{h \in T} V_h, \quad V \subseteq P$

Das Superpositionsverfahren ist eine zweiteilige Heuristik zur Bestimmung einer guten Lösung von MP. Im **ersten Teil** - Eröffnungsverfahren - wird ausgehend von einer bestehenden EA $\{\xi, \varphi\}^p$ eine zulässige Lösung hinsichtlich der Nebenbedingung (49) aufgrund des neu festgelegten Konfigurationsparameters Z^{neu} ermittelt.

Im anschließenden **zweiten Teil** - Verbesserungsverfahren - wird diese zulässige Lösung durch einen Standortaustausch–Prozeß[114] iterativ optimiert. In beiden Teilen erfolgt mit Hilfe der gegebenen Optimierungsstrategie und unter Beachtung relevanter Präzedenzrelationen eine Dekomposition in Subprobleme DMP_r, zu deren Lösung das B&B–Verfahren von Abschnitt 5.4.4 eingesetzt wird. Im folgenden sind der Verfahrensablauf sowie eine computernahe Formulierung der zugehörigen Prozeduren in den wesentlichen Schritten dargestellt:

[114]Dieses heuristische Verfahrensprinzip wird u. a. von Domschke und Drexl (1985) zur Lösung von unkapazitierten WLP vorgestellt.

SUPERPOSITION – VERFAHRENSABLAUF

Voraussetzung:

Eine zulässige EA $\{\xi,\varphi\}^p$ mit den zugehörigen Größen $\overline{EK^p}(\xi,\varphi)$, V_h, O_h, P_h, V, O, o, P, p (dies entspricht dem nachfolgenden p^{alt}) sowie ein neu bestimmter Parameter Z, mit $Z^{neu} = p^{alt} - 1$ und eine Optimierungsstrategie.

Schritt 1: – Eröffnungsverfahren–

Aufruf von **PROCEDURE *STANDORTSPERRUNG;***

Funktionsbeschreibung:

Bestimme jenen Standort $k_s \in (P \setminus V)$, durch dessen Sperrung die geringste Erhöhung der Gesamtentsorgungskosten $\overline{EK^p}$ eintritt; die zugehörige Lösung ist gleichzeitig eine zulässige mit $p \leq Z^{neu}$; aktualisiere alle Mengen mit $\{k_s\}$ und gehe zu Schritt 2.

Schritt 2: –Verbesserungsverfahren–

Aufruf von **PROCEDURE *STANDORTAUSTAUSCH***

Funktionsbeschreibung:

Zunächst werden alle p Paare (k_0, k_1) mit ***einem*** bestimmten $k_0 \in O$ und ***allen*** $k_1 \in P$ nach $\overline{EK^p}$-verbessernden Vertauschungsmöglichkeiten geprüft. Gibt es unter diesen p Möglichkeiten $\overline{EK^p}$-verbessernde, so wird die beste von ihnen als aktuell beste Lösung für die neue EA abgespeichert; andernfalls werden die nächsten p Paare (k_0, k_1) mit dem nächsten $k_0 \in O$ überprüft usw. Sobald in einer Iteration unter allen $o \cdot p$ Vertauschungsmöglichkeiten keine $\overline{EK^p}$ –verbessernde gefunden werden kann, endet das Verfahren.

Ergebnis:

Eine neue Entsorgungsalternative $\{\xi,\varphi\}^p$ mit dem Zielfunktionswert $\overline{EK^p}(\xi,\varphi)$ und einer um mindestens 1 verringerten Anzahl p von geöffneten AS.

```
PROCEDURE STANDORTSPERRUNG
BEGIN
  FOR k ∈ (P \ V) DO
    BEGIN
      FOR τ ∈ D DO
        BEGIN
          IF k ∈ (∪_{h∈T_τ} P_h) THEN
            BEGIN
            Bilde das Subproblem DMP_τ mit P̄_τ = ∪_{h∈T_τ}(A_h^1 ∪ A_h^2);
            wobei für alle h ∈ T_τ gilt:
              wenn k ∈ A_h                    wenn k ∉ A_h
              O_h := O_h ∪ {k}                O_h := O_h
              A_h^1 := V_h                    A_h^1 := V_h
              A_h^2 := (P_h \ V_h) \ {k}      A_h^2 := (P_h \ V_h)
              P_h := ∅                        P_h := ∅
            Prüfe, ob alle Präzedenzrelationen eingehalten werden und
            korrigiere gegebenenfalls die Mengen O_h, A_h^1, A_h^2, P_h; Be-
            stimme mit Hilfe des B&B-Verfahrens {x_τ, y_τ}^k und EK̄_τ^k
            END
          ELSE
            Übernehme für {x_τ, y_τ}^k und EK̄_τ^k die
            entsprechenden Werte aus der bestehenden EA
        END
      Berechne EK̄^k = Σ_{τ∈D} EK̄_τ^k
    END
  Bestimme k_s mit EK̄^{k_s} = min_{k∈P\V} {EK̄^k} und speichere {x_τ, y_τ}^{k_s} sowie
  EK̄_τ^{k_s} für alle τ ∈ D als bisher beste zulässige Lösung für die neue EA ab.
  BEGIN
    Verändere die Mengen O_h, P_h, O, P sowie den Wert EK̄^P
    der bestehenden zulässigen Lösung der alten EA wie folgt:
      FOR h ∈ T DO
        BEGIN
          IF k_s ∈ P_h THEN P_h := P_h \ {k_s}, O_h := O_h ∪ {k_s}
        END
      EK̄^P := EK̄^{k_s}, P := P \ {k_s}, O := O ∪ {k_s}
  END
END
```

PROCEDURE ***STANDORTAUSTAUSCH***

BEGIN
    $it := 1$;   (* Iterationsvariable *)
  REPEAT
    $bool := false$
    REPEAT
      $k_0 :=$ "it-tes Element aus O"
      FOR $k_1 \in (P \setminus V)$ **DO**
        BEGIN
          FOR $\tau \in D$ **DO**
            BEGIN
            Bilde das Subproblem DMP_τ mit $\overline{P}_\tau = \cup_{h \in T_\tau}(A_h^1 \cup A_h^2)$;
            prüfe, ob keine Präzedenzrelation verletzt wurde und
            korrigiere gegebenenfalls die Menge $\overline{P}_\tau$.
            Bestimme mit Hilfe des B&B–Verfahrens $\{x_\tau, y_\tau\}^{k_1}$
            und $\overline{EK}_\tau^{k_1}$ sowie $P_h^{k_1}$ und $O_h^{k_1}$ für alle $h \in T$.
            END
          Berechne $\overline{EK}^{k_1} = \sum_{\tau \in D} \overline{EK}_\tau^{k_1}$
        END
      Bestimme k_A mit: $\overline{EK}^{k_A} = \min\{\ \overline{EK}^{k_1} \mid k_1 \in P \setminus V\}$
      IF $\overline{EK}^{k_A} < \overline{EK}^p$ **THEN**
        BEGIN   (* Austausch von k_0 durch $\bar{k}_A$ *)
          $\overline{EK}^p := \overline{EK}^{k_A}$;
          $bool := true$;
          FOR $\tau \in D$ **DO**
            BEGIN
              FOR $h \in T_\tau$ **DO** $P_h := P_h^{k_A}$; $O_h := O_h^{k_A}$
              speichere $\{x_\tau, y_\tau\}^{k_A}$ als bisher beste zulässige Lösung
              für die Teilentsorgungsalternative τ
            END
          $P := \emptyset$; $O := \emptyset$
          FOR $h \in D$ **DO** $P := P \cup P_h$
          $O := A \setminus P$; $p := |P|$; $o := |O|$;
        END
      $it := it + 1$;
    UNTIL $it = o + 1$ **OR** $bool = true$
    $it = 0$
  UNTIL $bool = false$
END

Im Rahmen des Standortaustausch–Prozesses müssen zur Formulierung der Subprobleme die Mengen der AS A_h neu in die Teilmengen O_h, A_h^1, A_h^2 und P_h unterteilt werden. Dafür stehen im wesentlichen, wie in der Tabelle 20 zusammengefaßt, drei Möglichkeiten zur Verfügung:

OPTION 1: Es wird beim Austauschprozeß sofort für alle Standorte entschieden, ob sie für eine Aufbereitungstechnik h geöffnet oder geschlossen sind. Damit reduziert sich das B&B–Verfahren auf die Festlegung der Anlagengrößen sowie der Bestimmung des Flußvektors.

OPTION 2: Die Menge der geschlossenen AS k wird durch die Elemente $\{k_0\}$ und $\{k_1\}$ korrigiert; die Menge der entschiedenen AS k wird auf die exteren Vorgaben beschränkt, so daß für die Optimierung eine möglichst hohe Anzahl freier Standorte bereitgestellt wird.

OPTION 3: Diese Option ist wie Option 2 nur mit dem Unterschied, daß in den Mengen der geschlossenen und freien AS k auch noch jene Standorte berücksichtigt werden, die aufgrund externer Vorgaben in bezug auf die jeweils anderen AT prinzipiell geöffnet sind.

Nur bei Anwendung von Option 3 kann der minimale Wert für $\overline{EK}_\tau$ bestimmt werden. Die Optionen 1 und 2 führen zu einer mehr oder weniger starken Einschränkung des Lösungsraumes, und die auf dieser Grundlage errechneten Werte für $\overline{EK}_\tau$ stellen somit obere Schranken in bezug auf den Minimalwert dar. Sie haben jedoch den Vorteil, daß der Aufwand für die Lösung der Subprobleme geringer ist, und bieten sich vor allem bei sehr großen Problemen an.

Bei den Entwicklung der ersten EA kann auf keine bestehende EA aufgebaut werden, so daß $Z = a$ gilt und sich das Superpositionsverfahren auf eine einmalige Bildung und Lösung aller Subprobleme DMP_τ reduziert.

Die Modifikation von Aufbereitungskostenfunktionen bestimmter Interdependenztypen (vgl. Abschnitt 5.2.3) kann mit Hilfe des Superpositionsverfahrens erfolgen. Dafür wird in das Verfahren nur eine Teilmenge von Subproblemen einbezogen, und zwar jene, in denen die betroffenen Reststofftypen bzw. die relevanten Entsorgungswege enthalten sind. Durch eine strukturierte Alternativenbildung, vor allem in Verbindung mit Präzedenzrelationen, kann daraus die Größenordnung erwarteter Kostenreduktionen für einzelne Standorte abgeschätzt werden.

Tabelle 20: **Möglichkeiten zur Aufsplittung der Menge A_h der Aufbereitungsstandorte in O_h, A_h^1, A_h^2, und P_h beim Standortaustausch–Prozeß**

$\forall\, h \in T_r$	$k_0 \notin A_h,\ k_1 \in A_h \wedge O_h$ $k_0,\ k_1 \notin A_h$	$k_0 \in A_h \wedge O_h,\ k_1 \notin A_h$	$k_0 \notin A_h,\ k_1 \in A_h \wedge P_h$	$k_0 \in A_h \wedge O_h,\ k_1 \in A_h \wedge P_h$
OPTION 1				
$O_h :=$	O_h	$O_h \setminus \{k_0\}$	$O_h \cup \{k_1\}$	$O_h \cup \{k_1\} \setminus \{k_0\}$
$A_h^1 :=$	P_h	$P_h \cup \{k_0\}$	$P_h \setminus \{k_1\}$	$P_h \cup \{k_0\} \setminus \{k_1\}$
$A_h^2 :=$	$\emptyset$	$\emptyset$	$\emptyset$	$\emptyset$
$P_h :=$	$\emptyset$	$\emptyset$	$\emptyset$	$\emptyset$
OPTION 2				
$O_h :=$	O_h	$O_h \setminus \{k_0\}$	$O_h \cup \{k_1\}$	$(O_h \cup \{k_1\}) \setminus \{k_0\}$
$A_h^1 :=$	P_h	V_h	V_h	V_h
$A_h^2 :=$	$\emptyset$	$(P_h \setminus V_h) \cup \{k_0\}$	$(P_h \setminus V_h) \setminus \{k_1\}$	$((P_h \setminus V_h) \setminus \{k_1\}) \cup \{k_0\}$
$P_h :=$	$\emptyset$	$\emptyset$	$\emptyset$	$\emptyset$
OPTION 3				
$O_h :=$	O_h	$(O_h \setminus \{k_0\}) \setminus (A_h \cap (V \setminus V_h))$	$O_h \cup \{k_1\} \setminus (A_h \cap (V \setminus V_h))$	$((O_h \cup \{k_1\}) \setminus \{k_0\}) \setminus (A_h \cap (V \setminus V_h))$
$A_h^1 :=$	P_h	V_h	V_h	V_h
$A_h^2 :=$	$\emptyset$	$(P_h \setminus V_h) \cup \{k_0\} \cup (A_h \cap (V \setminus V_h))$	$(P_h \setminus V_h) \cup \{k_1\} \cup (A_h \cap (V \setminus V_h))$	$((P_h \setminus V_h) \setminus \{k_1\}) \cup \{k_0\} \cup (A_h \cap (V \setminus V_h))$
$P_h :=$	$\emptyset$	$\emptyset$	$\emptyset$	$\emptyset$

5.4.4 B&B–Verfahren

Das B&B–Verfahren wird im Rahmen des Superpositionsverfahrens zur Lösung der Subprobleme DMP_r eingesetzt. Das Verfahren hier basiert auf der LP–Relaxation (vgl. Abschnitt 5.3.2). Die daraus resultierenden relaxierten Probleme sind Netzwerkflußprobleme, zu deren Lösung sich die primalen Netzwerkflußverfahren auf der Grundlage des Simplexalgorithmus als die effizienteren erwiesen.[115] Demnach wurde hier bei der Realisierung des B&B–Verfahrens für die Netzwerkflußoptimierung die Netzwerk–Simplexmethode (NS), wie sie bei Neumann (1987) beschrieben ist, gewählt. Insbesondere sei an dieser Stelle darauf hingewiesen, daß wegen der im Abschnitt 5.2.3 durchgeführten Transformation von einem einfachen Netzwerk ausgegangen werden kann.[116]

Graphgenerierung und Lösungsbaum

Das einem Subproblem zugrundeliegende Netzwerk entspricht in seiner Struktur jenem in der Abbildung 28 (Abschnitt 5.2.4). Durch diesen Graphen können in bezug auf die LP–Formulierung (vgl. Abschnitt 5.3.1) die Restriktionen (41) - (46) und (48) abgebildet werden, nicht aber die Bedingung (47), deren Einhaltung im Ablauf des B&B–Verfahrens gewährleistet wird.

Die Abbildung der Restriktion (45) erfolgt durch die Pfeile (hk, hk') mit der zugehörigen Pfeilbewertung $(0,\ 0,\ \kappa_{hk\mu})$ und der Kostenbewertung der nachfolgenden Pfeile $(hk',\ l)$. Da der Pfeil $(hk',\ \mu)$ mit $l = \mu$ (größter Kapazitätsbereich) jeweils die relativ geringste Kostenbewertung $\bar{c}_{hk\mu}$ aller Pfeile (hk', l) hat, werden innerhalb der Flußoptimierung, solange noch keine Entscheidung bezüglich einer bestimmten Anlagengröße getroffen worden ist, auf den Pfeilen (hk', l) mit $l = 1, \ldots, \mu - 1$ keine Flüsse auftreten. Im anderen Fall, daß bereits eine Entscheidung über die Errichtung oder Nichterrichtung einer Aufbereitungstechnik h an einem Standort $k \in A_h$ getroffen wurde, wird durch die Fixierung der Binärvariablen entweder auf keinem oder höchstens einem Pfeil (hk', l) ein Fluß ermöglicht.

[115] Untersuchungen und Vergleiche hinsichtlich der Effiziens relevanter Netswerkflußalgorithmen wurden von Glover et al. (1974), Bradley et al. (1977) sowie Ahrens und Finke (1980) durchgeführt.

[116] Für den Fall, daß diese Transformation nicht erfolgt, treten als relaxierte Probleme verallgemeinerte Netswerkflußprobleme auf, su deren Lösung entsprechend erweiterte Algorithmen erforderlich sind; vgl. dasu Jewell (1962), Glover et al. (1978), Elam et al. (1979), sowie Kennington und Helgason (1980).

Darauf aufbauend kann in dem Graphen von Abbildung 28 eine Modifikation in der Form vorgenommen werden, daß alle Pfeile und Knoten zwischen den Knoten hk und hk^* durch einen einzigen Pfeil ersetzt werden (vgl. Abbildung 31). In Abhängigkeit des Entscheidungszustandes im Laufe des B&B-Verfahrens gelten dann für die Pfeile (hk, hk^*) folgende Pfeilbewertungen:

1. Am Standort k wird keine Aufbereitungstechnik h errichtet:

$$k \in O_h \quad : \qquad (c_{hk}, \lambda_{hk}, \kappa_{hk}) = (0,0,0)$$

   In der Zielfunktion werden keine Fixkosten f_{hkl} berücksichtigt.

2. Am Standort k wird eine Aufbereitungstechnik h errichtet, wobei jedoch der Kapazitätsbereich l noch offen ist:

$$k \in A_h^1 \quad : \qquad (c_{hk}, \lambda_{hk}, \kappa_{hk}) = (c_{hk}^1, \lambda_{hk1}, \kappa_{hk\mu})$$

   In der Zielfunktion werden die Fixkosten f_{hk1} berücksichtigt.
   Dabei gilt:

$$c_{hk}^1 \quad = \quad \frac{f_{hk\mu} + \kappa_{hk\mu}\,\bar{c}_{hk\mu} - f_{hk1} - \lambda_{hk1}\,\bar{c}_{hk1}}{\kappa_{hk\mu} - \lambda_{hk1}}$$

3. Es ist noch nicht entschieden, ob am Standort k eine Aufbereitungstechnik h errichtet wird:

$$k \in A_h^2 \quad : \qquad (c_{hk}, \lambda_{hk}, \kappa_{hk}) = (\bar{c}_{hk\mu} + \frac{f_{hk\mu}}{\kappa_{hk\mu}},\ 0,\ \kappa_{hk\mu})$$

   Die Fixkosten werden proportionalisiert und gehen damit indirekt in die Zielfunktion ein.

4. Es wurde entschieden, daß am Standort k eine Aufbereitungstechnik h mit einem bestimmten Kapazitätsbereich l errichtet wird:

$$k \in P_h^1 \quad : \qquad (c_{hk}, \lambda_{hk}, \kappa_{hk}) = (\bar{c}_{hkl},\ \lambda_{hkl},\ \kappa_{hk\mu})$$

   In der Zielfunktion werden die Fixkosten f_{hkl} berücksichtigt.

Die Bewertungen aller übrigen Pfeile entsprechen den Angaben in der Tabelle 19 (Abschnitt 5.2.4). Das B&B-Verfahren ist ein schrittweiser Entscheidungsprozeß, indem den Binärvariablen y_{hkl} entweder der Wert 0 oder 1 zugewiesen wird.

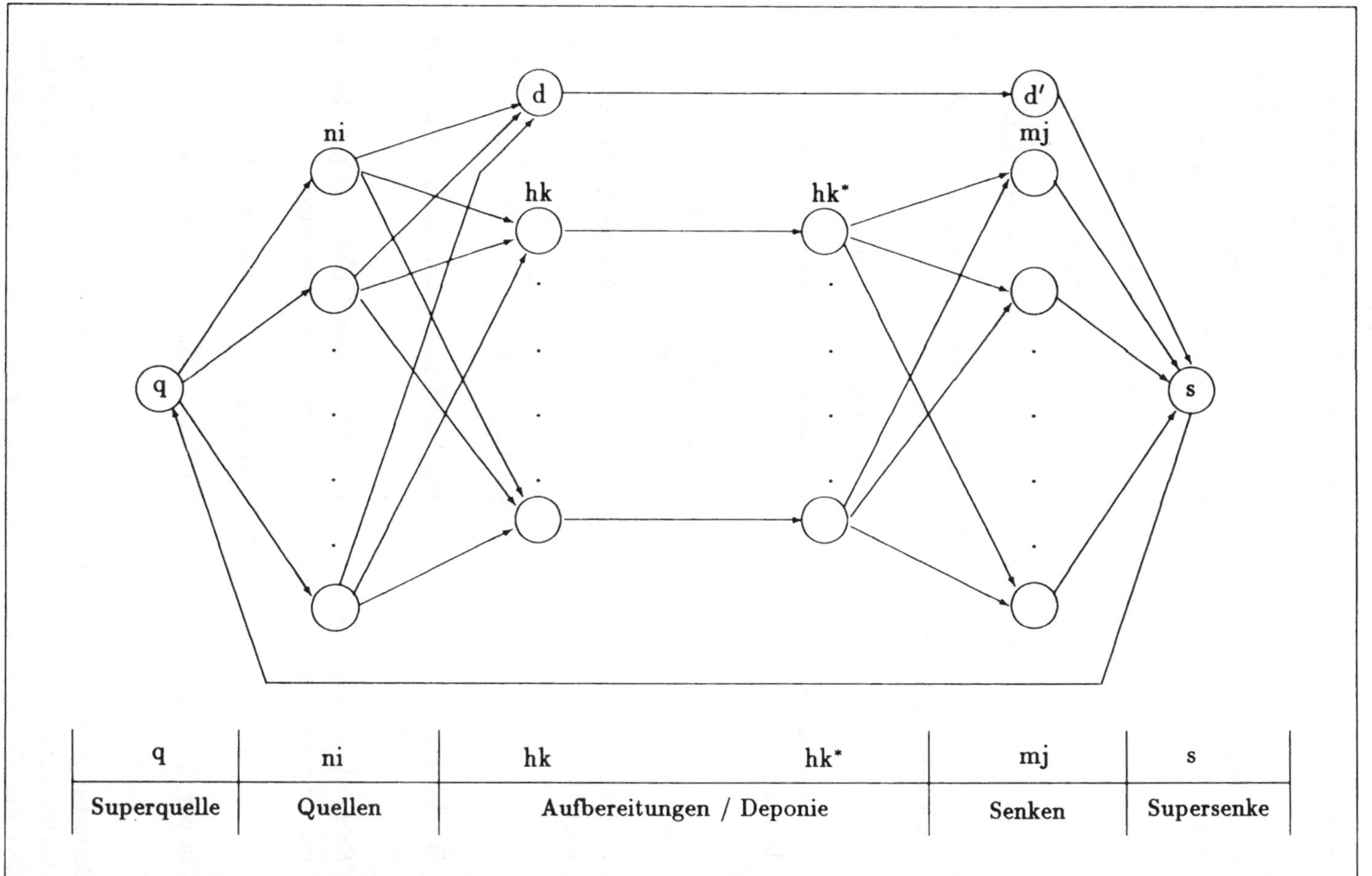

Abbildung 31: Netzwerk für Subprobleme (ohne Pfeilbewertung)

Dieser Entscheidungsprozeß kann in Form eines Lösungsbaumes gemäß Abbildung 32 dargestellt werden. Dabei wird auf jeder Ebene über eine Aufbereitungstechnik h an einem bestimmten Standort k entschieden, und zwar so lange bis eine zulässige Lösung des Subproblems gefunden ist.

Von jedem relaxierten Problem, welches im Lösungsbaum durch einen Knoten dargestellt ist und durch die Mengen O_h, A_h^1, A_h^2, P_h gekennzeichnet ist, erfolgt in der Regel eine multiple Verzweigung in $(\mu_{hk}+1)$ Nachfolgeprobleme. Wenn externe Vorgaben bestehen, werden nur μ_{hk} Nachfolgeprobleme gebildet.

Heuristik zur Ermittlung einer zulässigen Lösung

Häufig ist es hinsichtlich der Effizienz des B&B–Verfahrens nützlich, vor der Durchführung eine zulässige Lösung mit Hilfe einer Heuristik zu ermitteln. Diese zulässige Lösung liefert dann eine erste obere Schranke (OS); sonst startet man mit OS $= \infty$ (bzw. $= M$). Im allgemeinen gilt jedoch, je besser das Ergebnis der Heuristik, um so höher der dafür benötigte Aufwand und um so größer der Vorteil für das B&B–Verfahren.

Für Subprobleme, die mehrere TEW bzw. AT enthalten, zwischen denen mehr oder weniger große Interdependenzen bestehen, ist es nur mit aufwendigen Heuristiken möglich, gute zulässige Lösungen zu bestimmen. Demnach wird hier darauf nicht näher eingegangen.

Im Gegensatz dazu ist es für den relativ häufig auftretenden Fall, daß ein Subproblem nur einen TEW bzw. AT umfaßt, einfacher, gute zulässige Lösungen zu bestimmen. Prinzipiell kann dafür der ADD– oder DROP–Algorithmus, wie bei Domschke und Drexl (1985) beschrieben, eingesetzt werden.

Aufgrund der geringen Standortabhängigkeit der Aufbereitungskostenfunktion $K_{hk}(x_{hk})$ ist dafür auch die folgende Heuristik gut geeignet:

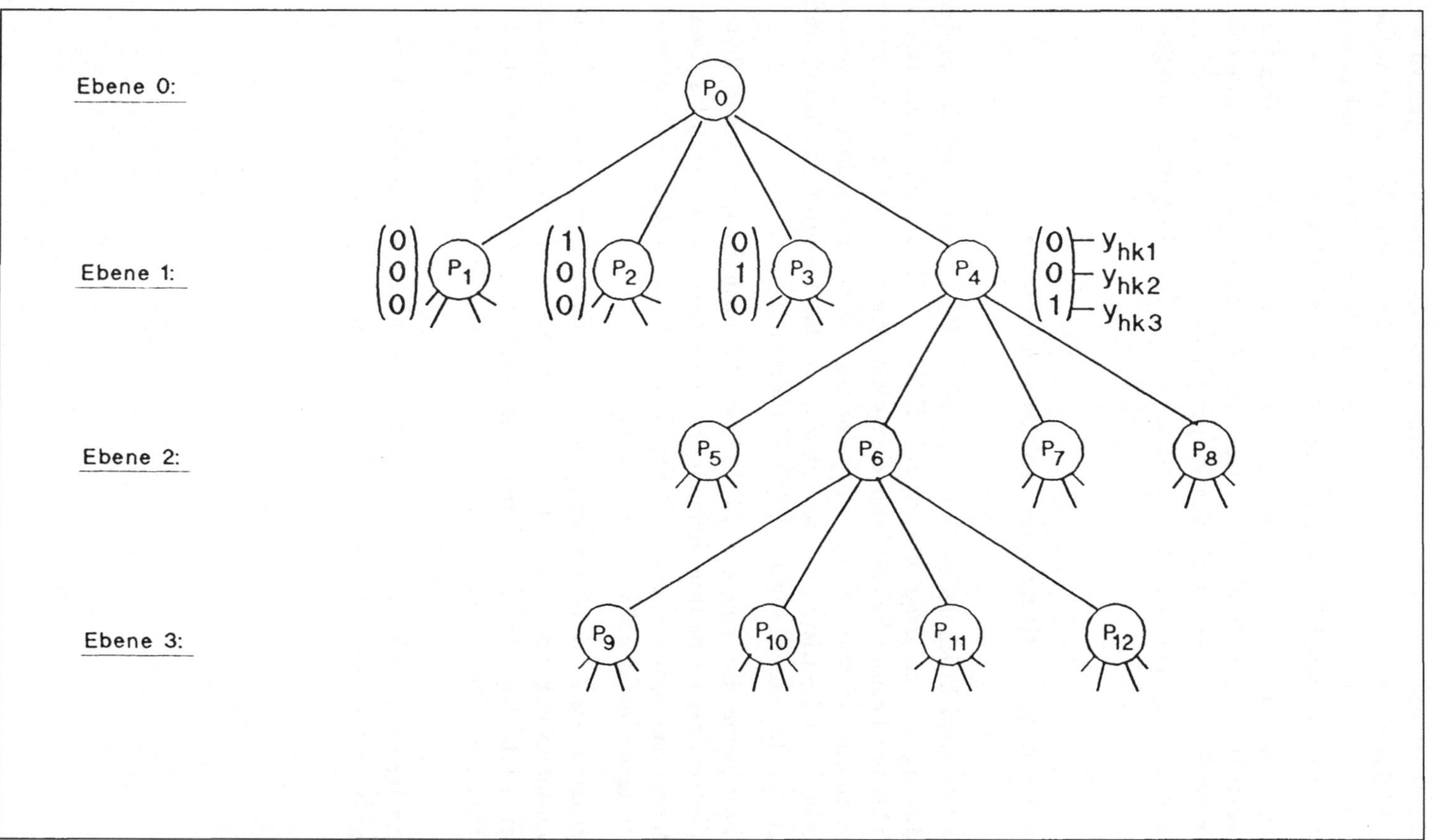

Abbildung 32: Lösungsbaum des B&B-Verfahrens (für $\mu_{hk} = 3$)

Voraussetzung:

Subproblem DMP_τ mit $h \in T_\tau$ und $|T_\tau| = 1$; die Mengen O_h, A_h^1, A_h^2, P_h (wobei $P_h = 0$ gilt) und V_h sowie zugehörige Kostenfunktionen $K_{hk}(x_{hk})$, die sich nur unwesentlich zwischen den Standorten unterscheiden.

Schritt 1:

Die Kapazitätsbereiche $l \in M_{hk}$ werden zu einem einzigen Bereich mit $\lambda_{hk} := \lambda_{hk1}$ und $\kappa_{hk} := \kappa_{hk\mu}$ zusammengefaßt; damit werden die Aufbereitungskosten und Kapazitätsschranken auf den Pfeilen (hk, hk^*) wie folgt korrigiert:

$$\begin{array}{llll} \bar{c}_{hk} := 0 & \forall\, k \in A_h; & f_{hk} := 0 & \forall\, k \in A_h; \\ \lambda_{hk} := 0 & \forall\, k \in A_h^2, O_h; & \lambda_{hk} := \lambda_{hk1} & \forall\, k \in A_h^1; \\ \kappa_{hk} := \kappa_{hk\mu} & \forall\, k \in A_h^1, A_h^2; & \kappa_{hk} := 0 & \forall\, k \in O_h; \end{array}$$

Bestimme mittels Flußoptimierung den optimalen Flußvektor x_τ^O, der gleichzeitig die transportkostenoptimale Lösung darstellt.

Schritt 2:

Aufruf von **PROCEDURE** ***ITERATION–HEURISTIK***

Funktionsbeschreibung:

Zu Beginn einer Iteration werden für den aktuellen Flußvektor x_τ^{it-1} aus der Kostenfunktion die spezifischen Gesamtkosten neu bestimmt und ein neuer Flußvektor x_τ^{it} mittels Flußoptimierung ermittelt. Wenn die Differenz der beiden Flußvektoren sehr klein ist, endet das Verfahren, sonst gehe zur nächsten Iteration.

Ergebnis:

Eine gute zulässige Lösung $\{x_\tau, y_\tau\}^H$ mit $\overline{EK}_\tau^H(x_\tau, y_\tau)$, die eine erste obere Schranke für das nachfolgende B&B–Verfahren ist.

PROCEDURE *ITERATION-HEURISTIK*

BEGIN

$it := 1$ (* Iterationsvariable *)

REPEAT

Ermittle für alle x_{hk}^{it-1} aus $K_{hk}(x_{hk})$ die spezifischen Gesamtkosten k_{hk} und setze $\bar{c}_{hk} := k_{hk}$ für alle Pfeile (hk, hk^*) mit $x_{hk}^{it-1} \geq \lambda_{hk}$.

IF $x_{hk}^{it-1} < \lambda_{hk}$ **THEN**

BEGIN

IF $it = 1$ **THEN** $\bar{c}_{hk} := f_{hk1} / \lambda_{hk1}$

ELSE $\bar{c}_{hk} := M$

END

Berechne mittels Flußoptimierung x_{τ}^{it}

IF $(\mid x_{hk}^{it-1} - x_{hk}^{it} \mid < \varepsilon, \quad \forall\, k \in A_h)$

THEN *iteration* := *beenden*

ELSE $it := it + 1$

UNTIL *iteration* = *beenden*

Bestimme mit x_{hk}^{it} die Mengen O_h und P_h mit den zugehörigen Kapazitätsbereichen und berechne mittels Flußoptimierung eine zulässige Lösung $\{x_{\tau}, y_{\tau}\}^H$ mit $\overline{EK}_{\tau}^H(x_{\tau}, y_{\tau})$.

END

Das Ziel des B&B–Prozesses ist es, den Abstand zwischen der oberen und der unteren Schranke für den Zielfunktionswert möglichst rasch zu verringern. Insbesondere bei großen Problemen ist es sinnvoll, eine Abbruchbedingung einzuführen, und zwar in der Form, daß das Verfahren endet, wenn dieser Abstand einen bestimmten vorgegebenen Wert unterschreitet.

Eine erste untere Schranke erhält man, indem das sogenannte kontinuierliche Problem P_0 durch Weglassen der Binärbedingungen gebildet und mittels Flußoptimierung gelöst wird. In bezug auf die obere Schranke sind zu Beginn des Verfahrens folgende zwei Fälle zu unterscheiden:

1. Es liegt keine zulässige Lösung vor, und man setzt die obere Schranke gleich ∞ bzw. M.

2. Es liegt eine relativ gute zulässige Lösung vor, die mit Hilfe einer Heuristik ermittelt wurde; diese ist dann eine erste obere Schranke.

Im 1. Fall ist man daher bestrebt, möglichst schnell eine gute zulässige Lösung zu finden, wofür sich als Knotenauswahlregel die bekannte LIFO–Regel (Last-In-First-Out–Regel) anbietet. Im 2. Fall wird im Gegensatz dazu versucht, die untere Schranke möglichst rasch anzuheben; dafür eignet sich insbesondere die MLB–Regel (Minimal-Lower-Bound–Regel).

Im nachfolgenden B&B–Verfahren I wird eine Kombination der beiden Regeln angewandt, und in dem abschließend erwähnten B&B–Verfahren II wird auf der MLB–Regel aufgebaut.

Die nachstehenden B&B–Verfahren gehen von folgenden Definitionen aus:

pz := Abbruchparameter, der den maximalen Abstand der unteren Schranke in Prozent von der oberen Schranke begrenzt.

US := Menge aller *nicht ausgeloteten Teilprobleme* P_r, die eine zulässige Lösung besitzen, die jedoch unzulässig ist für das Subproblem (aufgrund nichtganzzahliger Werte der Binärvariablen) und deren Zielfunktionswert geringer als die aktuelle obere Schranke ist.

USN := Menge der *Nachfolgeprobleme eines* Knotens (d. h. eines relaxierten Problems) mit den gleichen Eigenschaften wie die Elemente der Menge US

$\overline{EK}_r^O$:= obere Schranke für den optimalen Zielfunktionswert, d. h. minimaler Zielfunktionswert aller bisher berechneten zulässigen Lösungen für das Subproblem

$\overline{EK}_r^U$:= untere Schranke für den optimalen Zielfunktionswert, d. h. minimaler Zielfunktionswert aller Elemente der Menge US: $\overline{EK}_r^U = \min_{r \in US}\{\overline{EK}_r\}$

Darüber hinaus wird als **zulässiges Problem** ein Problem definiert, bei dem unter der Bedingung der maximalen Reststoffverwertung alle Binärvariablen den Wert 0 oder 1 haben und dessen zulässige Lösung, die mittels Flußoptimierung errechnet wird, gleichzeitig eine zulässige Lösung des Subproblems ist.[117]

Die im nachfolgenden Verfahrensablauf angeführten Prozeduren sind anschließend im Abschnitt 5.4.5 zusammengefaßt.

[117] Wenn die optimale Lösung eines relaxierten Problems keine Flüsse x_{hk} mit $0 < x_{hk} < \lambda_{hk1}$ für alle $k \in A_h^2$ und $h \in T_r$ enthält, so kann ein zulässiges Problem gebildet werden, indem alle Standorte k mit $x_{hk} = 0$ in die Menge O_h und alle Standorte mit $x_{hk} \geq \lambda_{hk1}$ in die Menge A_h^1 aufgenommen werden; wobei der Kapazitätsbereich der x_{hk} entsprechende ist.

B&B–Verfahren I

Voraussetzung:

Subproblem DMP_τ mit $h \in T_\tau$; die Mengen O_h, A_h^1, A_h^2, P_h, V_h für alle $h \in T_\tau$ und pz

Schritt 1:

Aufruf von **PROCEDURE** *SCHRITT 1;*

Funktionsbeschreibung:

Im Schritt 1 wird das kontinuierliche Problem P_0 von DMP_τ durch Weglassen der Binärbedingungen gebildet und mittels Flußoptimierung gelöst. Ist die Lösung von P_0 zulässig, d. h. die Binärbedingungen sind erfüllt, so ist bereits die optimale Lösung von DMP_τ gefunden und das B&B–Verfahren wird beendet.
Ansonsten wird geprüft, ob das zu P_0 gehörige zulässige Problem P_0^Z gebildet und mittels Flußoptimierung gelöst werden kann. Ergibt sich daraus eine Verbesserung gegenüber der aktuell besten zulässigen Lösung, so wird sie abgespeichert; P_0 wird in die Menge US aufgenommen.
Falls die Lösung von P_0 nicht zulässig ist, gehe zu Schritt 2.

Schritt 2: – **Iteration B&B I** –

Aufruf von **PROCEDURE** *ITERATION B&B I*

Funktionsbeschreibung:

Zu Beginn jedes Iterationsschrittes wird die Abbruchbedingung (d. h. der Abstand zwischen oberer und unterer Schranke) überprüft. Falls diese erfüllt ist, wird das B&B–Verfahren beendet.
Sonst wird aus der Menge USN bzw. US dasjenige relaxierte Problem mit dem geringsten Zielfunktionswert ausgewählt; weiter wird jene Aufbereitungstechnik $\bar{h}$ an einem Standort $\bar{k}$ aus den noch nicht entschiedenen Optionen bestimmt, dessen Fluß $x_{\overline{hk}}$ am nächsten an der oberen bzw. unteren Kapazitätsgrenze des Anlagengrößenbereichs ist.

Damit werden unter Berücksichtigung von Restriktion (45) alle relevanten Nachfolgeprobleme mit der in der Tabelle 21 angegebenen Fixierung der Binärvariablen $y_{\overline{hk}l}$ gebildet.

Tabelle 21: Bildung von Nachfolgeproblemen für die Aufbereitungstechnik $\bar{h}$ am Standort $\bar{k}$

Problem / Binärvariable	P_1	P_2	$\cdots$	P_μ	$P_{\mu+1}$
$y_{\overline{hk}1}$	1	0	$\cdots$	0	0
$y_{\overline{hk}2}$	0	1	$\cdots$	0	0
$\vdots$	$\vdots$	$\vdots$	$\vdots$	$\vdots$	$\vdots$
$y_{\overline{hk}\mu}$	0	0	$\cdots$	1	0

mit: $\mu := \mu_{\overline{hk}}$

Alle relevanten Nachfolgeprobleme werden mittels Flußoptimierung gelöst, und falls der Zielfunktionswert kleiner als die aktuelle obere Schranke ist, wird überprüft, ob die Lösung zulässig ist und damit eine Verbesserung der oberen Schranke darstellt oder ob ein zulässiges Problem gebildet werden kann; d. h. ob keine Flüsse $0 < x_{hk} < \lambda_{hk1} \forall\, k \in A_h^2$ und $h \in T_\tau$ existieren. Wird eine bessere obere Schranke gefunden, so wird auch die Menge US der ungelösten Probleme überprüft, und all jene Probleme, deren Zielfunktionswert größer als die neue obere Schranke ist, werden eliminiert.

Ergebnis:

Die aktuelle obere Schranke mit dem zugehörigen Flußmuster ist eine gute zulässige Lösung für das Subproblem DMP_τ mit $\{x_\tau, y_\tau\}$ und $\overline{EK}_\tau(x_\tau, y_\tau)$.

B&B-Verfahren II

Liegt unter den gleichen Voraussetzungen wie für das B&B-Verfahren I zusätzlich zu Beginn auch eine relativ gute zulässige Lösung vor, dann kann die Bildung der Menge USN entfallen und die Auswahl der relaxierten Probleme erfolgt ausschließlich aus der Menge US. Ansonsten ist der Ablauf analog zum B&B-Verfahren I.

Im allgemeinen erfordert das B&B-Verfahren II einen höheren Speicherplatzbedarf, da die Menge US im Laufe des Verfahrens viele Probleme enthält, aber die insgesamt erforderliche Rechenzeit ist dagegen häufig geringer (Domschke und Drexl, 1985).

5.4.5 Prozeduren zum B&B–Verfahren

PROCEDURE *SCHRITT 1*
BEGIN
$\overline{EK}_\tau^U := 0; \quad \overline{EK}_\tau^O := \overline{EK}_\tau^H$ (bzw. $= M$); $\quad US := \emptyset; \quad USN := \emptyset;$
Bilde das kontinuierliche Problem P_0 und berechne mittels Flußoptimierung den Flußvektor x_0 sowie den Zielfunktionswert $\overline{EK}_0$; überprüfe diese Lösung wie folgt:

IF $(x_{kh} = 0)$ **OR** $(x_{kh} \geq \lambda_{hk1})$, $\forall\, k \in A_h^2$ und $h \in T_\tau$ **THEN**
BEGIN
IF $(x_{hk} = \kappa_{hk\mu} \mid x_{hk} \geq \lambda_{hk1})$, $\forall\, k \in A_h^2$ und $\forall\, h \in T_\tau$
AND $(x_{hk} = \{\lambda_{hk1}, \kappa_{hk\mu}\})$, $\forall\, k \in A_h^1$ und $\forall\, h \in T_\tau$ **THEN**
BEGIN
Lösung von P_0 stellt bereits die optimale Lösung von DMP_τ dar;
wobei für alle $k \in A$, $h \in T_\tau$ und $l \in M_{hk}$ gilt:

$$\left.\begin{array}{l} y_{hk\mu} = \begin{cases} 1, & \text{falls } x_{hk} = \kappa_{hk\mu} \\ 0, & \text{sonst} \end{cases} \\ y_{hk1} = \begin{cases} 1, & \text{falls } x_{hk} = \lambda_{hk1} \\ 0, & \text{sonst} \end{cases} \\ y_{hkl} = \quad 0, \ \forall\, l = 2, \ldots, \mu_{hk} - 1 \end{array}\right\} \Longrightarrow y_\tau$$

$x_\tau := x_0; \ \overline{EK}_\tau(x_\tau, y_\tau) := \overline{EK}_0$
Beende das B&B–Verfahren
END
ELSE
Bilde und löse das zum relaxierten Problem P_0 zugehörige zulässige Problem P_0^Z, durch
Aufruf von PROCEDURE Z-PROBLEM
END
ELSE Nimm P_0 in die Menge US auf: $US := US \cup \{P_0\}$
END

PROCEDURE *ITERATION B&B I*

BEGIN

$it := 1$ (* Iterationsvariable *)

REPEAT

IF $(US = \emptyset)$ **OR** $((1 - [\min_{r \in US}\{\overline{EK}_r\} \ / \ \overline{EK}_r^O]) \cdot 100 \leq pz)$ **THEN**

BEGIN

$\{x_r^O, y_r^O\}$ mit $\overline{EK}_r^O$ ist eine gute zulässige Lösung von DMP_r, deren Zielfunktionswert nicht mehr als pz–Prozent vom Optimum entfernt ist;

$x_r := x_r^O$, $y_r := y_r^O$, $\overline{EK}_r(x_r, y_r) := \overline{EK}_r^O$,

$iteration := beenden$

END

ELSE

BEGIN

a) Wähle ein relaxiertes Problem P_r aus der Menge USN bzw. US entspechend dem kleinsten Zielfunktionswert wie folgt:

IF $(USN \neq \emptyset)$ **THEN**

$$\overline{EK}_r = \min_{r \in USN}\{\overline{EK}_r\}; \quad USN := \emptyset; \quad US := US \setminus \{P_r\}$$

ELSE

$$\overline{EK}_r = \min_{r \in US}\{\overline{EK}_r\}; \quad US := US \setminus \{P_r\}$$

b) Wähle eine Aufbereitungstechnik $\bar{h}$ an einem Standort $\bar{k}$ zur Bildung von Nachfolgeproblemen wie folgt:

$$\text{mit: } x_{hk}^* = \begin{cases} x_{hk} - \lambda_{hk1}, & falls\ x_{hk} < \frac{1}{2}(\lambda_{hk1} + \kappa_{hk\mu}) \\ \kappa_{hk\mu} - x_{hk}, & falls\ x_{hk} \geq \frac{1}{2}(\lambda_{hk1} + \kappa_{hk\mu}) \end{cases}$$

folgt $(\bar{h}\ \bar{k})$ aus $x_{\bar{h}\bar{k}}^* = \min\{x_{hk}^* \mid k \in A_h^1 \cup A_h^2 \text{ und } h \in T_r\}$

c) Bilde und löse die Nachfolgeprobleme von P_r durch Fixierung der $y_{\bar{h}\bar{k}l}$ und <u>Aufruf von PROCEDURE NACHFOLGEPROBLEME</u>

END

$it := it + 1$

UNTIL $iteration = beenden$

END

PROCEDURE *NACHFOLGEPROBLEME*

Für ein relaxiertes Problem P_r werden für eine ausgewählte Aufbereitungstechnik $\bar{h}$ an einem bestimmten Standort $\bar{k}$ alle relevanten Nachfolgeprobleme gebildet und gelöst.

BEGIN $e := 0$

  IF $\bar{k} \in A^1_{\bar{h}}$ **THEN**

    $e := \mu_{\overline{hk}}$

  ELSE

    $e := \mu_{\overline{hk}} + 1$

  FOR $f = 1$ **TO** e **DO**

    BEGIN

a) Bilde ein Nachfolgeproblem P_f durch Korrektur der Mengen $O_{\bar{h}}$, $A^1_{\bar{h}}$, $A^2_{\bar{h}}$, $P_{\bar{h}}$ entsprechend der zu f zugehörigen Fixierung der Binärvariablen $y_{\overline{hkl}}$ gemäß Tabelle 21

b) Berechne für P_f mittels Flußoptimierung den optimalen Flußvektor x_f sowie den Zielfunktionswert $\overline{EK}_f$; y_f sei der zugehörige Standortvektor;

c) Überprüfe diese Lösung wie folgt:

IF $\overline{EK}_f < \overline{EK}^O_r$ **THEN**

BEGIN

Überprüfe die Lösung durch
<u>Aufruf von PROCEDURE LÖSUNG–PRÜFEN</u>

END

    END

END

PROCEDURE *LÖSUNG–PRÜFEN*

Die Lösung eines Nachfolgeproblems wird überprüft, ob eine Verbesserung der aktuellen oberen Schranke möglich ist oder ob es weiterverzweigt werden kann.

BEGIN

  IF $(A_h^1 = A_h^2 = \emptyset, \ \forall\, h \in T_\tau)$ **THEN**

    BEGIN

      $\overline{EK}_\tau^O := \overline{EK}_f; \ \{x_\tau^O, y_\tau^O\} := \{x_f, y_f\}$

      Eliminiere alle P_e aus der Menge US mit $\overline{EK}_e \geq \overline{EK}_\tau^O$

    END

  ELSE

    IF $(x_{kh} = 0)$ **OR** $(x_{kh} \geq \lambda_{hk1})$, $\forall\, k \in A_h^2$ und $h \in T_\tau$ **THEN**

      BEGIN

        IF $(x_{hk} = \kappa_{hk\mu} \mid x_{hk} \geq \lambda_{hk1})$, $\forall\, k \in A_h^2$ und $\forall\, h \in T_\tau$

        AND $(x_{hk} = \{\lambda_{hk1}, \kappa_{hk\mu}\})$, $\forall\, k \in A_h^1$ und $\forall\, h \in T_\tau$ **THEN**

          BEGIN

            Lösung von P_f ist eine zulässige Lösung;

            wobei für alle $k \in A_h^1 \cup A_h^2$, $h \in T_\tau$ und $l \in M_{hk}$ gilt:

$$y_{hk\mu} = \begin{cases} 1, & \text{falls} \quad x_{hk} = \kappa_{hk\mu} \\ 0, & \text{sonst} \end{cases}$$

$$y_{hk1} = \begin{cases} 1, & \text{falls} \quad x_{hk} = \lambda_{hk1} \\ 0, & \text{sonst} \end{cases}$$

$$y_{hkl} = 0, \quad \forall\, l = 2, \ldots, \mu_{hk} - 1$$

            $\overline{EK}_\tau^O := \overline{EK}_f; \ \{x_\tau^O, y_\tau^O\} := \{x_f, y_f\}$; Eliminiere alle P_e aus der Menge US und USN mit $\overline{EK}_e \geq \overline{EK}_\tau^O$

          END

        ELSE

          Bilde und löse das zum Nachfolgeproblem P_f zugehörige zulässige Problem P_f^Z, durch Aufruf von PROCEDURE Z–PROBLEM

      END

    ELSE

      Nimm P_f in die Mengen US und USN auf:

      $US := US \cup \{P_f\}, \quad USN := USN \cup \{P_f\}$

END

PROCEDURE *Z-PROBLEM*

Voraussetzung für diese Prozedur ist eine zulässige Lösung eines relaxierten Problems P_r von DMP_r mit dem Flußvektor x_r und die Existenz eines entsprechenden zulässigen Problems P_r^Z.

BEGIN

Fixiere alle Binärvariablen wie folgt:

$$y_{hkl} = \begin{cases} 1, & \text{falls} \quad \lambda_{hkl} \leq x_{hk} \leq \kappa_{hkl} \\ 0, & \text{sonst} \end{cases}$$

$$\forall \quad k \in A,\ h \in T_r \text{ und } l \in M_{hk} \quad \Longrightarrow y_r^Z$$

Korrigiere die Pfeilbewertungen auf den Pfeilen $(hk,\ hk^*)$:

$$(c_{hk},\ \lambda_{hk},\ \kappa_{hk}) = (0,\ 0,\ 0) \quad \text{wenn} \quad y_{hkl} = 0\ \forall\ l \in M_{hk}$$

$$(c_{hk},\ \lambda_{hk},\ \kappa_{hk}) = (\bar{c}_{hkl},\ \lambda_{hkl},\ \kappa_{hkl}) \quad \text{wenn} \quad y_{hkl} = 1 \text{ mit } l \in M_{hk}$$

Berechne mittels Flußoptimierung den Flußvektor x_r^Z und den Zielfunktionswert $\overline{EK}_r^Z$.

IF $\overline{EK}_r^Z < \overline{EK}_r^O$ **THEN**

BEGIN

$\overline{EK}_r^O := \overline{EK}_r^Z,\ x_r^O := x_r^Z,\ y_r^O := y_r^Z,$

Eliminiere alle relaxierten Probleme P_e mit $\overline{EK}_e \geq \overline{EK}_r^O$ aus der Menge US: $US := US \setminus \{P_e \mid \overline{EK}_e \geq \overline{EK}_r^O\}$

END

Nimm P_r in die Mengen US und USN auf

END

5.4.6 Optimierungsstrategie

Bezugnehmend auf die Definition 5.1 (Abschnitt 5.4.3) wird hier unter Optimierungsstrategie im wesentlichen eine **Unterteilung** der Menge der Aufbereitungstechniken T in mehrere disjunkte Teilmengen T_τ sowie eine zugehörige **Reihung** (Präferenzordnung) dieser verstanden. Entsprechend dieser Strategie erfolgt im Rahmen des Lösungsverfahrens die Bildung und Lösung der Subprobleme DMP_τ.

Bei der Unterteilung der Menge T können grundsätzlich alle möglichen Gruppenbildungen von Aufbereitungstechniken zwischen den beiden Grenzfällen erfolgen: Für jede Aufbereitungstechnik wird eine Teilmenge mit nur einem Element gebildet oder die Menge T wird überhaupt nicht unterteilt. Darauf aufbauend wird hier in bezug auf die Optimierungsstrategie von **getrennter, teilsimultaner** und **simultaner Optimierung** gesprochen, wofür im weiteren die Abkürzungen GO, TO und SO stehen.

Eine allgemeingültige Festlegung einer in jedem Fall günstigen Optimierungsstrategie ist nicht möglich, da diese stark vom konkreten Planungsfall, d. h. den selektierten TEW, den Daten der Quellen, Senken und Aufbereitungen sowie von Präferenzen qualitativer Art abhängt. Dementsprechend werden nachfolgend alle Entscheidungskriterien, die für die Wahl der Optimierungsstrategie wesentlich sind, dargestellt und bewertet.

Die Bewertung bezieht sich auf eine Gegenüberstellung der GO zur SO im allgemeinen, d. h. dies gilt sowohl für die oben angeführten Grenzfälle als auch für die Zusammenfassung bzw. Trennung von AT in Gruppen oder Teilmengen bzw. TO. Einen zusammenfassenden Überblick gibt Tabelle 22.

Die **Berücksichtigung des Umweltparameters** (vgl. Abschnitt 5.2.5) bereitet bei der GO in keinem Fall Schwierigkeiten. Dagegen kann bei der SO eine Berücksichtigung nur in Form einer Deponiepreisfunktion erfolgen, wobei jedoch im Vergleich zur GO nachteilig ist, daß zusätzliche Transportstrafkosten in die Optimierung einbezogen werden müssen.

Für die methodische **Berücksichtigung von Massenveränderungen** durch die Aufbereitung ist die in Abschnitt 5.2.3 vorgeschlagene Transformation bei der GO exakt. Demgegenüber gilt dies für die SO nur mit Einschränkungen, da für den Fall einer Stoffstromzusammenführung bei einer Senke die Transformation nur mit einer gewählten durchschnittlichen Massenveränderung möglich ist.

Für die möglichst weitgehende Ausnutzung des Optimierungspotentials ist die **Einbeziehung von Wechselwirkungen sowohl zwischen den TEW eines Reststofftyps als auch zwischen den TEW unterschiedlicher**

Tabelle 22: Entscheidungskriterien zur Wahl der Optimierungsstrategie

Entscheidungskriterien zur Wahl der Optimierungsstrategie	GO	SO
1 Berücksichtigung des Umweltparameters		
1.1 Präferenzordnung	+	–
1.2 Deponiepreisfunktion (Dpf.)	+	+
1.3 Transportstrafkosten in Verbindung mit der Dpf.	+	–
2 Berücksichtigung von Massenveränd. durch Transf.		
2.1 Bei getrennten Stoffströmen [v/v]	+	+
2.2 Bei Stoffstromzusammenführungen [v/g]	+	–
3 Einbeziehung von Wechselwirkungen zwischen den TEW eines RS in die Optimierung		
3.1 Ausnutzung regional unterschiedlicher Strukturen der ST	–	+
3.2 Ausnutzung der Degressionseffekte der TEW–unabh. Kosten bei unterschiedlicher AT an einem AS; [v/v]	–[1]	–[1]
4 Einbeziehung von Wechselwirkungen zwischen den TEW unterschiedlicher RS in die Optimierung		
4.1 Aufteilung der Verwertungspotentiale von ST, die mehreren AT zugeordnet sind (im Engpaßfall); [v/g]	–	+
4.2 Ausnutzung der Größendegression, wenn einzelne TEW die gleiche AT und den gleichen ST haben; [g/g]	–	+
4.3 Ausnutzung der Größendegression, wenn einzelne TEW die gleiche AT haben; [g/v]	–[1]	–[1]
4.4 Ausnutzung der Degressionseffekte der TEW–unabh. Kosten bei unterschiedlicher AT an einem AS; [v/v]	–[1]	–[1]
5 Einbeziehung von Präzedenzrelationen	+	–
6 Erforderliche Rechenzeit		
6.1 Größe der Subprobleme	+	–
6.2 Anzahl der Subprobleme	–	+

+ ... besitzt Vorteile in bezug auf das Kriterium
– ... besitzt Nachteile in bezug auf das Kriterium
[1] ... kann aufgrund der Modellmodifizierung nicht einbezogen werden.

Reststofftypen in die Optimierung wesentlich. Bei der GO bestehen diesbezüglich keine Möglichkeiten, und bei der SO werden die Wechselwirkungen grundsätzlich berücksichtigt, sofern dies nicht aufgrund von Modellmodifizierungen ausgeschlossen ist (vgl. Abschnitt 5.2.3). Demnach sind die Kriterien 3.2, 4.3 und 4.4 gemäß Tabelle 22 unabhängig von der Optimierungsstrategie.

Wenn die Senkentypen der für einen Reststofftyp zur Auswahl stehenden TEW regional im Planungsgebiet sehr unterschiedlich verteilt sind, sollten auf jeden Fall diese TEW innerhalb einer Gruppe zusammengefaßt werden, so daß für diese eine simultane Optimierung erfolgt (Kriterium 3.1., Tabelle 22). Die Berücksichtigung der Wechselwirkungen zwischen TEW unterschiedlicher Reststofftypen bei der Bildung der Optimierungsstrategie ist nur dann relevant, wenn Interdependenzen vom Typ [v/g] oder [g/g] vorliegen.

Im Falle von [g/g] sollten die betroffenen TEW bzw. AT aufgrund des Kosteneinsparpotentials innerhalb einer Gruppe zusammengefaßt werden. Wieweit darüber hinaus die alternativen TEW zu den jeweils betroffenen TEW auch in die gleiche Gruppe einbezogen werden, hängt vom Gewicht vorhandener Präferenzunterschiede ab. Ein Einblick in die dabei konkurrierenden Ziele kann nur durch Sensitivitätsanalysen sowie der Bestimmung von Trade–off–Relationen gewonnen werden. Bei Interdependenzen vom Typ [v/g] bestehen grundsätzlich drei Optionen:

1. GO und fixe Aufteilung bzw. Zuordnung von Verwertungspotentialen zu Subproblemen.
2. GO und freie Verfügung der noch nicht beanspruchten Verwertungspotentiale; dabei kommt der Reihung innerhalb der Optimierungsstrategie erhebliche Bedeutung zu.
3. SO unter Außerachtlassung von eventuell vorhandener Präferenzen zwischen den TEW.

Generell kann nur gesagt werden, daß dieser Entscheidung eine geringere Bedeutung zukommt als der Festlegung der Vorgehensweise für den Fall [g/g], da die Transportkosten einen geringeren Anteil als die Aufbereitungskosten an den Entsorgungskosten haben.

Die **Berücksichtigung von Präzendenzrelationen** (Restriktion 37) bei der Lösung von MP für Interdependenzen vom Typ [g/v] kann nur durch die Optimierungsstrategie erfolgen. Dazu werden die betroffenen Aufbereitungstechniken h_1 und h_2 in getrennte Teilmengen T_1 und T_2 aufgenommen, und im Rahmen einer GO wird DMP_1 vor DMP_2 gelöst. Bei der Lösung von DMP_2 wird dabei unter Einbeziehung des Ergebnisses von DMP_1 die Einhaltung der Präzedenzrelation sichergestellt.

Schließlich ist auch die **erforderliche Rechenzeit** ein Entscheidungskriterium für die Wahl der Optimierungsstrategie. Dazu stehen bei der GO und SO die Größe und die Anzahl der Subprobleme konkurrierend gegenüber. Bezugnehmend auf die Ausführungen im Abschnitt 5.4.2 sollte jedoch die Größe der Subprobleme tendenziell klein gehalten werden, da der Rechenaufwand mit der Problemgröße exponentiell steigt.

Parallel mit der Unterteilung der Menge T muß auch die Reihung dieser erfolgen, da sich diese beiden Schritte ergänzen und voneinander abhängig sind. Wird jedoch durch die Teilung eine Unabhängigkeit zwischen den Gruppen erreicht, dann kann die Lösung der Subprobleme fakultativ durchgeführt werden.

In praktischen Planungsfällen ist eine ausgewählte TO die geeignetste Optimierungsstrategie, da durch sie die meisten Vorteile vereinbar sind. Generell wird bei mehr SO der Optimierungsspielraum weitgehender ausgenutzt, aber gleichzeitig nehmen die Ungenauigkeiten bei der Modellbildung zu.

5.5 Der quantitative Planungsprozeß

Dieser Abschnitt enthält einen zusammenfassenden Überblick über den Aufbau und Ablauf der vollständigen quantitativen Planung. Darüber hinaus werden einige Hinweise auf das im Rahmen dieser Arbeit erstellte und implementierte Programmsystem REGOPT gegeben.

5.5.1 Ablauf und Struktur der quantitativen Planung

Der Ablauf der Planung für eine regionale Entsorgungsalternative besteht wie in der Tabelle 23 dargestellt im wesentlichen aus 6 aufeinanderfolgenden Modulen:

Im Rahmen der **Primäreingabe** werden alle Daten festgelegt, die im weiteren keine Veränderungen erfahren dürfen und für die quantitative Planung fix sind. Dies gilt ebenfalls für die im Modul 2 zu **berechnenden Transportkosten**, die wie im Abschnitt 5.1.3 ausgeführt für umfangreichere Planungsaufgaben mit Hilfe einer Straßendatenbank errechnet werden. In diesem Teil müssen auch Korrekturen, die aufgrund der Aggregation der Quellen bzw.

Senken erforderlich sind, berücksichtigt werden.[118]

Die **Sekundäreingabe** umfaßt als nächste wesentliche Einheit die Festlegung von Parametern, Variablen und Strukturen, die einen mehr oder weniger großen Einfluß (bzw. Steuerfunktion) auf die nachfolgende Optimierung haben. Insbesondere bietet die Sekundäreingabe Möglichkeiten, qualitative Kriterien und subjektive Präferenzen des Planers miteinzubeziehen. Vor allem betrifft dies den Umweltparameter (vgl. Abschnitt 5.2.5). Ein weiterer wesentlicher Aspekt der Sekundäreingabe ist, daß die Stoffstromführungen in der Entsorgungslogistik in modelladäquater Weise abgebildet werden (vgl. Abschnitt 5.2).

Vor der **Berechnung einer Entsorgungsalternative** mit Hilfe des speziellen Verfahrens von Abschnitt 5.4 kann für Sonderfälle mit dem gleichen Verfahren eine **Voroptimierung** für ausgewählte Subprobleme stattfinden. Die eigentliche Optimierung bzw. Erstellung einer Entsorgungsalternative kann damit anschließend erfolgen, wobei dazu ein entsprechendes Computerprogramm erforderlich ist. Aufbauend auf den Ergebnissen daraus müssen die Kostenreduktionen bestimmt und einbezogen werden, so daß abschließend eine fertige regionale Entsorgungsalternative vorliegt.

Da das Verfahren nicht mit Garantie das globale Optimum liefert, kann nach einer Analyse der Ergebnisse und vor allem auch der Kostenreduktionen eine interaktive Arbeitsweise im Rahmen einer Sensitivitätsanalyse - d. h. Rücksprung zu Modul 3 - zur Verbesserung der erhaltenen regionalen Entsorgungsalternative beitragen.

Will man schließlich zur Berechnung einer nächsten Entsorgungsalternative, dann kann dies durch Rücksprung zu Modul 5 und mit einem neuen kleineren Wert für die maximale Standortanzahl geschehen.

---

[118]Wenn im Einzelfall alternative Transportmittel zum Lkw günstiger sind, muß dies auch im Rahmen der Korrekturen einfließen.

Tabelle 23: Ablauf und Struktur der quantitativen Planung

1 PRIMÄREINGABE

Quellen :	Ort, RS, Anfallmenge, Wassergehalt
Aufbereitung :	Ort, relevante AT, Kostenfunktionen, Anlagengröße mit KB, Massenveränderung, Verwertungsfaktor
Senken :	Ort, ST, Verwertungskapazität
Transport :	Transportkostenfunktion, Wagenart

2 TRANSPORTKOSTENBERECHNUNG

Bestimmung der kürzesten Entfernungen mit der Straßendatenbank und einem "Kürzeste–Wege–Algorithmus". Berechnung der spezifischen Transportkosten.

3 SEKUNDÄREINGABE

Optimierungsstrategie :	Unterteilung der Menge T und Reihung der Teilmengen unter Berücksichtigung des Umweltparameters
Massenveränderung :	Auswahl durchschnittlicher Massenveränderungen für [v/g]
Aufbereitungskosten :	Auswahl durchschnittlicher variabler Aufbereitungskosten für [g/g]
Standortvorgaben :	Externe Vorgaben/Fixierung bestimmter y_{hk}

4 VOROPTIMIERUNG

Modifizierung der Aufbereitungskostenfunktionen für [g/v] mit Hilfe des speziellen Verfahrens [SUPERPOSITION (B&B {NFO})] für ausgewählte Subprobleme

---

5 BERECHNUNG EINER ENTSORGUNGSALTERNATIVE

Anwendung des speziellen Verfahrens, – vgl. Abbildung 30 – [SUPERPOSITION (B&B {NFO})]. Bestimmung der Kostenreduktionen.

---

6 AUSGABE

REGIONALE ENTSORGUNGSALTERNATIVE (Flußmuster, Standortmuster, Entsorgungskosten gesamt und spezifisch)

7A SENSITIVITÄTSANALYSE

Rücksprung zu 3 und Durchlauf mit veränderter Sekundäreingabe

7B BERECHNUNG EINER WEITEREN ENTSORGUNGS-ALTERNATIVE

Rücksprung zu 5 und Durchlauf mit veränderter maximaler Standortzahl Z

5.5.2 Implementierung des Planungsmodells

Zur Realisierung des Planungsmodells wurde analog zu der in Tabelle 23 dargestellten Modulgliederung ein Programmsystem mit dem Namen REGOPT erstellt. REGOPT ist in der Programmiersprache TURBO PASCAL 5.0[119] erstellt und für maximal 6 RS mit je 4 TEW ausgelegt. Damit können bis zu 24 verschiedene AT und ebensoviele ST in die Planung einbezogen werden. Die maximale Anzahl möglicher KB für eine AT ist auf 3 beschränkt. Die Konzeption von REGOPT ist für wissenschaftliche Anwendungen und weniger für kommerzielle Zwecke ausgelegt.

[119] Darüber hinaus wurde für Rechnungen auf einer VAX, unter dem Betriebssystem VMS, eine Version von REGOPT in VAX-11-Pascal erstellt.

Zur Berechnung der kürzesten Entfernungen wird in REGOPT der FORD-Algorithmus verwendet und für die Netzwerkflußoptimierung das Netzwerksimplex-Verfahren, wie es bei Neumann (1987) beschrieben ist. Beschreibungen der verwendeten Datenstrukturen sowie die entsprechenden Quellcodes sind in den Arbeiten von Stauss (1990) und Zahnow (1990) enthalten. Insbesondere sei hier nur darauf hingewiesen, daß eine AT (stellvertretend für einen TEW) rechnerintern durch eine 3-stellige Integerzahl dargestellt wird, wobei die 1. Ziffer den zugehörigen RS und 2. und 3. Stelle – 2-stellige Zahl – dem entsorgenden ST entspricht. Darüber hinaus werden Stoffstromzusammenführungen numerisch verschlüsselt in Form einer Extension an die obige Zahl angehängt. Weiter sei erwähnt, daß für die Abspeicherung der Netzwerke eine knotenorientierte Liste verwendet wird (vgl. dazu Domschke, 1985 a). Ansonsten wurde bei REGOPT in bezug auf das spezielle Verfahren auf den im Abschnitt 5.4 angegebenen Prozeduren aufgebaut.

Das Programmsystem wurde auf einem leistungsstarken Personal Computer mit MS–DOS Betriebssystem installiert. Dieser PC ist über einen ETHERNET–Anschluß an ein DECnet mit mehreren VAX-stations in Verbindung, welches vor allem bei der Bearbeitung umfangreicherer Probleme in Anspruch genommen wird.

6 ZUR AUSWAHL POTENTIELLER AUFBEREITUNGSSTANDORTE

6.1 Zielsetzung

Für die Aufbereitungsstandorte muß im Planungsgebiet eine begrenzte Anzahl potentieller Standorte ausgewählt werden (vgl. Abschnitt 5.1.2), die dann für den nachfolgenden Optimierungsprozeß mit Hilfe des im Abschnitt 5.4 dargestellten speziellen Verfahrens bereitgestellt werden.

Für die Auswahl der potentiellen Standorte ist es notwendig, eine flächendeckende Untersuchung im Planungsgebiet durchzuführen. Wegen der Vielzahl möglicher Standorte ist dafür aus Kosten–Nutzen–Erwägungen ein stufenweises Verfahren erforderlich, in dessen Verlauf die Anzahl relevanter Standorte abnimmt. Dadurch wird die auf jeder Stufe notwendige Daten- und Informationsbeschaffung eingegrenzt.

Bereits bei der Standortsuche/-auswahl müssen alle fachplanerischen und raumordnerischen Belange "ex-ante" Berücksichtigung finden (BRBS, 1987; Jung, 1988). Darüber hinaus wird auch im Zuge des Genehmigungsverfahrens verlangt, daß der Auswahlprozeß nachvollziehbar und begründbar ist (Tietz, 1988). Dies bedingt insbesondere eine systematisierte Standortuntersuchung und -beurteilung auf einer einheitlichen Basis.

Wie bereits im Abschnitt 5.1.2 angeführt, wird aus der Sicht des Planungsmodells gefordert, daß einerseits die maximale Anzahl der potentiellen Standorte innerhalb gewisser Grenzen liegt und andererseits eine relativ gleichmäßige geographische Verteilung (d. h. keine Konzentrationen) im Planungsgebiet vorliegt. Darüber hinaus ist es aber auch von Vorteil, möglicherweise gut geeignete Standorte in der näheren Umgebung eines potentiellen Standortes auszuweisen, da diese im Rahmen von späteren Sensitivitätsanalysen nutzvoll sind und auch eine höhere Flexibilität bei der Realisierung einer Aufbereitungsstation bedeuten (Tietz, 1989).

6.2 Methode zur Standortauswahl

6.2.1 Standortfaktoren

Für die Errichtung und den Betrieb von Aufbereitungsanlagen müssen Standorte hinsichtlich ihrer Eigenschaften untersucht werden. Dabei interessieren jedoch nicht alle Eigenschaften, sondern nur jene, die in bezug auf

- anlagenrelevante Anforderungen,
- genehmigungsrechtliche Anforderungen und
- raumordnerische Anforderungen

von Bedeutung sind. Diese Eigenschaften werden allgemein auch als Standortfaktoren bezeichnet.

Bei Rohrbeck (1979) und Tietz (1988) sind zur Standortwahl von Abfallentsorgungsanlagen detaillierte, umfangreiche Standortfaktorenkataloge dargestellt. Diese sind jedoch nicht allgemeingültig, sondern müssen für einen konkreten Planungsfall geprüft und durch Elimination bzw. Hinzufügung von Standortfaktoren angepaßt werden.

Im folgenden werden die bedeutendsten Standortfaktoren diskutiert, die Grundlage für die Standortauswahlmethode sind (Abschnitt 6.2.2):

Anlagenrelevante Anforderungen

Neben den Anforderungen an das Grundstück im engeren Sinne (d. h. Fläche, Zuschnitt, Topographie, geologische Bodenbeschaffenheit) hat die Infrastruktur eine zentrale Bedeutung. Dazu zählen die Verkehrsanschlüsse, die Versorgung mit Strom, Wasser und Wärme und vor allem auch die Entsorgungsmöglichkeiten für Abwässer und Abfälle (d. h. Entfernung zu Deponien). Des weiteren sind aus betriebswirtschaftlicher Sicht die kostenwirksamen Standortfaktoren wie Grundstückskosten, Erschließungskosten, besondere Lärmschutz- und Emissionsanforderung sowie Betriebszeiteinschränkungen aufgrund der näheren Standortumgebung (z. B. Wohngebiet) wesentlich.

Genehmigungsrechtliche Anforderungen

Grundsätzlich darf eine genehmigungsbedürftige Anlage nach dem BImSchG nur dort errichtet werden, wo in einem Bebauungsplan nach dem Bundesbaugesetz und der Baunutzungsverordnung ein Industriegebiet, ein Gewerbegebiet oder ein Sondergebiet festgesetzt ist (Putz und Buchholz, 1982).

Auch wenn alle dem Stand der Technik entsprechenden Maßnahmen zur Emissions- und Lärmminderung durchgeführt werden, kann es beim Anlagenbetrieb in der unmittelbaren Umgebung zu erheblichen Belästigungen durch Stäube und Geräusche kommen, weil z. B. der Abstand zwischen Emissionsquelle und schutzbedürftigen Gebieten zur Herabsetzung der Emissionen nicht ausreicht. Insofern kommt einem ausreichenden Abstand zwischen Industrie - und Gewerbegebieten einerseits und Wohngebieten andererseits besondere Bedeutung zu.[120]

Raumordnerische Anforderungen

Angesichts der zunehmenden Inanspruchnahe von Freiflächen durch bauliche Maßnahmen kommt der Sicherung solcher Flächen zum Schutz der natürlichen Lebensgrundlagen Boden, Luft, Wasser innerhalb der Landesplanung und Raumordnung eine maßgebende Rolle zu.[121] Demnach scheiden Standorte innerhalb von Natur-, Landschafts- und Wasserschutzgebieten aus. Ebenso sind Überschwemmungsgebiete und Gebiete mit besonderer Schutzfunktion ungeeignet.[122] Neben diesen generellen raumordnerischen Anforderungen in bezug auf die Standortsuche gibt es noch weitere spezielle im konkreten Fall. Daher wird zunehmend gefordert, daß im Rahmen der Raumordnungsplanung bereits vorsorglich anlagenspezifisch geeignete Standorte ausgewiesen werden (Köhl, 1988).

---

[120] Möglicherweise sind noch vorhandene Baubeschränkungen, z. B. wegen eines naheliegenden Landeplatzes, zu beachtende Standortfaktoren.

[121] Die Belange der Raumordnung werden im Rahmen der Anlagengenehmigung durch das Raumordnungsverfahren abgedeckt(BRBS, 1987).

[122] Gebiete mit besonderer Schutzfunktion sind beispielsweise Erholungsschwerpunkte, ökologische Vorrangbereiche oder regionale Grünzüge.

6.2.2 Vorgehensweise

Entsprechend der im Abschnitt 6.1 ausgedrückten Zielsetzung wird hier für die flächendeckende Standortuntersuchung ein Vorgehen in drei Schritten vorgeschlagen.[123] Dabei gliedern sich diese Schritte wie folgt:

1. Schritt: Ausschluß räumlich festgelegter Bereiche, in denen die Errichtung und der Betrieb von Aufbereitungsanlagen grundsätzlich ausgeschlossen ist.

2. Schritt: Vorauswahl relevanter Standorte, die bestimmten geforderten Standards genügen.

3. Schritt: Endauswahl potentieller Standorte durch vergleichende Bewertung und Berücksichtigung bestimmter struktureller Anforderungen hinsichtlich der Standortanzahl und -verteilung.

Darauf aufbauend ergibt sich, wie in der Abbildung 33 dargestellt, eine schrittweise Einengung des Planungsgebietes auf diskrete potentielle Standorte bzw. lokal eng begrenzte Standortbereiche. Der Vorteil dieser schrittweisen Methode liegt darin, daß viele Standorte aufgrund bestimmter Eigenschaften bereits in der Vorauswahl aus der Betrachtung ausscheiden und in die aufwendigere Endauswahl bzw. Detailprüfung nicht mehr einbezogen werden müssen.

Für jeden dieser Schritte gilt es, auf den Standortfaktoren aufbauende Standortkriterien festzulegen, welche dann als nachvollziehbarer und begründeter Maßstab für das gesamte Verfahren der Standortauswahl dienen (vgl. Tabelle 24). Dabei sollen jedoch nur solche Standortkriterien in das Verfahren aufgenommen werden, bei denen hinsichtlich der Kriterienausprägung wesentliche Unterschiede im Planungsgebiet zu erwarten sind.[124] Wie Erfahrungen aus praktischen Untersuchungen zeigen, können die Kriterienlisten auf relativ wenige wichtige Kriterien beschränkt werden (Köhl, 1988).

In bezug auf Entsorgungswege, innerhalb deren der Aufbereitungsstandort eine Komponente ist, können die Standortkriterien in folgende drei Gruppen gegliedert werden:

---

[123]Tiets (1988) stellt für die Standortwahl von Abfallentsorgungsanlagen ein ähnliches Verfahren vor.

[124]Beispielsweise sind im Hinblick auf das Standortkriterium "Arbeitskräfte" aufgrund der geringen Anforderungen an den Ausbildungsgrad keine signifikanten Unterschiede gegeben.

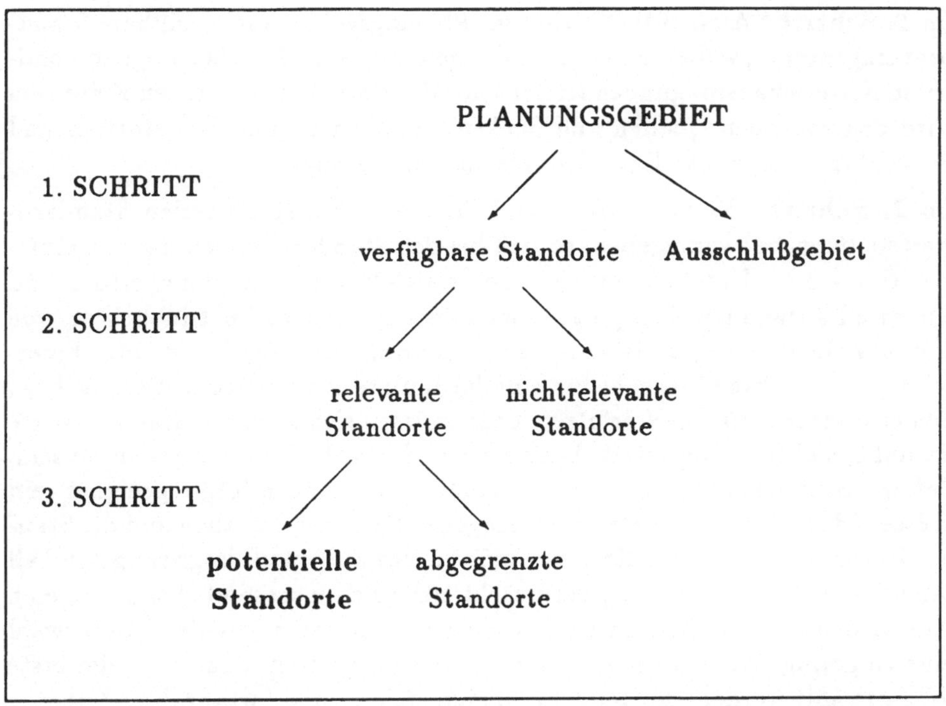

Abbildung 33: Schrittweise Auswahl von potentiellen Standorten

1. strukturbezogene Kriterien
2. standortbezogene Kriterien
3. anlagenbezogene Kriterien

Die strukturbezogenen Kriterien sind abhängig von der vorliegenden Quellen- und Senkenstruktur. Die standortbezogenen Kriterien beziehen sich im Gegensatz zu den anlagenbezogenen auf jene Standorteigenschaften, die im Rahmen der Anlagenplanung nicht oder nur mit hohem finanziellen und/oder technischen Aufwand zu akzeptablen Werten gebracht werden können. Damit ergibt sich der in Tabelle 24 dargestellte Standortkriterienkatalog, der gezielt zur Standortsuche für konkrete Aufbereitungsanlagen /-techniken anwendbar ist.

Im 1. **Schritt "Ausschluß"** wird das Planungsgebiet auf verfügbare Standorte eingegrenzt, wobei die Entscheidungen aufgrund der überwiegend nominalen Kriterienausprägungen trivial sind. Beim strukturbezogenen Kriterium wird das von allen Quellen und Senken, unabhängig vom Reststofftyp und Senkentyp, umspannte Entsorgungsgebiet abgegrenzt.

Im 2. **Schritt "Vorauswahl"** sind für die einzelnen Kriterien Standardwerte (-bereiche) vorzugeben, so daß bei der Standortbeurteilung nur einfache Über- oder Unterschreitungen zu ermitteln sind, die ohne zeitlich und finanziell aufwendige Meßprogramme erfolgen können. Im Hinblick auf die Vorauswahl stehen grundsätzlich zwei Möglichkeiten zur Verfügung. Einerseits kann die Standortwahl für eine bestimmte Aufbereitungstechnik bzw. den ensprechenden TEW erfolgen, dann müssen sich auch die Standardwerte darauf beziehen. Andererseits kann die Standortwahl darauf abgestimmt sein, daß die Standorte für alle in die Planung einbezogenen TEW geeignet sein müssen, dann können die strukturbezogenen Kriterien entfallen und die Standardwerte für die übrigen Kriterien müssen sich am jeweils ungünstigsten Fall orientieren. Der zweite Weg verursacht sicherlich insgesamt den geringeren Aufwand und ist allgemein zu bevorzugen. Nur wenn aus der Vorauswahl eine zu geringe Anzahl relevanter Standorte hervorgeht, dann muß der erste Weg gewählt werden, der tendenziell eine höhere Standortanzahl liefert.

Im 3. **Schritt "Endauswahl"** sollen schließlich die potentiellen Standorte bestimmt werden. Grundsätzlich baut dieser Schritt auf einer vergleichenden Bewertung anhand der im Schritt 2 verwandten Kriterienliste auf. Des weiteren muß aber auch folgende Restriktion berücksichtigt werden: Die Standortanzahl soll innerhalb einer vorgegebenen oberen und unteren Grenze liegen, und darüber hinaus wird eine relativ gleichmäßige geographische Verteilung gefordert.

Tabelle 24: Standortkriterien und Ablauf der Standortauswahl

1. SCHRITT: AUSSCHLUSS ⟶ verfügbare Standorte

- Strukturbezogenes Ausschlußkriterium:
  - von den Quellen und Senken umspanntes "Entsorgungsgebiet"
- Standortbezogene Ausschlußkriterien:
  - Industrie-, Gewerbe- oder Sondergebiet
  - Verkehrsflächen
  - Straßenanschluß
  - Gebiet mit besonderer Schutzfunktion
  - Überschwemmungsgebiet
- Anlagenbezogene Ausschlußkriterien:
  - Mindestflächenbedarf
  - Mindestabstand zu Wohngebiet
  - maximale Geländeneigung
  - Baubeschränkungen

Fortsetzung auf der nächsten Seite

2. SCHRITT: VORAUSWAHL ⟶ relevante Standorte

- Strukturbezogene Vorauswahlkriterien:
  - Abstand zu relevanten Anfallstellen (reststoffspezifisch)
  - Abstand zu relevanten Verwertungsstellen (verwertungsspezifisch)
- Standortbezogene Vorauswahlkriterien:
  - Abstand zu Natur-, Landschafts- oder Wasserschutzgebieten
  - Abstand zu Wohngebieten
  - Abstand zu Verkehrsanschlüssen (Bahn, Bundesstraße, Autobahn)
  - Abstand zu Hausmüll-, Sondermüll- und Monodeponien
  - Abstand zu Vorfluter bzw. Kläranlage
  - Strom-, Wasser- und Wärmeversorgung
  - geologische Bodenbeschaffenheit
- Anlagenbezogene Vorauswahlkriterien:
  - Gelände (Fläche, Zuschnitt, Topographie, Erweiterungsmögl.)
  - Lärmschutzanforderungen
  - Erschließungskosten (Grundstück, Anschlüsse)
  - mittlere Frosthäufigkeit

3. SCHRITT: ENDAUSWAHL ⟶ potentielle Standorte

- Gliederung in eine begrenzte Anzahl von Teilregionen
- Bewertung der relevanten Standorte anhand einheitlicher Maßstäbe für die Kriterien des 2. Schrittes.
- Vergleichende Bewertung der Standorte innerhalb der Teilregionen und Auswahl der potentiellen Standorte mit Hilfe eines formalisierten oder interaktiven Entscheidungsverfahrens unter Berücksichtigung der maximalen/minimalen Standortanzahl und einer relativ gleichmäßigen geographischen Verteilung.

Entsprechend dieser Randbedingungen ist es notwendig, mehrere etwa gleich große Teilregionen (z. B. auf Regionalverbandsebene) zu bilden, so daß pro Teilregion nicht mehr als 3 potentielle Standorte auszuwählen sind. Damit bedeutet es auch keine Schwierigkeit, der zweiten Forderung gerecht zu werden. Die vergleichende Bewertung kann dann für jede Teilregion getrennt durchgeführt werden, und sie ist vor allem auch wesentlich leichter überschaubar. Dieser Aspekt ist nicht unbedeutend, da die verfügbaren Bewertungsverfahren, wie z. B. die Nutzwertanalyse, alle mehr oder weniger unzulänglich sind (Heidemann et al., 1981).

Die bekanntesten formalisierten Bewertungsverfahren sind die Kosten–Nutzen–Analyse, die Nutzwertanalyse und die Kosten–Wirksamkeitsanalyse. Aufgrund der allgemein bekannten Schwächen dieser Verfahren (Gewichtungen und Bildung von Nutzenfunktionen) wird den sogenannten interaktiven Entscheidungsverfahren zunehmend der Vorzug gegeben (Strassert, 1984; Köhl, 1988). Da im Rahmen dieser Arbeit auf diese Verfahren nicht näher eingegangen werden kann, wird auf die umfangreiche Arbeit von Hochstrate (1986) verwiesen, der interaktive Entscheidungsverfahren wie folgt charakterisiert:

"Interaktive Entscheidungsverfahren sind durch einen computergestützten Dialog zwischen Entscheidungsträger und Analytiker gekennzeichnet. In diesem Dialog wird eine plausibel angenommene Startlösung vom Entscheidungsträger schrittweise verbessert. Dabei orientiert sich der Entscheidungsträger an Kriterienausprägungen in real skalierten Größen. So entfällt für ihn die Notwendigkeit, seine Präferenzen in Form abstrakter Gewichtungspunkte auszudrücken."

Abschließend sei noch erwähnt, daß das in diesem Abschnitt vorgeschlagene Verfahren nicht nur für die Suche unbekannter potentieller Standorte eingesetzt werden kann, sondern auch zur Prüfung der Eignung konkreter Standortvorschläge.

6.3 Wesentliche Planungsgrundlagen

Als Planungsgrundlagen werden hier alle Daten- und Informationsquellen verstanden, die zur Durchführung der Standortwahl wesentlich sind. Sinnvollerweise orientiert man sich neben den Daten, die aus der eigenen Planung vorliegen (d. h. Quellen-/Senkenstruktur, Anlagendaten zu den Aufbereitungstechniken etc.), primär an den im Rahmen der Genehmigung gültigen Grundlagen, wobei sich die Genehmigung prinzipiell in die drei Teile Planfeststellungsverfahren, Raumordnungsverfahren und wasserrechtliche Genehmigung gliedert. Darüber hinaus sind noch geographische/geologische Informationen sowie infrastrukturelle Daten erforderlich. Damit können die in der folgenden Liste zusammengefaßten Unterlagen als Planungsgrundlagen herangezogen werden:[125]

1. Relevante Gesetze: BImSchG, WHG, AbfG
   (sowie zugehörige Verordnungen und Technische Anleitungen)
2. Regionalpläne
3. Flächennutzungspläne
4. Bebauungspläne
5. Abfallentsorgungspläne
6. Straßenbauamtskarten
7. Wasserwirtschaftskarten
8. Topographische Karten
9. Geologische Karten
10. Klimakarten

Diese Unterlagen sind allgemein verfügbar. Darüber hinaus existieren mittlerweile in der Bundesrepublik umfangreiche Studien zu ausgewählten Umweltproblemen, die in der Regel von Umweltministerien herausgegeben werden und umfangreiche aktuelle Datenbasen beinhalten.[126]

[125] Bei Rohrbeck (1979) wurde in analoger Weise eine Liste relevanter Karten und Pläne für die Standortfindung zusammengestellt.

[126] Stellvertretend seien dafür die Berichtsreihen "Luft, Boden, Abfall" und "Wasserwirtschaftsverwaltung" des Ministeriums für Umwelt in Baden-Württemberg genannt.

7 ANWENDUNG DES PLANUNGSMODELLS FÜR BADEN-WÜRTTEMBERG

7.1 Ausgangssituation in Baden-Württemberg

Als konkretes Beispiel wird die Planung der Reststoffentsorgung in Baden-Württemberg vorgestellt. Die Untersuchungen dazu wurden im Rahmen eines umfangreichen Forschungsprojektes[127], das in einem ersten Teil die Entsorgung von Großfeuerungsanlagen (UMBW, 1988) und einem zweiten Teil die Entsorgung von TA Luft-Feuerungsanlagen (UMBW, 1990) zum Inhalt hatte, durchgeführt.

7.1.1 Bereich - Großfeuerungsanlagen

Entsprechend der 13.BImSchV mußten bis spätestens Mitte 1988 Emissionsminderungsmaßnahmen zur Einhaltung der deutlich verringerten Emissionsgrenzwerte durchgeführt werden. Insbesondere im oberen Leistungsbereich (> 300 MW_{th}), in dem in Baden-Württemberg ausschließlich Anlagen der öffentlichen Energieversorgung existieren, wurden dadurch Rauchgasreinigungsanlagen erforderlich. Im unteren Leistungsbereich (50 bis 300 MW_{th}),[128] für den die Grenzwerte höher liegen, wurden entsprechend dem Stand der Technik bei allen öffentlichen Anlagen ebenso Rauchgasreinigungssysteme implementiert. Demgegenüber wurde bei industriellen Großfeuerungen den neuen Anforderungen, aufgrund anderer Randbedingungen, vielfach durch eine Umstellung auf emissionsärmere Brennstoffe entsprochen.

Dadurch resultiert in Baden-Württemberg bis 1995 ein regionalisierter Reststoffanfall aus Großfeuerungen, wie es in der Abbildung 34 dargestellt ist. Darin ist ebenso der Anfall von REA-Abwasser sowie der zu beseitigende Schlamm aus der Abwasseraufbereitung angegeben. Dieser Prognose des Reststoffanfalls liegen die Plandaten der Unternehmen für den erwarteten Energiebedarf sowie unveränderte Emissionsgrenzwerte zugrunde.

Da jedoch Bestrebungen im Gange sind, die Grenzwerte im unteren Leistungsbereich gleich weit herabzusetzen wie im oberen, müßten bei industri-

[127] Dieses Projekt wurde im Auftrag des Umweltministeriums Baden-Württemberg am Institut für Industrielle Produktion der Universität Karlsruhe (TH) in den Jahren 1987-1990 durchgeführt.

[128] Bei Gasfeuerungen, die im Hinblick auf einen Reststoffanfall nicht sehr relevant sind, liegt die untere Grenze bei 100 MW_{th}.

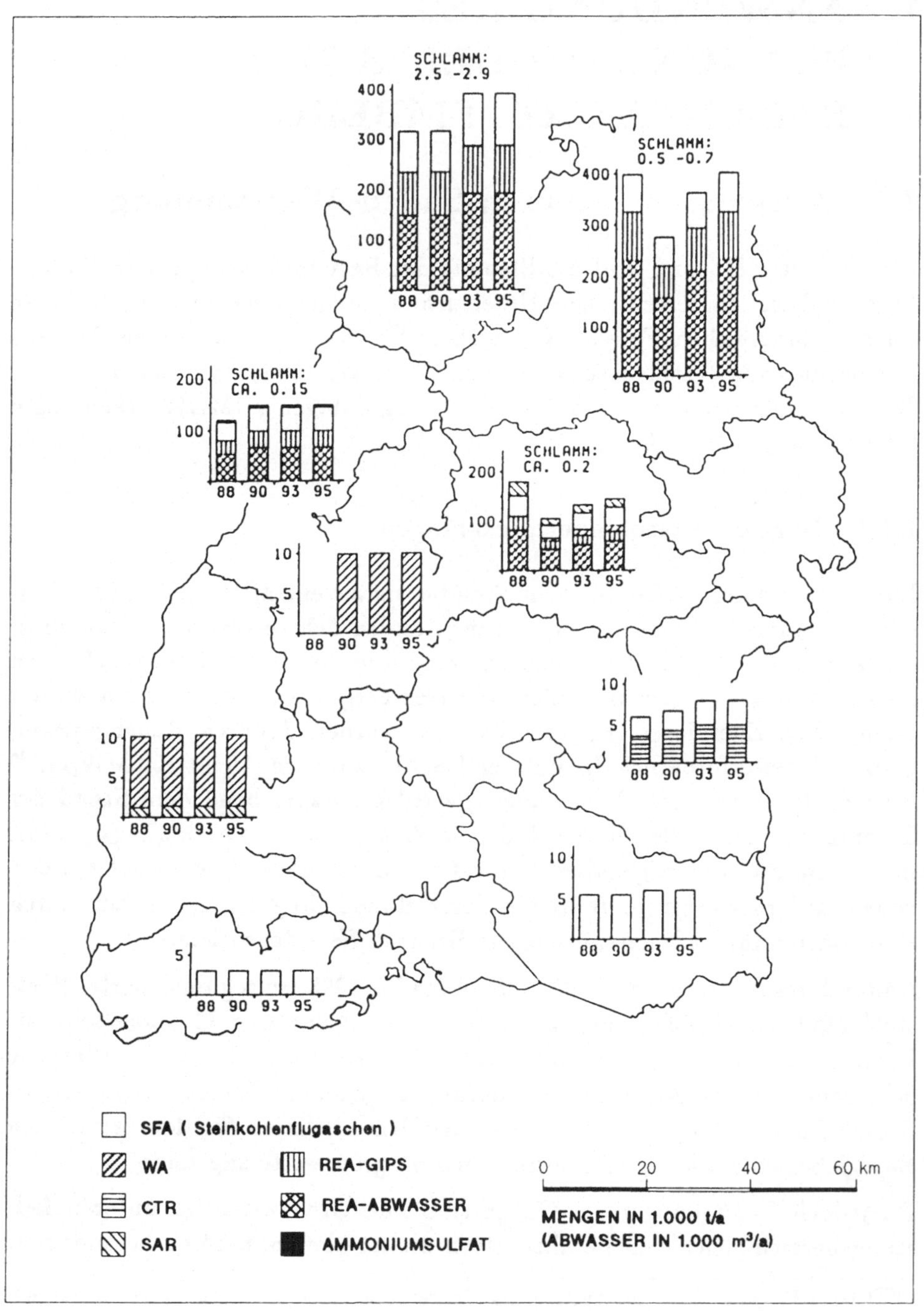

Abbildung 34: Regionalisierter Reststoffanfall aus Großfeuerungen in Baden-Württemberg

ellen Feuerungen zusätzlich Entschwefelungsanlagen implementiert werden. Dies würde dann einen entsprechend höheren Reststoffanfall verursachen.[129]

Bezogen auf die Reststofftypen dominieren die Steinkohlenflugasche, die überwiegend Prüfzeichenqualität besitzt, und der REA-Gips, der bereits bei den Kraftwerken so weit aufbereitet wird, daß er den Anforderungen der Gips- und Zementindustrie genügt (vgl. Kapitel 4). Für diese Reststoffe wurde in Baden-Württemberg bereits eine vertraglich abgesicherte Verwertung aufgebaut. Die daraus resultierende Struktur der Reststoffströme zeigt Abbildung 35, woraus auch der hohe Import von Flugasche aus dem Saarland, die in der Beton- und Baustoffindustrie verwertet wird, sowie der Reststoffexport in angrenzende Regionen ersichtlich ist.[130]

Als weiterer Reststofftyp fällt in einer einzigen Anlage in Karlsruhe Ammoniumsulfat an. Dieser wird in einer ziemlich aufwendigen Aufbereitungsanlage direkt beim Kraftwerk zu einem verkaufsfähigen Düngemittel verarbeitet.

Die weiter anfallenden Reststofftypen, wie Steinkohlenflugasche ohne Prüfzeichenqualität, WA, CTR, und SAR werden zur Zeit vorwiegend im Ausland beseitigt, weil entsprechende Entsorgungswege im Land, d. h. Aufbereitung mit nachfolgender Verwertung, noch nicht konzipiert und entwickelt sind. Für diese Reststoffe, deren Anfall in der Tabelle 25 dargestellt ist,[131] müssen erst regionalisierte Entsorgungsalternativen (wie im Abschnitt 7.3) geplant und entwickelt werden.

---

[129] Vergleichsweise su den angegebenen Mengen wären dies aber relativ geringe Mengen.

[130] Der Export begründet sich vor allem auf dispositive und logistische Vorteile bei den überregional tätigen Großunternehmen auf der Verwerterseite.

[131] Eine entsprechende Regionen- und Landkreiskarte ist im Anhang 1 bsw. 2 su finden.

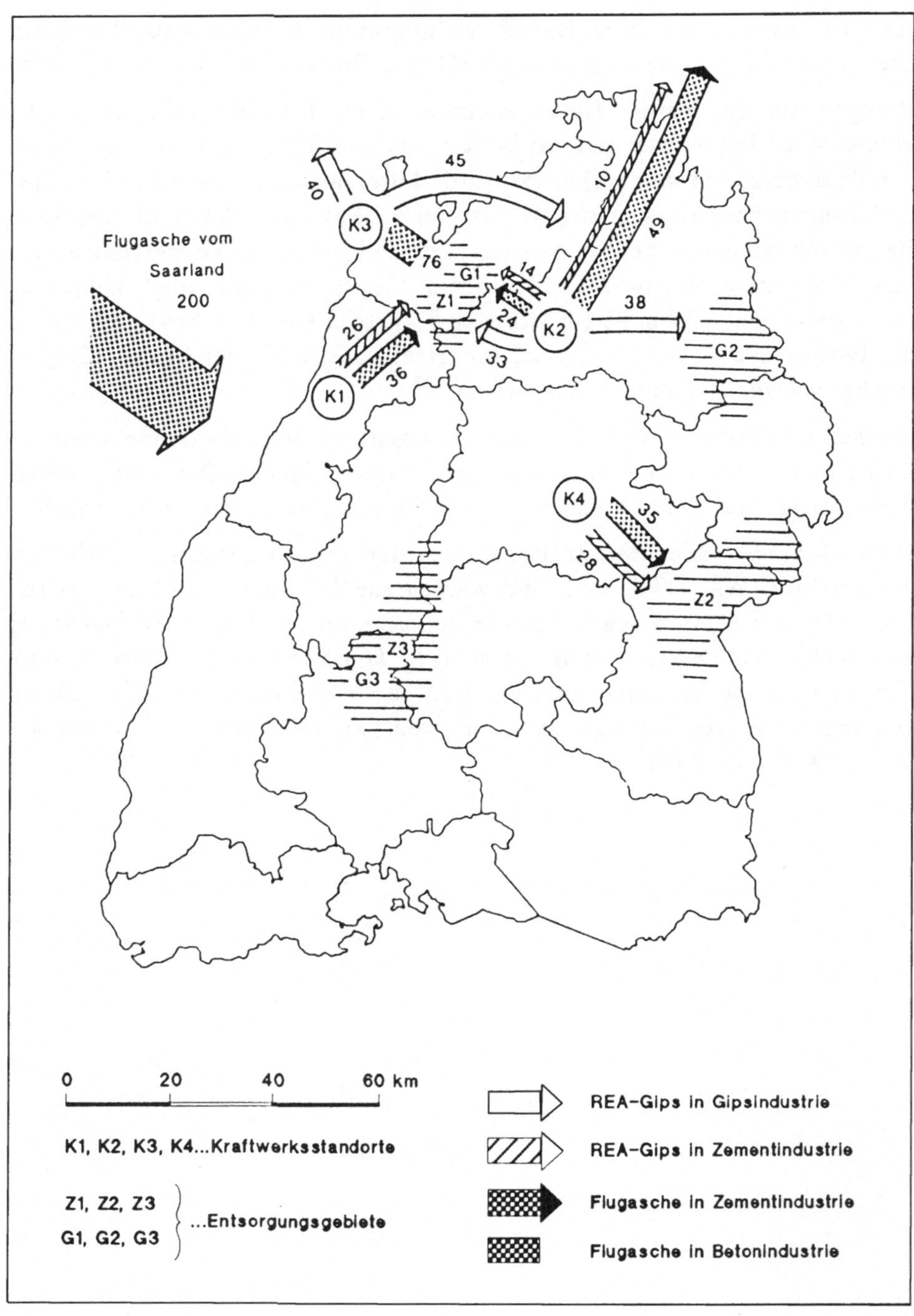

Abbildung 35: Reststoffströme für REA-Gips und Steinkohlenflugaschen mit Prüfzeichen in Baden-Württemberg für 1988 in 1.000 t/a

Tabelle 25: Anfall von Reststoffen aus Großfeuerungen in Baden-Württemberg, die zur Zeit noch beseitigt werden müssen (Prognose für 1995)

Region	Reststofftyp [t/a]						
	RFA	HFA	ÖFA	WA	CTR	TSS	SAR
Mittlerer Neckar	10.000[1)]	-	-	12.000	-	-	17.000
Franken	750	-	-	-	-	-	-
Ostwürttemberg	-	-	-	-	-	-	-
Mittlerer Oberrhein	6.250	4.300	-	-	-	550	-
Unterer Neckar	4.600	5.000	-	-	-	-	-
Nordschwarzwald	-	-	-	10.000	-	-	-
Südlicher Oberrhein	-	-	-	10.000	-	-	1.400
Schwarzwald-Baar-Heuberg	-	-	-	-	-	-	-
Hochrhein-Bodensee	3.000	-	-	-	-	-	-
Neckar Alb	-	-	-	-	-	-	-
Donau Iller	-	-	-	-	4.200[2)]	-	-
Bodensee-Oberschwaben	5.500	-	70	-	-	-	-
Gesamt Σ 94.620	30.100	9.300	70	32.000	4.200	550	18.400

1) Dies sind minderwertige Flugaschen, die zur Zeit zwar in der Ziegelindustrie verwertet werden, aber langfristig erst einer gesicherten Verwertung zugeführt werden müssen.
2) Der Reststoff CTR fällt nur in einem städtischen Heizkraftwerk an; bei in Zukunft steigenden Emissionsanforderungen muß in diesem Fall jedoch eine Verfahrensumstellung erfolgen, womit sich auch der Reststofftyp ändert.

7.1.2 Bereich - TA Luft-Feuerungsanlagen

Wie in Abschnitt 3.4.2 bereits dargestellt wurde, ist für die Umsetzung der TA Luft ein Zeitraum bis März 1994 vorgegeben. Zusätzlich können aufgrund der vorgesehenen Dynamisierung in Zukunft weitere Korrekturen der Grenzwerte nach unten erfolgen.[132] Generell besteht zur Zeit eine gewisse Unsicherheit hinsichtlich der Grenzwertentwicklung, da diese von vielen Faktoren beeinflußt wird. Vor allem kommt der Entwicklung der Emissionsminderungstechniken[133] (Technik und Preise) sowie der Frage der Reststoffentsorgung eine zentrale Bedeutung zu. In diesem Zusammenhang hat Baden-Württemberg eine führende Rolle in der Bundesrepublik Deutschland, wie die Arbeiten UMBW (1988 und 1990) beweisen.

[132] Beispielsweise erfolgte dies bereits in bezug auf die NO_x-Grenzwerte durch einen Beschluß von LAI (1988).

[133] Zur Zeit werden in der Bundesrepublik bei mehreren Feuerungsanlagen in Bundeswehrkasernen verschiedene Rauchgasreinigungssysteme erprobt und entwickelt. Darüber hinaus wird auch die Technikentwicklung mit Hilfe öffentlicher Förderungen im Industriebereich verstärkt vorangetrieben (Schultess, 1987 b).

Neben den Grenzwerten wird die Situation im TA Luft-Bereich ganz entscheidend von den Brennstoffpreisen geprägt. Wie die Abbildungen 9 und 10 im Abschnitt 3.4.1 dazu zeigen, ergab sich in bezug auf die Preisentwicklung ein sehr differenziertes Bild. Vor allem relative Verschiebungen der Brennstoffpreise zwischen den Brennstoffarten können große Veränderungen in der Anlagenstruktur durch Anlagenumstellungen bzw. unterschiedliche Einsätze der Kessel bei "Mehrbrennstoffanlagen" hervorrufen. Unter anderem führte dies in Baden-Württemberg in der zweiten Hälfte der 80-er Jahre zu einem erhöhten Einsatz von Erdgas und leichtem Heizöl zu Lasten von Kohle und schwerem Heizöl.

Erst jüngst trat bei den Brennstoffpreisentwicklungen eine Trendwende dahingehend ein, daß die Preise allgemein wieder steigen, wobei der Anstieg bei Erdgas und Heizöl wesentlich stärker als bei Kohle ist. Zuverlässige Prognosen über die mittel- bis langfristigen Preisentwicklungen sind nicht möglich, es wird jedoch erwartet, daß die Preise für Erdgas und Heizöl EL bis 1995 überdurchschnittlich um etwa 20 - 30 % ansteigen werden (Schürmann, 1989). Demzufolge wäre im Bereich der TA Luft-Feuerungen, der wesentlich sensibler reagiert als der Großanlagenbereich, wieder mit einem steigenden Anteil der Kohle zu rechnen.

Die aktuelle TA Luft-Feuerungsanlagenstruktur für Baden-Württemberg - gegliedert nach Brennstoffen und Leistungsbereichen - zeigt Tabelle 26. Deutlich wird dabei, daß die Anlagenstruktur von Erdgas- und Heizöl EL-Feuerungen im Leistungsbereich bis 20 MW_{th} dominiert wird, worin der Trend der Brennstoffumstellung in den letzten Jahren klar zum Ausdruck kommt. Der verbleibende reststoffrelevante Anlagenteil (Steinkohle-, Heizöl S- und Holzfeuerungen) ist dabei vergleichsweise klein; er hat bezogen auf die gesamte Feuerungswärmeleistung die Größenordnung eines großen Kraftwerkblocks und ist auf 388 Kessel bzw. 175 Anlagen verteilt.

Ergänzend zeigt Tabelle 27 den regionalisierten Brennstoffeinsatz, der entsprechend der Industriestruktur von Baden-Württemberg Schwerpunkte in den Regionen Mittlerer Neckar und Mittlerer Oberrhein hat. Dieser aggregierte Überblick der Anlagenstruktur stützt sich auf eine umfangreiche Datenbasis, die vom Statistischem Landesamt Baden-Württemberg erstellt wurde und in der jede Einzelanlage inklusive einer Liste von Anlagen-, Brennstoff- und Emissionsdaten erfaßt ist.

Zur Ermittlung des zukünftigen regionalisierten Reststoffanfalls wurde von Gruber (1990) ein Simulationsmodell entwickelt, das aufbauend auf dieser Datenbasis und unter Festlegung bestimmter Rahmenparameter die Entscheidung eines Anlagenbetreibers hinsichtlich der Emissionsminderung simuliert. Damit können in Abhängigkeit möglicher zukünftiger Entwicklun-

Tabelle 26: Übersicht der TA Luft-Feuerungsanlagen in Baden-Württemberg, Stand 1989 (UMBW, 1990)

Brennstoff	Kesselanzahl je Feuerungswärmeleistungsbereich															Summe	Gesamt-leistung in MW_{th}
	≤ 5 MW_{th}			5-10 MW_{th}			10-20 MW_{th}			20-30 MW_{th}			30-50 MW_{th}				
	I	Ö	MW_{th}	I	Ö	MW_{th}	I	Ö	MW_{th}	I	Ö	MW_{th}	I	Ö	MW_{th}		
Steinkohle (SK)[1]	18	17	92	14	3	125	12	3	211	2	0	48	0	0	0	69	476
Holz (HO) [2]	167	11	371	28	1	214	10	0	145	0	0	0	0	0	0	217	730
Heizöl S (HS) [3]	0	0	0	8	0	68	42	10	737	14	1	356	4	1	160	80	1.321
Heizöl EL (HEL)	431	229	1.436	167	63	1.576	23	13	456	1	2	65	1	1	63	931	3.596
Erdgas (GAS) [4]	227	89	869	56	30	583	48	17	893	4	3	165	3	4	240	481	2.750
HEL/GAS [5]	216	55	715	103	19	848	35	7	574	9	0	217	1	0	33	445	2.387
Summe	1.059	401	3.483	376	116	3.414	170	50	3.016	30	6	851	9	6	496	2.223	11.260
Summe (gesamt)	1.465			495			220			38			15				

I.....Feuerungsanlagen industrieller Betreiber Ö.....Feuerungsanlagen öffentlicher Betreiber

1) inkl. SK/HS , SK/HEL , SK/GAS , SK/HEL/GAS , SK/HO , SK/HEL/HO
2) inkl. HO/HS , HO/HEL/GAS , HO/HEL
3) inkl. HS/HEL
4) inkl. GAS/HS
5) inkl. HEL/GAS/HS

Tabelle 27: Regionalisierter Brennstoffeinsatz bei TA Luft–Feuerungsanlagen in Baden–Württemberg (UMBW, 1990)

REGION	KESSELANZAHL		BRENNSTOFFMENGEN in [t SKE/a]										GESAMT-LEISTUNG
			Steinkohle		Holz		Heizöl S		Heizöl EL		Erdgas		
	I	Ö	I	Ö	I	Ö	I	Ö	I	Ö	I	Ö	in MW_{th}
Mittlerer Neckar	462	181	1.512	8.399	9.717	996	67.961	0	103.562	117.769	252.800	143.579	3.160
Franken	108	53	0	0	23.749	3.056	22.210	0	13.226	31.630	63.580	41.855	800
Ost-Württemberg	85	26	29.158	1.378	3.926	1.273	5.862	0	28.027	14.417	52.727	16.343	625
Mittlerer Oberrhein	175	76	251	2.553	18.150	0	107.713	9.628	28.812	65.535	91.695	53.934	1.400
Unterer Neckar	106	27	0	3.937	9.942	0	6.998	63.026	18.498	6.521	122.186	92.375	892
Nordschwarzwald	66	38	10.084	3.000	1.653	0	24.502	2.786	13.144	22.286	38.032	16.842	431
Südlicher Oberrhein	146	52	20.445	14.415	25.841	1.231	33.332	4.302	16.815	21.320	119.278	28.551	968
Schwarzwald-Baar-Heuberg	79	27	3.688	775	5.533	0	7.574	0	12.248	29.431	35.309	4.705	435
Hochrhein-Bodensee	108	31	33.927	0	817	0	28.195	7.872	14.467	23.404	149.470	14.862	811
Neckar-Alb	138	49	5.829	830	11.814	0	8.370	7.220	15.066	50.072	50.654	27.685	790
Donau-Iller	90	9	0	1.889	10.746	0	2.475	0	14.632	4.735	30.126	1.876	370
Bodensee-Oberschwaben	81	10	8.446	996	53.419	4.761	15.342	1.632	20.266	4.382	68.679	1.606	578
	1.644	579	113.340	38.613	175.307	11.317	330.534	96.466	298.763	381.442	1,074.536	444.213	11.260
	2.223		151.953		186.472		427.000		680.205		1,518.749		

I...Feuerungsanlagen industrieller Betreiber

Ö...Feuerungsanlagen öffentlicher Betreiber

gen die Rahmenparameter für ein Szenario[134] festgelegt und die regionalisierte Reststoffanfallstruktur errechnet werden (vgl. dazu den nachfolgenden Abschnitt 7.2.1).

7.2 Relevante Entsorgungsstrukturen

7.2.1 Reststoffanfall – Anfallszenarien

Der relevante Reststoffanfall ist die Summe der Mengen aus dem Großanlagenbereich (vgl. Tabelle 25, Abschnitt 7.1.1) und der Mengen aus TA Luft-Anlagen. Da letztere jedoch unbekannt sind, kann die Reststoffanfallstruktur nur in Abhängigkeit folgender Rahmenparameter angegeben werden:

- Emissionsgrenzwerte
- Brennstoffpreise
- Brennstoffrestriktionen
- Umweltfaktor der Emissionsminderung

Unter Brennstoffrestriktionen sind mögliche Mengenbeschränkungen bzw. Abnahmeverpflichtungen zu verstehen. Insbesondere besteht in der Bundesrepublik Deutschland eine solche Verpflichtung für Kohle durch den sogenannten Jahrhundertvertrag.[135]

Der Umweltfaktor der Emissionsminderung bezieht sich auf eine Emissionsminderungstechnik und ist ein Indikator für die umweltbezogene Güte eines Verfahrens. Damit können bereits bei der Verfahrenswahl umweltpolitischen Anforderungen im Sinne eines integrierten Umweltschutzes entsprechend berücksichtigt werden. Der Umweltfaktor (Wertebereich [0, 1]) wurde im Rahmen des zu Beginn des Kapitels erwähnten Forschungsprojektes neu definiert und berücksichtigt im einzelnen die Schadstoffabscheideleistung, die Additivausnutzung sowie den Verwertungsfaktor der anfallenden Reststoffe. Die Definition sowie eine funktionale Darstellung für alle Verfahren ist im Anhang 3 enthalten.

Zur Ermittlung des möglichen zukünftigen Reststoffanfalls in Baden-Württemberg wurden aufbauend auf den genannten Rahmenparametern die in

[134] Der Begriff "Szenario" wird hier nicht wie üblich als eine mögliche Entwicklung in der Zukunft -im Zeitablauf- verstanden, sondern umfaßt bestimmte Rahmenparameter sowie konkrete Annahmen dazu, und ist in diesem Sinne rein statisch zu sehen.

[135] Der Jahrhundertvertrag ist noch bis 1995 gültig; inwieweit darüber hinaus eine Verlängerung erfolgen wird, ist noch ungewiß.

Tabelle 28 zusammengefaßten Szenarien gewählt, die sich ihrerseits neben dem Referenzszenario in die Szenariengruppen A, B und C gliedern. Die Szenarien sind dadurch gekennzeichnet, daß einerseits die Emissionsgrenzwerte von Gruppe A – B stufenweise abnehmen und die Grenze für den Umweltfaktor stetig steigt und andererseits innerhalb jeder Gruppe eine zweimalige Preissteigerung für Heizöl und Gas erfolgt.

Mit Hilfe des von Gruber (1990) entwickelten Simulationsmodells ergibt sich hinsichtlich des Reststoffanfalls folgendes Bild (vgl. Tabelle 29):

Insgesamt fallen 9 verschiedene Reststofftypen an, wobei der Anfall im wesentlichen auf RFA, ATR, TST, KWR und HOK konzentriert ist. RG fällt in Baden–Württemberg nur bei einer Prozeßfeuerung an und ist unabhängig von den Szenarien, die sich ausschließlich auf Feuerungsanlagen beschränken. Ebenso ist der Anfall von HFA im Prinzip gleichbleibend und nur durch den abnehmenden Grenzwert für Staub marginal beeinflußt.[136] Die Reststoffe ÖFA und TSS fallen bei einigen Szenarien in unbedeutenden Mengen von unter 1.000 t/a an.

Der Anfall von KWR – vorwiegend aus kleinen Anlagen – ist stark abhängig vom SO_2–Grenzwert. Dementsprechend tritt ein Anfall nur bei hohen und mittleren Grenzwerten (Gruppen A und B) auf, da das entsprechende Rauchgasreinigungsverfahren für höchste Abscheideleistungen nicht geeignet ist.[137]

In bezug auf den Hauptreststoffanfall (RFA, ATR, TST und HOK) bestehen folgende wesentliche Zusammenhänge:[138]

- Aufgrund zunehmender Brennstoffpreise für Heizöl und Erdgas kommt es vermehrt zu Anlagenumstellungen auf Kohlefeuerungen, so daß der Reststoffanfall innerhalb der Gruppen ansteigt. Diese Tendenz wird bei sehr niedrigen Grenzwerten (Gruppe C) noch verstärkt, da dann auch bei Gasfeuerungen Sekundärmaßnahmen zur NO_x–Minderung erforderlich sind und diese zusätzliche Kosten verursachen.

- HOK fällt erst bei zunehmend restriktiveren Grenzweren (Gruppe B und C) an, und zwar bei größeren Feuerungsanlagen mit relativ viel Jahresbetriebsstunden.

[136] Holzfeuerungen sind im allgemeinen von Brennstoffpreisentwicklungen kaum tangiert, da in der Regel Produktionsabfälle aus der Holzverarbeitung eingesetzt werden.

[137] Dies bezieht sich nur auf die kostengünstige Verfahrensversion der Kalksteinwäsche für kleine Anlagen unter 15 MW_{th}

[138] Eine detaillierte Darstellung und Interpretation des Reststoffanfalls ist in UMBW (1990) und Gruber (1990) enthalten.

Tabelle 28: Szenarien zur Bestimmung des Reststoffanfalls

	Szenario	Grenzwert [mg/m³] (i.N.tr./bei def. O_2-Bezug)				Bennstoff-restriktion für Kohle		Brennstoffpreise [DM/tSKE]				Umwelt-faktor[1]
			Staub	SO_2	NO_x	ohne	mit	Kohle	HS	HEL	Gas	U_{EM}
REFERENZ	I	Kohle,Holz HS HEL Gas	50 80[2] -[3] 5	2.000 1.700 330[4] 35	500 450 250 200	-	X	160	160	270	205	> 0
A	II	Kohle,Holz HS HEL Gas	50 50 10 5	1.000 850 330 35	400 350 250 200	X	-	100	160	270	205	> 0,45
A	III	Kohle,Holz HS HEL Gas	50 50 10 5	1.000 850 330 35	400 350 250 200	X	-	100	240	405	310	> 0,45
A	IV	Kohle,Holz HS HEL Gas	50 50 10 5	1.000 850 330 35	400 350 250 200	X	-	100	320	540	410	> 0,45
B	V	Kohle,Holz HS HEL Gas	30 30 10 5	400 400 160 15	400 300 200 150	X	-	100	160	270	205	> 0,50
B	VI	Kohle,Holz HS HEL Gas	30 30 10 5	400 400 160 15	400 300 200 150	X	-	100	240	405	310	> 0,50
B	VII	Kohle,Holz HS HEL Gas	30 30 10 5	400 400 160 15	400 300 200 150	X	-	100	320	540	410	> 0,50
C	VIII	Kohle,Holz HS HEL Gas	20 20 5 2	200 200 80 5	200 200 100 100	X	-	100	160	270	205	> 0,55
C	IX	Kohle,Holz HS HEL Gas	20 20 5 2	200 200 80 5	200 200 100 100	X	-	100	240	405	310	> 0,55
C	X	Kohle,Holz HS HEL Gas	20 20 5 2	200 200 80 5	200 200 100 100	X	-	100	320	540	410	> 0,55

1) Zur Berechnung von U_{EM} werden die Exponenten a = 0,3 und b = 0,7 zugrunde gelegt.
2) Bei Heizöl mit maximal 1 Gew.-% Schwefel
3) Rußzahl 1 darf nicht überschritten werden
4) Entspricht der beststehenden Begrenzung des Schwefelgehalts von HEL auf 0,2 Gew.-%

Tabelle 29: Anfall von Reststoffen aus TA Luft-Feuerungsanlagen in Baden-Württemberg für die Szenarien I - X

SZENARIO[1)]		Reststofftyp [t/a]									
		RFA	HFA	ÖFA	ATR	TSS	KWR	RG	TST	HOK	Gesamt
REFERENZ	I	6.800	2.730	200	-	-	-	20.000	-	-	29.730
GRUPPE A	II	4.400	2.730	300	7.860	-	930	20.000	410		36.630
	III	32.820	2.730	300	17.450	-	1.440	20.000	2.180	-	79.920
	IV	82.700	2.730	140	42.160	-	4.390	20.000	4.250	-	156.370
GRUPPE B	V	5.870	2.740	400	25.340	600	6.980	20.000	4.900	17.300	84.130
	VI	39.600	2.740	400	29.900	440	9.250	20.000	19.770	63.700	185.800
	VII	82.100	2.740	190	81.300	320	20.140	20.000	37.180	80.530	324.500
GRUPPE C	VIII	32.400	2.750	-	38.500	720	470	20.000	6.230	20.100	121.170
	IX	53.200	2.750	-	37.900	550	250	20.000	22.740	90.070	227.460
	X	88.960	2.750	-	77.300	450	-	20.000	45.500	124.160	359.120

1) -Den Szenarien liegen Rahmenparameter gemäß Tabelle 28 zugrunde.
-Es erfolgte in bezug auf die Grenzwerte keine Klassifizierung der Feuerungsanlagen nach Feuerungswärmeleistung.
-Die Brennstoffqualitäten sind für alle Szenarien unverändert (Stand 1990).

- Der Anfall von ATR hat keine Schwerpunkte hinsichtlich der Feuerungsanlagengröße. ATR fällt vorwiegend bei Anlagen mit geringeren jährlichen Betriebsstunden an und steht daher im größeren Leistungsbereich dem HOK und im kleineren dem TST gegenüber.[139]

[139] Verfahrensbedingt fällt TST nur bei Feuerungsanlagen im Bereich < 15 MW_{th} an.

7.2.2 Technische Entsorgungswege und Aufbereitungsstandorte

Die in Kapitel 4 dargestellten prinzipiell denkbaren technischen Entsorgungswege wurden einer umfassenden Bewertung unterzogen, der sowohl allgemeingültige als auch landesspezifische/regionale Kriterien zugrunde lagen (UMBW, 1990). Dies führte zu den in der Tabelle 30 zusammengefaßten Wegen, die in der Folge Eingang in die Entwicklung der regionalen Entsorgungsalternativen mit Hilfe des Planungsmodells finden.

Tabelle 30: Relevante technische Entsorgungswege für Baden–Württemberg (UMBW, 1990)

RESTSTOFFTYP	TEW 1	TEW 2	TEW 3	TEW 4
RFA	●[1]	●	●	–
WA	–	●	●	–
CTR	–	●	●	–
ATR	–	●	–	–
SAR/TSS	–	●	●	–
KWR	–	●	●	–
TST	●[1]	●	–	–
RG	●[1]	●	–	–
AWR	–	●	–	–

[1]... Dies bezieht sich nur auf den TEW 1A und nicht auf TEW 1B

Darüber hinaus wird für die Verwertung der Reststoffe Holzfeuerungsflugasche (HFA), Ölfeuerungsflugasche (ÖFA) und beladener Herdofenkoks (HOK) aufgrund des hohen Energieinhaltes eine direkte Verwertung (ohne Aufbereitung) als Sekundärbrennstoff zur Zementherstellung oder Zusatzbrennstoff bei Großfeuerungen (Schmelzkessel) vorgeschlagen.

Für alle relevanten TEW wurden zu den Aufbereitungsanlagen in UMBW (1990) Detailkonzeptionen mit vollständigen Stoffströmen und Kostenfunktionen erstellt. Tabelle 31 gibt dazu einen Überblick über durchschnittliche Aufbereitungskostenfunktionen. Für die Verbrennung von Herdofenkoks im Kraftwerk sind durchschnittliche Verwertungserlöse von 56 DM/t anzusetzen; darin sind die Entsorgungskosten für die zusätzlich anfallenden Nebenprodukte, d.h. Entschwefelungsprodukte, nicht enthalten.

Im Hinblick auf potentielle Aufbereitungsstandorte wurde für Baden-Württemberg eine flächendeckende Untersuchung mit einer analogen Vorgehensweise zu jener im Kapitel 6 durchgeführt (Carstanjen, 1989). Dies führte zu dem Ergebnis, daß pro Regionalverband 3 bis 4 allgemein gut geeignete Standorte selektiert wurden, die in der Abbildung 36 zusammengefaßt sind. Des weiteren sind für die Verbrennung von Herdofenkoks die Kraftwerke K1, K2, K3 (vgl. Abbildung 35, Abschnitt 7.1.1) und K5 (liegt in der Nähe vom Standort 18, Abbildung 36) geeignet.

Tabelle 31: Durchschnittliche Aufbereitungskosten-Funktionen für die relevanten technischen Entsorgungswege in [DM] für 4.000 Jahresbetriebsstunden; ohne Lagerkosten, Endprodukterlöse und Nebenproduktentsorgungskosten

Technischer Entsorgungsweg	Kapazitätsbereiche [t/a]		
	10.000 - 30.000	30.000 - 60.000	60.000 -100.000
RFA 1	$1{,}2 \cdot 10^6 + x \cdot 30$	$1{,}5 \cdot 10^6 + x \cdot 20$	$2{,}0 \cdot 10^6 + x \cdot 12$
RFA 2	$2{,}8 \cdot 10^6 + x \cdot 30$	$3{,}1 \cdot 10^6 + x \cdot 20$	$3{,}4 \cdot 10^6 + x \cdot 15$
RFA 3	$3{,}0 \cdot 10^6 + x \cdot 225$	$5{,}0 \cdot 10^6 + x \cdot 160$	$6{,}2 \cdot 10^6 + x \cdot 140$
WA 2	$2{,}0 \cdot 10^6 + x \cdot 73$	$2{,}7 \cdot 10^6 + x \cdot 50$	$3{,}3 \cdot 10^6 + x \cdot 40$
WA 3	$2{,}0 \cdot 10^6 + x \cdot 180$	$3{,}8 \cdot 10^6 + x \cdot 120$	$5{,}0 \cdot 10^6 + x \cdot 100$
CTR 2	$2{,}0 \cdot 10^6 + x \cdot 66$	$2{,}7 \cdot 10^6 + x \cdot 40$	$3{,}3 \cdot 10^6 + x \cdot 30$
CTR 3	$2{,}0 \cdot 10^6 + x \cdot 113$	$2{,}7 \cdot 10^6 + x \cdot 90$	$3{,}0 \cdot 10^6 + x \cdot 85$
ATR 2 / AWR 2	$2{,}6 \cdot 10^6 + x \cdot 213$	$3{,}8 \cdot 10^6 + x \cdot 173$	$4{,}4 \cdot 10^6 + x \cdot 163$
SAR 2 / TSS 2 / KWR 2	$3{,}0 \cdot 10^6 + x \cdot 133$	$3{,}9 \cdot 10^6 + x \cdot 100$	$4{,}5 \cdot 10^6 + x \cdot 90$
SAR 3 / TSS 3 / KWR 3	$3{,}5 \cdot 10^6 + x \cdot 190$	$4{,}5 \cdot 10^6 + x \cdot 156$	$5{,}1 \cdot 10^6 + x \cdot 146$
TST 1 / RG 1	$1{,}5 \cdot 10^6 + x \cdot 60$	$2{,}1 \cdot 10^6 + x \cdot 40$	$2{,}4 \cdot 10^6 + x \cdot 35$
TST 2 / RG 2	$2{,}0 \cdot 10^6 + x \cdot 140$	$2{,}6 \cdot 10^6 + x \cdot 120$	$2{,}9 \cdot 10^6 + x \cdot 115$

x ... jährliche Aufbereitungsmenge [t]

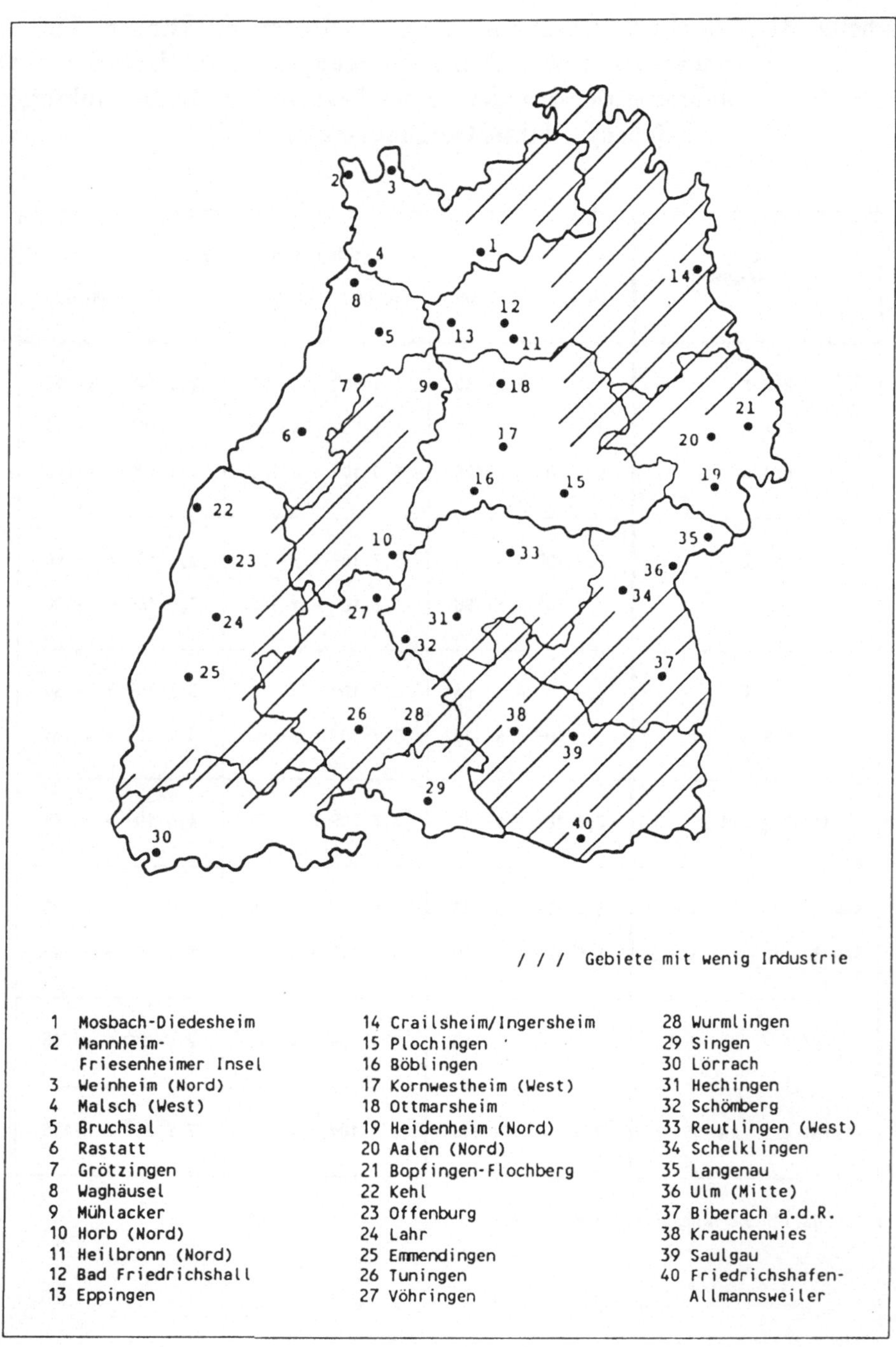

Abbildung 36: Potentielle Aufbereitungsstandorte in Baden-Württemberg

7.2.3 Verwertungsmöglichkeiten

Aufbauend auf den in der Tabelle 30 zusammengefaßten relevanten TEW müssen für alle korrespondierenden Senkentypen die entsprechenden Verwertungspotentiale regionalisiert ermittelt werden. Tabelle 32 enthält dazu eine Zuordung von Senkentypen zu den ausgewählten TEW. Insgesamt ergeben sich daraus 7 Senkentypen, da einzelne Senkentypen mehrfach zu einem TEW zugeordnet sind.

Tabelle 32: Zuordnung von Senkentypnummern zu den ausgewählten technischen Entsorgungswegen

RESTSTOFFTYP	TEW 1	TEW 2	TEW 3	TEW 4
RFA	1[1]	2	3	–
WA	–	2	4	–
CTR	–	2	4	–
ATR	–	5	–	–
SAR/TSS	–	6	5	–
KWR	–	6	5	–
TST	7[1]	5	–	–
RG	7[1]	5	–	–
AWR	–	5	–	–

[1]... Dies bezieht sich nur auf den TEW 1A und nicht auf TEW 1B

Die Verwertung der Reststoffe Holzfeuerungsflugasche, Ölfeuerungsflugasche und beladener Herdofenkoks kann dem Senkentyp 1 zugeordnet werden, jedoch ohne der Verwertungsoption "Rohstoff für Mauerziegel" (vgl. Abbildung 12, Abschnitt 4.2). Darüber hinaus muß bei der Entwicklung der Entsorgungsalternativen berücksichtigt werden, daß zwischen Senkentyp 4 und Senkentyp 3 wegen des Ascheanteils und Senkentyp 5 wegen des Gipsanteils Wechselwirkungen bestehen.

Tabelle 33: Regionale Verwertungspotentiale für ausgewählte Senkentypen in Baden–Württemberg

	Senkentyp [t/a]						
Region	1	2	3	4	5	6	7
Mittlerer Neckar	67.000	150.000	60.000	-	170.000	-	130.000
Franken	50.000	45.000	10.000	-	200.000	5.000	-
Ostwürttemberg	8.000	30.000	60.000	30.000	-	20.000	20.000
Mittlerer Oberrhein	21.000	105.000	35.000	25.000	10.000	15.000	10.000
Unterer Neckar	106.000	105.000	25.000	-	10.000	20.000	50.000
Nordschwarzwald	-	30.000	-	-	-	-	-
Südlicher Oberrhein	15.000	60.000	10.000	5.000	-	-	40.000
Schwarzwald-Baar-Heuberg	5.000	25.000	25.000	-	110.000	5.000	10.000
Hochrhein-Bodensee	-	30.000	15.000	-	-	-	-
Neckar Alb	-	35.000	20.000	-	-	-	-
Donau Iller	35.000	55.000	125.000	120.000	50.000	55.000	30.000
Bodensee-Oberschwaben	20.000	45.000	25.000	-	-	-	45.000
Gesamt	330.000	715.000	410.000	180.000	550.000	120.000	335.000

Bezogen auf die ausgewählten 7 Senkentypen zeigt Tabelle 33 die regionalisierten Verwertungspotentiale, die hier in einer etwas aggregierten Form dargestellt sind. Für die nachfolgende Anwendung des Planungsmodells wurde die feinere Auflösung auf Landkreisebene verwendet, und vielfach, wie im Falle von Gips und Zement, wurde sogar auf die Werksstandorte zurückgegriffen.

7.3 Ausgewähltes Planungsszenario

Aus den für Baden-Württemberg untersuchten Szenarien, was den Reststoffanfall aus TA Luft-Feuerungen (vgl. Tabelle 28, Abschnitt 7.2.1) anbelangt, wird hier das Szenario X der Gruppe C ausgewählt. Der damit verbundene Reststoffanfall, wie er in Tabelle 34 auf Regionen aggregiert zusammengefaßt ist, stellt eine obere Grenze des möglichen zukünftigen Anfalls aus TA Luft-Feuerungen dar.

Tabelle 34: Anfall von Reststoffen aus TA Luft-Feuerungen in Baden-Württemberg für das ausgewählte Szenario.

	Senkentyp [t/a]						
Region	1	2	3	4	5	6	7
Mittlerer Neckar	67.000	150.000	60.000	-	170.000	-	130.000
Franken	50.000	45.000	10.000	-	200.000	5.000	-
Ostwürttemberg	8.000	30.000	60.000	30.000	-	20.000	20.000
Mittlerer Oberrhein	21.000	105.000	35.000	25.000	10.000	15.000	10.000
Unterer Neckar	106.000	105.000	25.000	-	10.000	20.000	50.000
Nordschwarzwald	-	30.000	-	-	-	-	-
Südlicher Oberrhein	15.000	60.000	10.000	5.000	-	-	40.000
Schwarzwald-Baar-Heuberg	5.000	25.000	25.000	-	110.000	5.000	10.000
Hochrhein-Bodensee	-	30.000	15.000	-	-	-	-
Neckar Alb	-	35.000	20.000	-	-	-	-
Donau Iller	35.000	55.000	125.000	120.000	50.000	55.000	30.000
Bodensee-Oberschwaben	20.000	45.000	25.000	-	-	-	45.000
Gesamt	330.000	715.000	410.000	180.000	550.000	120.000	335.000

Daraus ergeben sich für das nachfolgende Planungsbeispiel regionalisiert die in Tabellen 25 (Abschnitt 7.2.1) und 34 dargestellten Mengen. Da diesem Reststoffanfall sehr strenge Emissionsanforderungen zugrunde liegen, werden darüber hinaus die 4.200 t/a CTR in der Region Donau-Iller (vgl. Tabelle 25) durch 1.800 t/a RFA und 4.000 t/a SAR ersetzt. Diese Reststoffanfallstruktur führt mit den in den vorhergehenden Abschnitten dargestellten Planungsgrundlagen zu den im folgenden dargestellten Ergebnissen.

7.3.1 Entsorgungsstruktur und technische Entsorgungswege

Für die insgesamt 9 Reststofftypen konnte eine optimale Entsorgungsstruktur, wie in der Abbildung 37 dargestellt, entwickelt werden. Diese Entsorgungsstruktur ist in allen vier Entsorgungsalternativen (vgl. den nachfolgenden Abschnitt 7.3.2) gleich, was vor allem darauf zurückzuführen ist, daß die Aufbereitungskosten im Vergleich zu den Transportkosten bedeutend höher sind.

Kennzeichnend ist, daß mit Ausnahme der Flugaschen aus Holz- und Ölfeuerungen (HFA, ÖFA) vor der Verwertung eine Aufbereitung erfolgt und für jeden Reststoff nur ein TEW erforderlich ist.[140] Dies begründet sich im wesentlichen darauf, daß die Aufbereitungen der jeweils alternativen TEW deutlich mehr Kosten verursachen und bei den einzelnen Senkentypen, landesweit betrachtet, für die gegebenen Stoffmengen keine Engpässe bestehen.

Von Bedeutung in der vorliegenden Entsorgungsstruktur ist darüber hinaus, daß in den Entsorgungswegen von RFA, HOK und ATR Nebenproduktströme auftreten, die in einer ähnlichen Größenordnung liegen wie die Endproduktströme. Daher besteht ein erheblicher Einfluß der Nebenprodukte auf die Stoffströme einer Entsorgungsalternative.

Interdepedenzen zwischen den TEW bestehen in drei Fällen bei den Senkentypen und in einem Fall zwischen den Aufbereitungen, nämlich bei RFA 2 und WA 2 (vgl. Abbildung 27, Abschnitt 5.2.1). Diese Interdependenzen wurden insbesondere bei der Wahl der Optimierungsstrategie berücksichtigt.

[140] Wegen des geringen Anfalls des Reststoffes TSS ist nur eine gemeinsame Entsorgung mit SAR sinnvoll.

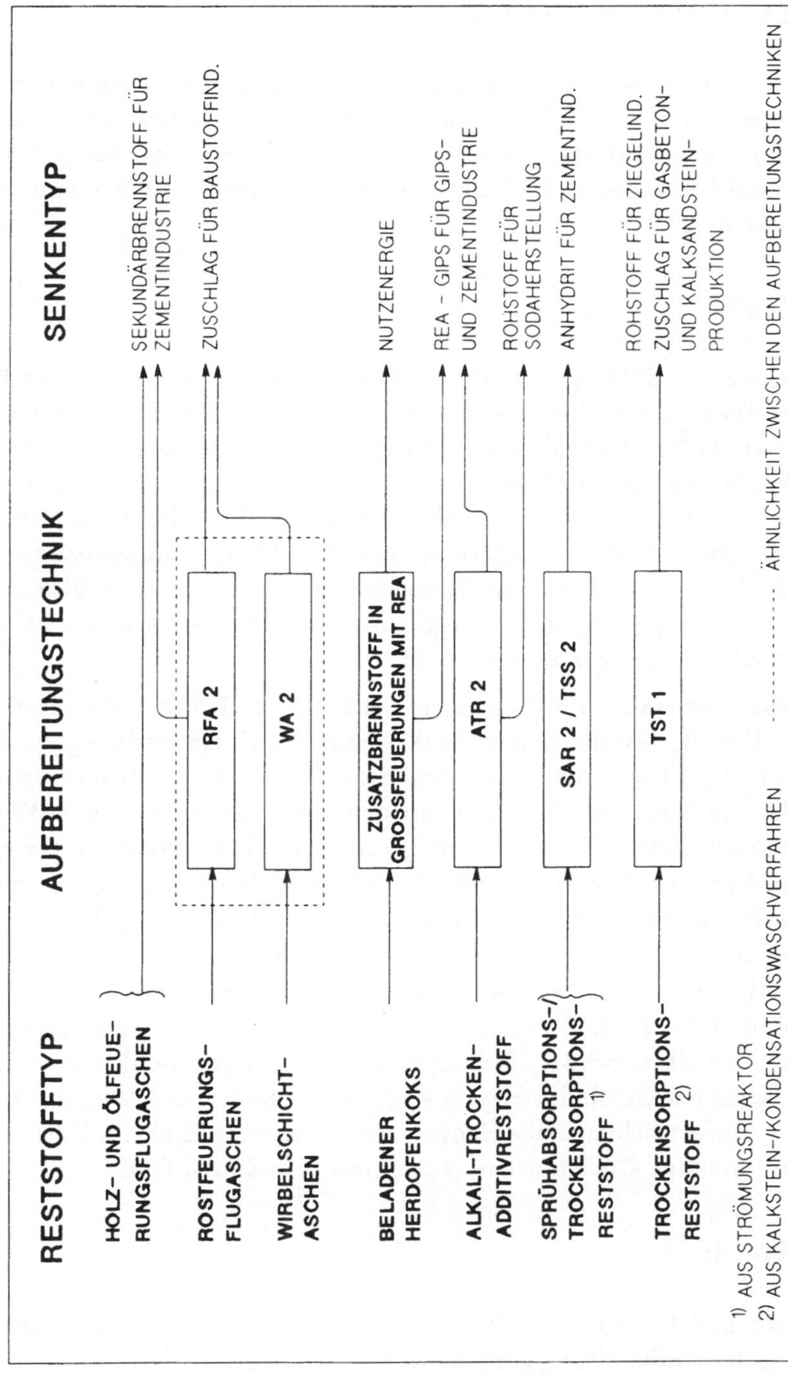

Abbildung 37: Entsorgungsstruktur in Baden-Württemberg für das ausgewählte Szenario

7.3.2 Entsorgungsalternativen

In bezug auf gute Entsorgungsalternativen ergibt sich, daß 4 relevante Alternativen, wie in der Tabelle 35 zusammengefaßt, bestehen. Die Anzahl von Aufbereitungsstandorten dieser Entsorgungsalternativen variiert zwischen maximal 5 Standorten im Falle von "Alternative-5" und 2 Standorten bei "Alternative-2".

Alternative-5:

Mit Ausnahme von HOK ist für jede Aufbereitungstechnik nur ein Standort vorgesehen. Dies ist vor allem auf die im Vergleich zu den Transportkosten und variablen Aufbereitungskosten höheren Fixkosten bei den Aufbereitungen zurückzuführen. Die Aufbereitung/Verbrennung von HOK erfolgt dagegen an den beiden Standorten K1 (Mannheim) und K3 (Heilbronn), da einerseites die Transportkosten aufgrund negativer Aufbereitungskosten (d.h. Erlöse) entscheidend sind und andererseits die konkurrierenden Standorte (K1, K5), die zwar geographisch sehr gut liegen, deutliche Nachteile bei den Nebenproduktentsorgungskosten besitzen.

Beispielsweise verursacht die Verbrennung von HOK in K5 als Nebenprodukt den Reststoff SAR, dessen Entsorgungskosten in der Größenordnung von 250 - 300 DM/t liegen (vgl. Tabelle 36, Abschnitt 7.3.3). Die Aufbereitung von ATR erfolgt am Standort Heilbronn, an dem als einzigen in Baden-Württemberg eine industrielle Verwertungsmöglichkeit des in beachtlichen Mengen anfallenden Nebenproduktes besteht. Dementsprechend besteht für alternative Standorte ein entscheidender Nachteil durch unvergleichbar höhere Nebenproduktentsorgungskosten. Würden die potentiellen Aufbereitungsstandorte hinsichtlich der Nebenproduktentsorgung gleichwertig sein, so zeigen die Ergebnisse, daß der Einfluß der Endproduktentsorgung überwiegt und eine Aufbereitung am Standort 31 (Hechingen) sowie eine Endproduktverwertung in der umliegenden Gipsindustrie günstig wäre. Durch die Aufbereitung in Heilbronn verlagert sich auch die Endproduktverwertung in die im Nordosten des Landes ansässige Gipsindustrie (Landkreis Schwäbisch Hall).

Alternative-4:

Im Vergleich zur Alternative-5 besteht der wesentliche Unterschied in der Verlagerung der Aufbereitung gemäß WA 2 von Rastatt nach Kornwestheim. Dies verursacht zwar einerseits eine Erhöhung der Transportkosten von 200.000 DM/a, führt aber andererseits wegen der Zusammenlegung der Auf-

Tabelle 35: Entsorgungsalternativen–Übersicht und zugehörige regionale Aufbereitungsstruktur

Entsorgungs-alternative	Aufbereitungsstandorte / -technik					Gesamtentsorgungs-kosten [DM/a]
	Mannheim	Heilbronn	Mühlacker	Rastatt	Kornwestheim	
ALTERNATIVE-5	HOK	ATR 2 HOK	SAR 2 / TSS 2	WA 2	RFA 2 TST 1	42.200.000
ALTERNATIVE-4	HOK	ATR 2 HOK	SAR 2 / TSS 2	-	RFA 2 / WA 2 TST 1	40.900.000
ALTERNATIVE-3	HOK	ATR 2 HOK	-	-	RFA 2 / WA 2 SAR 2 / TSS 2 TST 1	41.100.000
ALTERNATIVE-2	HOK	ATR 2 RFA 2 / WA 2 SAR 2 / TSS 2 TST 1 HOK	-	-	-	42.400.000

ATR ... Alkali-Trockenadditivreststoff
HOK ... beladener Herdofenkoks
RFA ... Rostfeuerungsflugasche
SAR ... Sprühabsorptionsreststoff
TSS ... Trockensorptionsreststoff (Strömungsreaktor)
TST ... Trockensorptionsreststoff (Schüttgut-Tiefbett-Reaktor)
WA ... Wirbelschichtasche

bereitungen von RFA 2 und WA 2 an einen Standort zu einer beachtlichen Kostenreduktion bei den Aufbereitungskosten von 1.500.000 DM/a. Diese Kostenreduktion entsteht durch Ähnlichkeit der beiden Aufbereitungstechniken bzw. der gemeinsamen Nutzung von Anlagenkomponenten und des damit verbundenen Größendegressioneffektes. Ebenso bestehen Vorteile bei der Endproduktverwertung, da Gleichheit bei den Senkentypen besteht.

Somit tritt trotz einer Einengung des Optimierungsspielraumes im Rahmen des Superpositionsschrittes von Alternative–5 auf Alternative–4 eine Gesamtkostenverringerung von 1.300.000 DM/a ein (Tabelle 35). Daher wurde bei der Wahl der Optimierungstrategie eine Präzedenzrelation in der Form eingeführt, daß eine Aufbereitung gemäß WA 2 nur an solchen Standorten erfolgen darf, wo auch eine Aufbereitung gemäß RFA 2 besteht. Die Umkehrung dieser Relation ist nicht sinnvoll, da der Gesamtreststoffanfall von RFA das Vierfache von WA ist. Damit konnte sofort als erste Entsorgungsalternative die Alternative–4, die aufgrund der geringsten Gesamtentsorgungskosten optimal ist, mit dem Planungsmodell entwickelt werden.

Alternative–3:

Die weitere Einengung der zulässigen Aufbereitungsstandortanzahl führt auch zu einer Verlagerung der Aufbereitung von SAR 2/TSS 2 nach Kornwestheim. Außer einem Anstieg der Gesamtkosten um 200.000 DM/a durch erhöhten Transportaufwand bestehen keine nennenswerten Änderungen, auch nicht bei der Verwertung des Endproduktes Anhydrit (aus SAR 2/TSS 2), der von der Zementindustrie im Nordwesten des Landes abgenommen wird. Da die Zunahme der Kosten in Relation zu den Gesamtentsorgungskosten klein ist, ist Alternative–3 praktisch gleich wie Alternative–4 zu bewerten.

Alternative–2:

Die Alternative–2 beinhaltet nur noch die beiden Aufbereitungsstandorte Mannheim und Heilbronn, wobei in Mannhein nur eine Aufbereitung/Verbrennung von HOK erfolgt. Diese Konstellation ist im wesentlichen folgenden zwei dominanten Einflußfaktoren zuzuschreiben: Eine Verlagerung der Aufbereitung gemäß ATR 2 weg von Heilbronn hätte hohe Nebenproduktentsorgungskosten zur Folge, so daß es günstiger ist, auch die anderen Reststoffe in Heilbronn aufzubereiten. Das Aufbereitungs-/Verwertungspotential für HOK im Kraftwerk Heilbronn reicht nur für 40 % des Gesamtanfalls, womit Mannheim als nächstgünstiger Standort erforderlich ist. Da das Potential für HOK in Mannheim auch nicht ausreicht, um den Gesamtanfall zu entsorgen, ist es in diesem Fall auch nicht möglich, eine weitere Entsorgungsalternative mit nur einem Aufbereitungszentrum zu bilden.

Die Erhöhung der Gesamtkosten von Alternative–3 zu Alternative–2 ist mit 1.300.000 DM/a doch beachtlich, weshalb Alternative–3 und Alternative–4 als die besten Lösungen für das hier ausgewählte Planungsszenario zu empfehlen sind.

Interessanterweise zeigte sich in diesem Planungsszenario, daß ausgehend von der Alternative–5 in den nachfolgenden Alternativen keine neuen geographischen Aufbereitungsstandorte in die Lösung aufgenommen (bzw. ausgetauscht) wurden. Dies deutet auf eine hohe Stabilität der entwickelten Entsorgungsalternativen hin, was durch weitergehende Sensitivitätsanalysen bestätigt werden konnte.

7.3.3 Stoffströme und Entsorgungskosten für Alternative–4

In diesem Abschnitt werden für die gesamtkostenminimale Entsorgungsalternative die Stoffströme der Übersichtlichkeit wegen aggregiert für Regionen dargestellt (Tabelle 36). Die Entwicklung erfolgte jedoch auf Landkreisebene, bzw. in vielen Fällen wurden sowohl bei den Quellen als auch bei den Senken die exakten Standorte und Mengen berücksichtigt.

Tabelle 36 gibt eine Übersicht über alle Stoffströme, die wie folgt ablesbar sind:

1. Der in den einzelnen Regionen vorliegende Reststoffanfall für alle Reststofftypen (links oben) wird über die entsprechenden TEW an die jeweiligen Aufbereitungsstandorte mit der zugehörigen Aufbereitungstechnik transportiert (oberer Tabellenteil).

2. Je Aufbereitungstechnik und -standort wird der gesamte Reststoffstrom verarbeitet, so daß bestimmte Endprodukt- und Nebenproduktmengen für die Verwertung entstehen (mittlerer Tabellenteil).

3. Die Verwertung der Produkte erfolgt dann bei den zu den TEW zugehörigen Senkentypen in den einzelnen Regionen (unterer Tabellenteil).

4. Die gesamten Verwertungsmengen einzelner Senkentypen können dann pro Region durch Addition der Mengen gleicher Senkentypen innerhalb einer Zeile abgelesen werden.

Tabelle 36: Stoffstromübersicht für die Alternative–4

	ANFALLREGION / VERWERTUNGSREGION	AUFBEREITUNGSTECHNIK / -STANDORT: ATR 2 Heilbronn		SAR 2/TSS 2 Mühlacker	RFA 2 Kornwestheim		WA 2 Kornwestheim	TST 1 Kornwestheim	HOK Mannheim	HOK Heilbronn
RESTSTOFFANFALL	Mittlerer Neckar	16.770		17.100	26.900		12.000	11.200	-	16.640
	Franken	4.650		-	4.710		-	2.460	-	-
	Ostwürttemberg	2.160		50	3.550		-	2.250	-	16.140
	Mittlerer Oberrhein	11.340		600	20.090		-	6.160	7.950	-
	Unterer Neckar	10.060		40	17.360		-	4.460	19.180	-
	Nordschwarzwald	2.530		60	5.060		10.000	2.400	16.440	-
	Südlicher Oberrhein	8.000		1.450	9.410		10.000	2.640	8.660	-
	Schwarzwald-Baar-Heuberg	4.140		-	3.180		-	2.330	-	-
	Hochrhein-Bodensee	4.710		-	13.160		-	5.870	21.930	11.810
	Neckar Alb	6.300		50	5.790		-	3.950	-	-
	Donau Iller	1.930		4.000	3.320		-	980	-	-
	Bodensee-Oberschwaben	4.710		50	8.330		-	800	-	5.410
AUFBEREITUNGSMENGE		77.300		23.400[2)]	120.860		32.000	45.500	74.160	50.000
ENDPRODUKTMENGE		73.430	-	21.000	90.650	-	40.000	45.500	-	-
NEBENPRODUKTMENGE		-	30.900[1)]	-	-	48.000	-	-	20.000	13.500
SENKENTYP		5	-	6	2	1	2	7	5	5
PRODUKT-VERWERTUNG	Mittlerer Neckar	-	-	-	60.650	-	40.000	45.500	-	-
	Franken	73.430	30.900	5.000	10.000	2.000	-	-	20.000	13.500
	Ostwürttemberg	-	-	-	-	6.000	-	-	-	-
	Mittlerer Oberrhein	-	-	15.000	-	7.000	-	-	-	-
	Unterer Neckar	-	-	1.000	-	9.000	-	-	-	-
	Nordschwarzwald	-	-	-	20.000	-	-	-	-	-
	Donau Iller	-	-	-	-	24.000	-	-	-	-

1) Diese Menge entspricht dem Reststoffanteil im flüssigen Nebenprodukt, das als Rohstoff für die Sodaherstellung eingesetzt wird.
2) Bei der Aufbereitung werden 3.500 t/a des Reststoffes mit dem Abwasser beseitigt.

Unbeachtet bleiben in der Tabelle 36 die Stoffströme der direkt entsorgbaren Reststoffe HFA und ÖFA, da diese nur in kleinen Mengen anfallen und trivialerweise einfach an die nächstliegende Senke transportiert werden müssen.

Von den insgesamt 423.220 t/a Reststoffanfall, die in der Alternaive–3 erfaßt wurden, zeigen die Stoffströme, daß nur 3500 t/a in die Umwelt/Abwasser eingetragen werden; dies sind weniger als 1 % des Anfalls. Da darüber hinaus mit den gewählten Endprodukt- und Nebenproduktverwertungen auch keine nennenswerten Umweltrisiken verbunden sind, wird diese Entsorgungsalternative auch den Umweltschutzanforderungen in hohem Maße gerecht.

In Ergänzung zu Tabelle 36 sind in den Abbildungen 38, 39 und 40 für die Entsorgung der Reststoffe SAR/TSS, WA und HOK die Hauptstoffströme graphisch dargestellt.

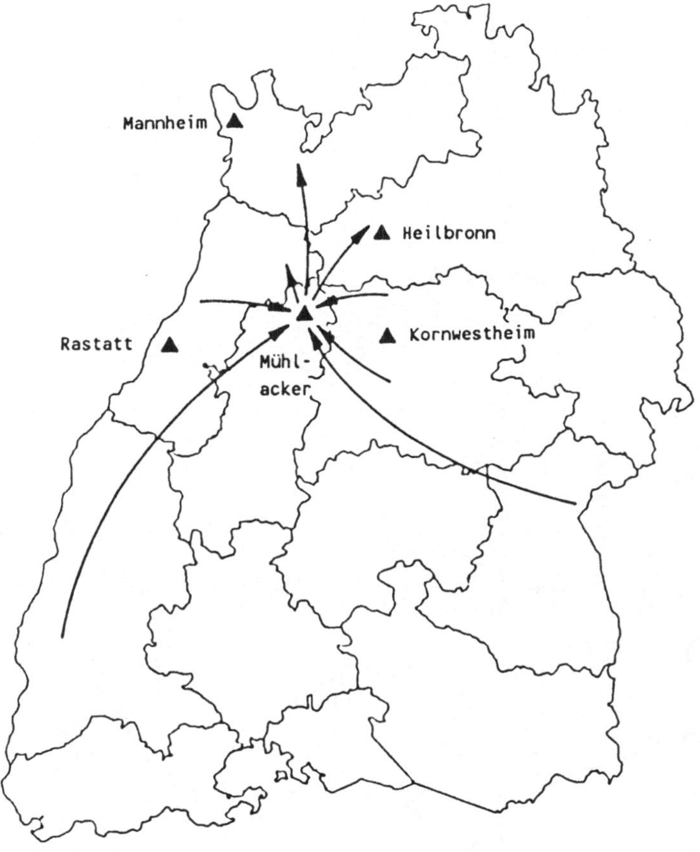

Abbildung 38: Hauptströme für die Entsorgung von SAR und TSS gemäß SAR 2/TSS 2

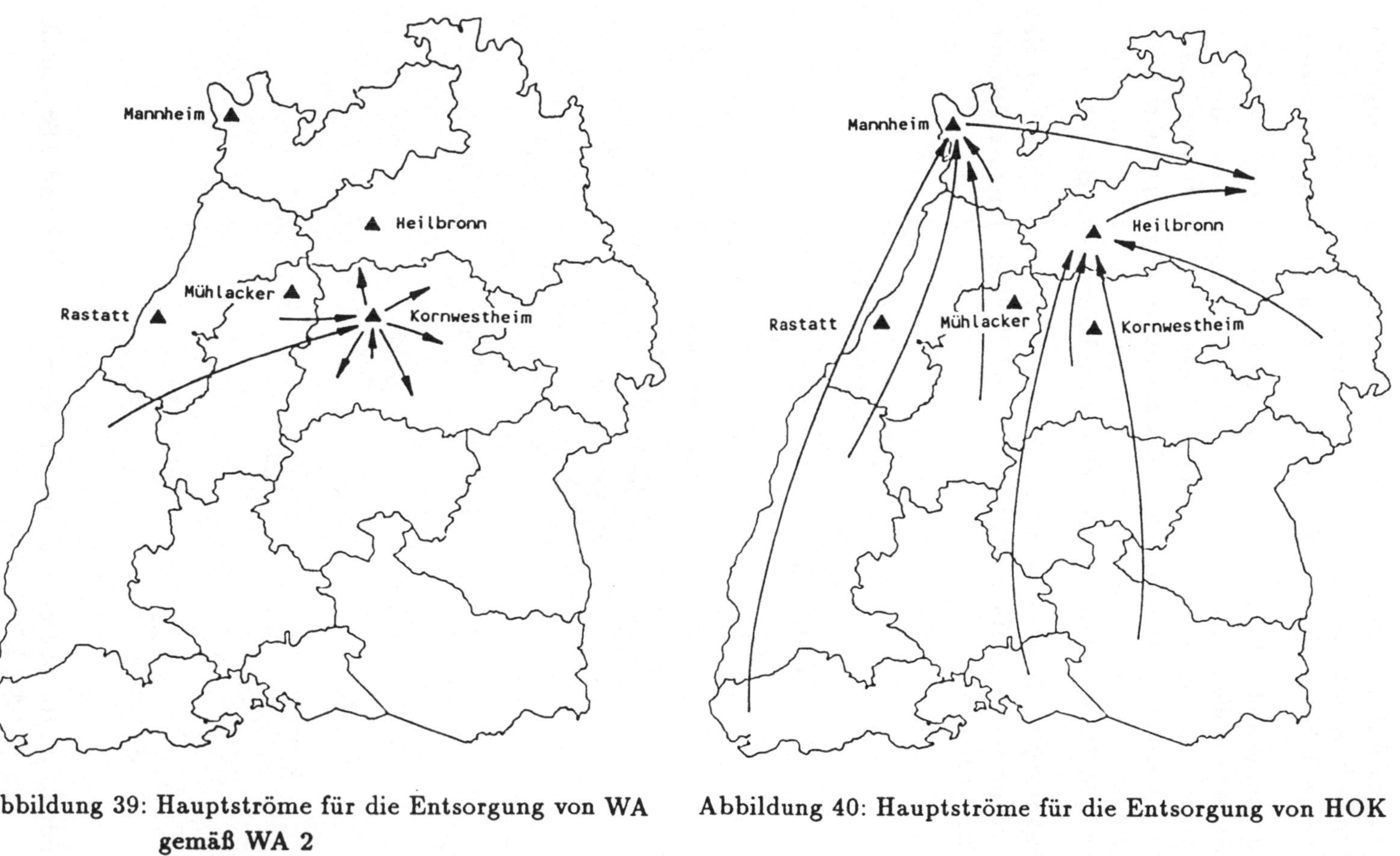

Abbildung 39: Hauptströme für die Entsorgung von WA gemäß WA 2

Abbildung 40: Hauptströme für die Entsorgung von HOK

Die mit der Alternative–4 verbundenen jährlichen und spezifischen Gesamtkosten für den Transport, die Aufbereitung und die Entsorgung (komplett) sind in der Tabelle 37 zusammengefaßt.

Die Entsorgung von HOK ist der einzige Fall mit negativen Kosten, d. h. es werden durch die Entsorgung sogar Erlöse erzielt. Die Verkaufserlöse werden jedoch durch die Transportkosten im Durchschnitt wieder um etwa 50 % geschmälert.

Die Entsorgung aller anderen Reststofftypen verursacht Kosten, die in hohem Maße durch die Aufbereitung hervorgerufen werden. Ein Vergleich der Aufbereitungs- und Transportkosten zeigt, daß die Transportkosten, mit Ausnahme von RFA, in der Größenordnung von 10 – 35 % der Aufbereitungskosten liegen. Aus diesem Grunde sind die Entsorgungsalterativen durch relativ wenige Aufbereitungsstandorte mit großen Anlagenkapazitäten und großräumigen Einzugsbereichen gekennzeichnet. In dem hier ausgewählten Planungsbeispiel bewegen sich die durchschnittlichen spezifischen Gesamttransportkosten je nach Reststofftyp im Bereich von 25 – 35 DM/t.

Für die Reststoffe ATR und SAR/TSS liegen die Entsorgungskosten wegen des hohen Aufbereitungsanteiles in der Größenordnung von 250 – 300 DM/t. Dies bedeutet, daß für eine Realisierung der ermittelten Entsorgungswege unter marktwirtschaftlichen Gesichtspunkten die Deponiepreise mindestens in der gleichen Größenordnung liegen müssen.

Tabelle 37: Entsorgungskosten-Übersicht für die Alternative-4

Aufbereitung	Reststoffmenge [t/a]	jährliche Gesamtkosten in [TDM/a]				spezifische Gesamtkosten in [DM/t]				(TKQ + TKS) / AK
		TKQ	AK	TKS	EK	ϕ tkq	ak	ϕ tks	ϕ ek	
Mannheim HOK	74.160	1.850	-3.783	-	-1.933	25	-51	-	-26	0,49
Heilbronn ATR 2 HOK	77.300 50.000	1.700 1.200	17.000 -2.650	1.060 -	19.760 -1.450	22 24	220 -53	14 -	256 -29	0,16 0,45
Mühlacker SAR 2 / TSS 2	23.400	350	6.110	210	6.670	15	261	9	285	0,09
Kornwestheim RFA 2 WA 2 TST 1	120.860 32.000 45.500	2.417 480 865	5.076 3.360 3.913	967 320 455	8.460 4.160 5.233	20 15 19	42 105 86	8 10 10	70 130 115	0,67 0,24 0,34
Gesamt	423.220	8.862	29.027	3.012	40.900					

TKQ, ϕ tkq ..... jährliche bzw. durchschnittliche, spezifische Gesamttransportkosten von den Quellen zur Aufbereitung
TKS, ϕ tks ..... jährliche bzw. durchschnittliche, spezifische Gesamttransportkosten von der Aufbereitung zu den Senken
AK, ak .... jährliche bzw. spezifische Gesamtaufbereitungskosten
EK, ϕ ek .... jährliche bzw. durchschnittliche, spezifische Gesamtentsorgungskosten

8 ERKENNTNISSE AUS DER MODELLANWENDUNG UND AUSBLICK

Nachfolgend werden einige wesentliche Erfahrungen mitgeteilt, die sowohl aus der Anwendung des Modells für die Planung der Entsorgung in Baden-Württemberg als auch aus der Lösung von Beispielen zur Beurteilung allgemeiner methodischer Zusammenhänge stammen.

1. Wenn technische Entsorgungswege mit direkter Entsorgung vorliegen, d. h. ohne Aufbereitung, wie im Falle von HOK und ÖFA, so kann dieser Sachverhalt im Netzwerk in der Form erfaßt werden, daß an den relevanten Senkenorten gleichzeitig je eine fiktive Aufbereitung abgebildet wird, deren obere Kapazitätsschranke dem Senkenpotential entspricht. Die Aufbereitungskosten reduzieren sich dann auf die Kosten bei der Verwertung (z. B. Lagerkosten).

2. Die Standortabhängigkeit der Aufbereitungskosten bezieht sich in erster Linie auf die variablen Kosten. Im Falle von ATR 2 wird dies durch die Entsorgungskosten für das Nebenprodukt verursacht. Daher können in praktischen Anwendungsfällen bei der Netzwerkoptimierung mit der Heuristik schon sehr gute Ergebnisse erzielt werden, so daß der nachfolgende B&B-Prozeß nach relativ wenigen Iterationsschritten abbricht.

3. Als Abbruchprozentsatz für den B&B-Prozeß sind 5 % hinreichend klein, da zu diesem Zeitpunkt in der Regel die optimale Lösung für das B&B-Verfahren vorliegt und die weiteren Iterationen nur noch zum Nachweis dienen.

4. Die Bildung und Lösung des zulässigen Problems im Rahmen des B&B-Verfahrens wird relativ oft ausgeführt und führt im allgemeinen nur dann zu einer Verbesserung der oberen Schranke, wenn die Aufbereitungsfunktionen kleine Fixkosten und hohe variable Kosten beinhalten. Da dies in den praktischen Anwendungen aber umgekehrt ist, kann durch Weglassen des zulässigen Problems eine deutliche Rechenzeitverkürzung erreicht werden.

5. Die Rechenzeiten für den B&B-Ablauf sind bekanntlich sehr stark von der Problemgröße (Anzahl von potentiellen Standorten und Kapazitätsklassen) abhängig.[141] Dementsprechend ist die Rechenzeit nach der Ermittlung der ersten Alternative, für die noch keine Standorteinschränkungen gelten, für die nachfolgenden Alternativenentwicklungen stark verkürzt. Auch aufgrund der Tatsache, daß bei den realen Planungsproblemen die Aufbereitungskosten die Transportkosten stark überwiegen, beschränkt sich die Alternativenbildung auf relativ wenige begünstigte Standorte, und demzufolge ist die Anzahl der Iterationsschritte relativ gering. Dies wird durch meist vorhandene Stoffstromabhängigkeiten zwischen den TEW noch verstärkt. Schließlich ist noch die Wahl der Optimierungsstrategie, d. h. Bildung von mehreren möglichst kleinen Gruppen von TEW, von ganz ausschlaggebender Bedeutung für die Rechenzeit.

6. In bezug auf den Superpositionsprozeß konnte aus den gleichen Gründen wie bei 5. auch die Erfahrung gewonnen werden, daß der Standortaustauschprozeß relativ schnell abbricht. Es treten auch mehrfach Fälle auf, in denen durch den Standortaustauschprozeß keine Veränderung der Standortkonstellation erfolgt, sondern das Ergebnis der Standortsperrung bestätigt wird.

7. Im Hinblick auf die Wahl der Optimierungsstrategie konnte grundsätzlich die Erkenntnis gewonnen werden, daß wegen des mit der Problengröße exponentiell ansteigenden Rechenaufwandes möglichst viele kleine Gruppen gebildet werden sollen, d. h. weitgehend getrennte Optimierung. Bei gleichen Senkentypen ist es jedoch vernünftig, die entsprechenden TEW in eine gemeinsame Gruppe zu nehmen, da eine Optimierung der Senkenauslastung (im Engpaßfall) mehr Vorteile bringt als die Durchschnittsbildung beim Massenveränderungsfaktor Nachteile.

8. Die Kostenreduktion durch Zusammenlegung von Aufbereitungstechniken, bei denen sich Anlagenkomponenten (teilweise) gleichen, kann beachtlich sein. Dementsprechend ist bereits innerhalb der Wahl der Optimierungsstrategie bei der Gruppenbildung und -reihung sowie durch den Einbau von Präzedenzrelationen in jedem Fall darauf Rücksicht zu nehmen.

---

[141]Von der Angabe konkreter Zahlenwerte für CPU-Zeiten wird hier abgesehen, da dies nur sinnvoll für Beispielserien mit strukturierter Variation der wesentlichen Einflußparameter ist.

9. Aufgrund des geringen Anteils der Transportkosten an den Entsorgungskosten, wegen der geringen Transportkostenempfindlichkeit, ist der Einfluß der Transportstrafkosten auf das Optimierungsergebnis marginal.

Neben diesen Erkenntnissen, die direkt im Zusammenhang mit der Modellanwendung stehen, ergeben sich darüber hinaus weitere Ansatzpunkte für Verbesserungen sowie Anregungen für die Weiterentwicklung derartiger Planungsmodelle:

1. Damit das Modell auch für die Planung anderer Stoffstromstrukturen im Entsorgungsbereich (z. B. Kunststoffe) einsetzbar ist, sollte eine Verallgemeinerung der zugrundeliegenden Netzwerkstruktur dahingehend erfolgen, daß auch die Stoffströme für Abfälle und Nebenprodukte aus der Aufbereitung genauer abgebildet werden.

2. Angesichts der Ungenauigkeiten, die durch die Durchschnittsbildung bei Massenveränderungen bei Stoffstromzusammenführungen in Engpaßfällen entstehen können, sollte ein Übergang zu verallgemeinerten Netzwerken erfolgen. Dies würde dann die Entwicklung entsprechend effizienter Lösungsalgorithmen erfordern.

3. Da in Einzelfällen die Kostenreduktionen durch Zusammenlegung von Aufbereitungstechniken an einem Standort beachtlich sein können, ist eine Verbesserung der Integration der Kosteneinsparpotentiale in den Optimierungsprozeß wünschenswert.

4. Aufgrund der vorliegenden positiven Erfahrungen bei der Anwendung des Superpositionsverfahrens sollte eine Weiterentwicklung auf eine Effizienzsteigerung abzielen. Dies bedeutet, daß vor allem im Standortaustausch–Prozeß eine Reduzierung der zu prüfenden Vertauschungsmöglichkeiten sinnvoll wäre.

5. Sowohl der Reststoffanfall bei den Quellen als auch das Verwertungspotential von Senken ist im Zeitablauf nicht konstant. Aus diesem Grund wäre eine Weiterentwicklung von einem statischen Modell zu einem dynamischen Modelltyp anzustreben.

6. Aus Umweltgesichtspunkten ist eine weitergehende Berücksichtigung von Umweltbelastungen, die mit einer Entsorgungsalternative verbunden sind (d. h. Transport und Aufbereitung), von Interesse. Dementsprechend wäre ein Übergang zu einem multikriteriellen Planungsmodell zu überlegen.

9 LITERATURVERZEICHNIS[142]

AbfG (1986): Gesetz über die Vermeidung und Entsorgung von Abfällen - Abfallgesetz, vom 27. August 1986, BGBl. I S. 1410

ABW (Abfallentsorgungsplan Baden-Württemberg) (1987): Landtag von Baden-Württemberg, Drucksache 9/4394 und 9/4387, vom 22. April 1987

AHRENS, J. H.; FINK, G. (1980): Primal Transportation and Transshipment Algorithms - In: Zeitschrift für Operations Research, Vol. 24, S. 1 - 32

AIKENS, C. H. (1985): Facility location models for distribution planning - In: European Journal of Operational Research 22, S. 263 - 279

BASIS RESEARCH (1987): REA-Gips, Bericht über die Befragung von Personen im Alter von 20 - 65 Jahren, von Architekten und Baustoffhändler (erarbeitet für den Bundesverband der Gips- und Gipsbauplattenindustrie e. V., Darmstadt)

BDZ (Bundesverband der deutschen Zementindustrie e. V., Hrsg.) (1988): Zahlen in der Zementindustrie, Ausgabe 1988, Köln

BImSchG (1985): Zweites Gesetz zur Änderung des Bundes-Immissionsschutzgesetzes vom 4. Oktober 1985, BGBl. I S. 1950, geändert am 29. 11. 1986, BGBl. I S. 2090

4. BImSchV (1985): Vierte Verordnung zur Durchführung des BImSchG (Verordnung über genehmigungsbedürftige Anlagen) vom 24. Juli 1985, BGBl. I S. 1586, geändert am 10. Mai 1988, BGBl. I S. 622

13. BImSchV (1983): Dreizehnte Verordnung zur Durchführung des BImSchG (Verordnung über Großfeuerungsanlagen) vom 22. Juni 1983, BGBl. I S. 719

BLOSS, W.; ODLER, I. (1982): Über die Möglichkeiten des Einsatzes von Calciumsulfit zur Regelung des Portlandzementerstarrens - In: TIZ, Vol. 106, No. 9, S. 644 - 647

[142] Der Zitierweise wurde die Erfassungsform der jeweiligen Literatur in den Bibliotheken zugrundegelegt.

BLU (Bayrisches Landesamt für Umweltschutz, Hrsg.) (1984): Symposium über Wirkungen von Luftverunreinigungen auf den Menschen, Tagungsband, Oldenburg Verlag, München

BÖTTCHER, H. (1981): Optimierungsverfahren für materielle Infrastruktursysteme, Karlsruher Beiträge zur Wirtschaftspolitik und Wirtschaftsforschung, Heft 7, Funk R. (Hrsg.), Karlsruhe

BRADLEY, G.; BROWN, G.; GRAVES, G. (1977): Design and Implementation of Large Scale Primal Transshipment Algorithms - In: Management Science, Vol. 24, No. 1, S. 1 - 33

BRAUN, H.; GEBAUER, J. (1983): Möglichkeiten und Grenzen der Verwendung von Flugaschen im Zement - In: VGB Kraftwerkstechnik, Jg. 63, Heft 5, Mai 1983, S. 254 - 258

BRAUNE, G.; SCHNEIDER; H. (1983): Natriumcarbonat und Natriumhydrogencarbonat - In: Ullmanns Encyklopädie der technischen Chemie, Verlag Chemie, Weinheim - New York, Band 17, S. 159 - 177

BRBS (Bundesminister für Raumordnung, Bauwesen und Städtebau, Hrsg.) (1987): Raumordnung und Abfallbeseitigung, Heft Nr. 06.065 der Schriftenreihe 06 "Raumordnung", Bonn

BREUER, H.; JUNGMANN, A. (1985): Die Sortierung ultrafeinster Steinkohlen in Dünntrüben durch pneumatische Flotation - In: Aufbereitungs-Technik 26(1985)6, S. 375 - 381

BSE (Bundesverband Steine und Erden, Hrsg.) (1988): Konjunktur Perspektiven 1987 - 88, Frankfurt

BSK (1985): Bodenschutzkonzeption der Bundesregierung, Drucksache 10/2977 vom 7. März 1985

BULLING (1988): Bulling bringt Gipsproduzenten in Nöte - In: Stuttgarter Zeitung, vom 28. August 1988, S. 15

CARSTANJEN, V. (1989): Auswahl von potentiellen Standorten für Recycling-Anlagen, Diplomarbeit am Institut für Industrielle Produktion, Universität Karlsruhe (TH)

CHRISTOFIDES, N.; BEASLEY, J. E. (1983): Extensions to a Lagrangean relaxation approach for the capacitated warehouse location problem - In: European Journal of Operational Research 12, S. 19 - 28

DAENZER, W. F. (Hrsg.), (1986): Systems Engineering - Leitfaden zur methodischen Durchführung umfangreicher Planungsvorhaben, Verlag Industrielle Organisation, Zürich

DASKIN, M. S.; HAGHANI, A. E.; KHANAL, M.; MALANDRAKI, C. (1989): Aggregation Effects in Maximum Covering Models - In: Annals of Operations Research, 18 (1989), S. 115 - 140

DAVIDS, P.; HAUG, N.; LANGE, M.; OELS, H.-J.; SCHMIDT, B. (1987): Luftreinhaltung bei Kraftwerks- und Industriefeuerungen - In: BWK, 39 (1987) 4, S. 180 - 188

DEHNERT, G. (1976): Standortplanung für Abfallbeseitigungsanlagen, Bd. 1: Abfallwirtschaft in Forschung und Praxis, E. Schmidt Verlag, Berlin

DOMSCHKE, W. (1985 a): Logistik: Transport, 2. Auflage, Oldenbourg Verlag GmbH, München

DOMSCHKE, W. (1985 b): Logistik: Rundreisen und Touren, 2. Auflage, Oldenbourg Verlag GmbH, München

DOMSCHKE, W. , DREXL, A. (1985): Logistik: Standorte, 2. Auflage, Oldenbourg Verlag GmbH, München

ELAM, J.; GLOVER, F.; KLINGMAN, D. (1979): A Strongly Convergent Primal Simplex Algorithm for Generalized Networks - In: Mathematics of Operations Research, Vol. 4, No. 1, S. 39 - 59

ETH (Entsorgung, Transport, Handel GmbH, Hrsg.) (1988): Entsorgung auf hohem Niveau, Firmenschrift, Hamburg

FABER, M.; NIEMES, H.; STEPHAN, G. (1983): Entropie, Umweltschutz und Rohstoffverbrauch, Lecture Notes in Economics and Mathematical Systems 214, Springer-Verlag, Berlin, Heidelberg, New York

FABER, M. (1988): Volkswirtschaftliche Auswirkungen der Vermeidung und Verwertung von Abfällen, Gutachten im Auftrag des Ministeriums für Umwelt Baden-Württemberg, Stuttgart

FAHLENKAMP, H. (1985): Verfahrenstechnische Grundlagen der nassen Rauchgasentschwefelung, Deutsche Babcock Anlagen AG, Firmenschrift, Krefeld

FBW (Forschungsbeirat Waldschäden/Luftverunreinigungen) (1986): 2. Bericht, Mai 1986, Vertrieb: Kernforschungszentrum Karlsruhe GmbH

FLÄKT (1989): Herstellung von technischem Anhydrit aus Entschwefelungsprodukten - Verfahrenskonzeption und Wirtschaftlichkeit, Schriftliche Angebotsausarbeitung der Fa. Fläkt, Butzbach

GAL, T. (1987): Grundlagen des Operations Research, Band 2: Graphen und Netzwerke, Netzplantechnik, Transportprobleme, Ganzzahlige Optimierung, Springer Verlag, Berlin

GEBHARD, G.; UERPMANN, E. P. (1988): Gipskornform und Gipskorngröße - In: VGB Kraftwerkstechnik, Jg. 68, Heft 8, August 1988, S. 843 - 853

GEOFFRION, A. M. (1974): Lagrangean Relaxation for Integer Programming - In: Mathematical Programming Study 2, S. 82 - 114

GEOFFRION, A. M.; BRIDE, R. (1978): Lagrangean Relaxation Applied to Capacitated Facility Location Problems - In: AIIE TRANSACTIONS, Vol. 10, No. 1, S. 40 - 47

GEOFFRION, A. M.; GRAVES, G. W. (1974): Multicommodity Distribution System Design by Benders Decomposition - In: Management Science 20, S. 822 - 844

GEOFFRION, A. M.; GRAVES, G. W.; LEE, S. (1978): Strategic Distribution System Planning: A Status Report - In: Hax A. (Hrsg.): Studies in Operations Management, North-Holland, Amsterdam - New York, S. 163 - 204

GEOLOGISCHES JAHRBUCH (1986): Schweizerbart'sche Verlagsbuchhandlung, Reihe D, Heft 82, Hannover

GFAVO (1983): Dreizehnte Verordnung zur Durchführung des Bundes-Immissionsschutzgesetzes (Verordnung über Großfeuerungsanlagen) vom 22. Juni 1983, BGBl. I S. 719

GLOVER, F.; HULTZ, J.; KLINGMAN, D., STUTZ, J. (1978): Generalized Networks - a Fundamental Computer- Based Planning Tool - In: Management Science, Vol. 24, No. 12, S. 1209 - 1220

GLOVER, F.; KARNEY, D.; KLINGMAN, D. (1974): Implementation and Computational Comparisons of Primal, Dual and Primal-Dual Computer Codes for Minimum Cost Network Flow Problems - In: Networks 4, S. 191 - 212

GRUBER, K.H. (1990): Zur methodischen Auswahl von Emissionsminderungsmaßnahmen, dargestellt für TA Luft-Feuerungen in Baden-Württemberg Dissertation, Universität Karlsruhe (TH), in Vorbereitung

GüKG (1985): Verordnung über die Befreiung bestimmter Beförderungsfälle von den Bestimmungen des Güterkraftverkehrsgesetzes (Freistellungs-Verordnung GüKG), BGBl. I S. 382, vom 14. Februar 1985

GUTENBERG, E. (1979): Grundlagen der Betriebswirtschaftslehre, Bd. 1: Die Produktion, 23. Aufl., Springer-Verlag, Berlin - Heidelberg - New York

HABENICHT, W. (1984): Interaktive Lösungsverfahren für diskrete Vektoroptimierungsprobleme unter besonderer Berücksichtigung von Wegeproblemen in Graphen, Mathematical systems in economics, Bd. 90, Verlagsgruppe Athenäum, Hain - Hanstein - Königstein/Ts.

HACKL, A. (1986): Die Bedeutung der Folgeprodukte - In: Entsorgung in der Rauchgasreinigung, Band 6 der Schriftenreihe "Umweltschutz" der Gesellschaft Österreichischer Chemiker, Wien 1986, S. 1 - 13

HAVERKAMP (1988): Wasserwirtschaftliche Anforderungen an die Verwertung von Bauschutt im Tiefbau - In: Verwertung von Bauschutt, LWA Materialien Nr. 3/88, Düsseldorf 1988

HEGEMANN, K.-R. (1986): Rauchgasentschwefelung nach dem Bischoff-Verfahren - In: TIZ-Fachberichte, Vol. 110, No. 1, 1986, S. 21 - 32

HEIDEMANN, C.; STRASSERT, G.; EEKHOFF, J. (1981): Kritik der Nutzwertanalyse, Institut für Regionalwissenschaft, Universität Karlsruhe (TH), Diskussionspapier Nr. 11

HEINING, K. (1990): Ermittlung von Straßenentfernungen zur Berechnung von Transportkosten - Analyse und Vergleich unterschiedlicher Ermittlungsmethoden, Studienarbeit am Institut für Industrielle Produktion, Universität Karlsruhe (TH)

HENSELDER-LUDWIG, R. (1988): Die Technische Anleitung Abfall, Entsorgungspraxis 11/88, S. 491 - 493

HIRSCHFELDER, H. et al. (1988): Betriebs- und Inbetriebnahmeerfahrungen aus zwei Dampferzeugeranlagen mit ZWS-Feuerung der Stadtwerke Flensburg GmbH - In: Wirbelschichtfeuerung und Dampferzeuger, Sammelband VGB-Konferenz, Essen, Oktober 1988

HOCHGESCHWENDNER; K.; ZIRNGIBL, E. (1983): Natriumhydroxid - In: Ullmanns Encyklopädie der technischen Chemie, Verlag Chemie, Weinheim - New York, Band 9, S. 317 - 373

HOCHSTRATE, K. (1986): Interaktives lösungsraumorientiertes Entscheidungsverfahren für Infrastrukturinvestitionen, Heft 19 der Schriftenreihe des Institutes für Städtebau und Landesplanung, Universität Karlsruhe (TH)

HOLZAPFEL, T.; BAMBAUER, H.-U. (1987): Flugasche-Aufbereitung, neue Rohstoffe und Recycling - In: TIZ-Fachberichte Vol. 111, No. 2, S. 78 - 83

HÜLLER, R.; DIETL, R. (1985): Aufbereitung und Entsorgung von Kraftwerksreststoffen - In: Technische Mitteilungen, 78 Jg. Heft 1/2, S. 58 - 63

HUMMELTENBERG, W. (1981): Optimierungsmethoden zur betrieblichen Standortwahl, Physica Verlag, Würzburg-Wien

IfBt (Institut für Bautechnik, Hrsg.) (1979): Richtlinie für die Erteilung von Prüfzeichen für Steinkohlenflugaschen als Betonzusatzstoff nach DIN 1045, Berlin

IMMISSIONSSCHUTZBERICHT (1988): Vierter Immissionsschutzbericht der Bundesregierung, Drucksache 11/2714 vom 28. 7. 1988

JAHN, P.; WEIS, P. (1988): Grundlagenuntersuchungen zur Verwertung von zirkulierenden Wirbelschichtaschen - In: Wirbelschichtfeuerung und Dampferzeuger, Sammelband VGB-Konferenz, Essen, Oktober 1988

JEWELL, W. S. (1962): Optimal Flows through Networks with Gains - In: Operations Research 10 (4), S. 476 - 498

JUNG, G. (1988): Fachplanerische Aspekte von Entsorgungskonzepten - In: Informationen zur Raumentwicklung, Heft 10, 1988, S. 675 - 681

JUNGMANN, A.; REILARD, A. (1988): Untersuchung zur pneumatischen Flotation verschiedener Roh- und Abfallstoffe mit dem Allflot-System - In: Aufbereitungs-Technik 29 (1988) 8, S. 470 - 473

KARKAZIS, J.; BOFFEY, T. B. (1981): The Multicommodity Facilities Location Problem - In: Journal of the Operational Research Society, Vol. 32, S. 803 - 814

KAUTZ, K. (1986): (Bundesministerium für Forschung und Technologie, Hrsg.) Abhängigkeit der Flugaschequalität von verbrannter Kohleart und Feuerungsauslegung sowie Eignung der unterschiedlichen Flugaschequalitäten für die verschiedenen Verwertungsmöglichkeiten, Forschungsbericht 86-131, Essen

KAUTZ, K.; LORSON, H. (1989): Aufbereitung von Kraftwerksreststoffen zur Umweltentlastung - Steinkohlenflugaschen, Forschungsbericht FKZ 144 0529 I, Umweltbundesamt (Hrsg.), Berlin

KEIL, F. (1971): Zement, Springer-Verlag, Berlin - Heidelberg - New York

KENNINGTON, J. L., HELGASON, R. V. (1980): Algorithms for Network Programming, J. Wiley & Sons, New York

KLEINALTENKAMP, M. (1985): Recycling-Strategien, Wege zur wirtschaftlichen Verwertung von Rückständen aus absatz- und beschaffungswirtschaftlicher Sicht, Bd. 52: Grundlagen und Praxis der Betriebswirtschaft, E. Schmidt Verlag, Berlin

KLETT, W. (1988): Gesetzliche Anforderungen an Errichtung und Betrieb von Bauschutt-Aufbereitungsanlagen unter Berücksichtigung landesrechtlicher Besonderheiten; Vortrag bei der Herbsttagung des BBA, November 1988, Bad Homburg

KLINCEWICZ, J. G.; LUSS, H.; ROSENBERG, E. (1986): Optimal and heuristic algorithms for multiproduct uncapacitated facility location - In: European Journal of Operational Research 26, S. 251 - 258

KNAUF (1988): Verfahrenskonzeption der Umkristallisationsanlage zu α-Halbhydrat, Mitteilung der Fa. Knauf, Iphofen

KÖHL, W. (1988): Technische, methodische und politische Probleme bei der Standortsuche für Abfallverwertungsanlagen - In: Raumforschung und Raumordnung, Heft 1 - 2 1988, S. 63 - 69

LAI (Länderausschuß für Immissionsschutz, Hrsg.) (1988): Niederschrift über die 69. Sitzung des LAI vom 30. 5. – 1. 6. 1988 in Nürnberg; zu Punkt 8.3 der Tagesordnung (Anwendung der Dynamisierungsklauseln bei der Altanlagensanierung)

LAMATSCH, A.; NEUMANN, K. (1986): Mehrgüterflüsse in Graphen zur Beschreibung des Verkehrsablaufs auf einer Strecke bei Verkehrsmischung, Report WIOR – 286, August 1986, Universität Karlsruhe (TH)

LOVE, R. F.; MORRIS, J. G.; WESOLOWSKY, G. O. (1988): Facilities Location – Models & Methods, North-Holland, New York – Amsterdam – London

LUDWIG, R. (1978): Simultane Kapazitäts- und Transportplanung bei variabler Standortstruktur, Verlag Harri Deutsch, Zürich – Frankfurt a. M.

MANNESMANN (1989): Na_2SO_4-Eindampfkristallisation, Anlagenbeschreibung und Verfahrensfließbild, Schriftliche Ausarbeitung der Mannesmann Anlagenbau AG, Düsseldorf

MARNET, C.; SCHOPP, U.; RITTER, G. (1989): Die Verbrennung von Braunkohlenkoks (HOK) aus Rauchgasreinigungsanlagen – In: VGB Kraftwerkstechnik, Heft 2, Februar 1989, S. 199 – 207

MEVERT, P.; SUHL, U. (1976): Lösung gemischt ganzzahliger Planungsprobleme – In: Noltemeier, H. (Hrsg.): Computergestützte Planungssysteme, Physica-Verlag, Würzburg – Wien, S. 111 – 156

MÖLLER, H.-W. (1986): Prinzipien der Umweltpolitik, Wirtschaftswissenschaftliches Studium, Heft 11, November 1986, S. 571 – 574

MOSCH, H. (1986): Die Eignung von Ahydrit aus Rauchgas – Schwefeldioxid als Sulfatträger – In: Zement-Kalk-Gips, Nr. 1/1986 (39. Jg.), S. 33 – 35

NEEBE, A. W., KHUMAWALA, B. M. (1981): An Improved Algorithm for the Multicommodity Location Problem, Journal of the Operational Research Society 32 (1981), S. 143 – 149

NEUMANN, K. (1975): Operations Research Verfahren, Band III, Graphentheorie Netzplantechnik, Carl Hanser Verlag, München – Wien

NEUMANN, K. (1987): Die Netzwerk - Simplexmethode zur Lösung des Umlade- und des Transportproblems, Report WIOR - 322, Dezember 1987, Universität Karlsruhe(TH)

NEUMANN, K. (1988): Kürzeste Wege und Matchings, Report WIOR - 323, Januar 1988, Universität Karlsruhe (TH)

NIED, R.; HORLAMUS, H. (1987): Prallmühlen und Prallmahlanlagen - In: Mahlanlagen, Haus der Technik - Vortragsveröffentlichungen, Essen, Heft 499, S. 23 - 29

NOLTE, R. (1986): Strategiebezogene Steuergrößen und Marktchancen des Recyclings am Beispiel von 17 Abfallstoffgruppen, Vortag am 5. Internationalen Recycling Congress, Berlin, Oktober 1986

NOLTE, R. (1987): Das Recycling-Potential (Menge, Wert und Bestimmung) - In: Müll- und Abfallbeseitigung, lose Blattsammlung, Kennziffer 8504, Lfg. 7/87, Band 5, E. Schmidt Verlag, Berlin

ODLER, I.; BLOSS, W. (1986): Neue Untersuchungen über das Calciumsulfit - In: TIZ-Fachberichte, Vol. 110, No. 6, S. 381 - 382

PAESSENS, H. (1975): Die Bestimmung optimaler Flüsse: Algorithmen, Verfahrensvergleiche; Institut für Witschaftstheorie und Operations Research, Unversität Karlsruhe (Hrsg.), Report WIOR-49

PARASCHIS, I. N. (1989): Optimale Gestaltung von Mehrprodukt-Distributionssystemen, Physica-Verlag, Würzburg - Wien

PATZAK, G. (1982): Systemtechnik - Planung komplexer innovativer Systeme, Springer - Verlag, Berlin - Heidelberg - New York

PIETRZENIUK, H.-J. (1987): Politische und gesetzliche Vorgaben zur Wiederverwendung von Baustoffen. - In: Thome-Kozmiensky, Pietrzeniuk H.-J. (Hrsg.): Recycling in der Bauwirtschaft, EF-Verlag, Berlin, S. 172 - 179

PUTZ, M.; BUCHHOLZ, K.-H. (1982): Die Genehmigungsverfahren nach dem Bundes-Immissionsschutzgesetz, E. Schmidt Verlag, Berlin

RENTZ et al. (1976): Möglichkeiten und Folgen der Einführung von Rauchgas-Entschwefelungsverfahren, Forschungsbericht, Karlsruhe (1976)

ROEDER, A. (1988): Reststoffentsorgung, Schriftliche Mitteilung der Rheinischen Kalksteinwerke Wülfrath, November 1988

ROHRBECK, M. (1979): Standortauswahl in der Abfallwirtschaft, Abfallwirtschaft in Forschung und Praxis, Band 7, E. Schmidt Verlag, Berlin

RUPP, J.-J. (1988): REA-Gips und Abfallrecht - In: Recht, Jg. 49 (1988) Nr. 8, S. 158 - 162

SCHMIDT, M., MAMPEL, U., NEUMANN, U., (1987): Gesundheitsschäden durch Luftverschmutzung, IFEU-Institut Heidelberg Bericht Nr. 47, Verlag: Das Wunderhorn, Heidelberg

SCHMITT, O. (1987): Bedeutung medizinischer Untersuchungen auf die Luftreinhaltung in der Bundesrepublik - In: Staub Reinhaltung der Luft 47 (1987) 3/4, S. 106 - 111

SCHMITT-GLESER, G. (1988): Abfallentsorgung, Gesetze - Verordnungen - Abfallrechtliche Informationen, 2. Aufl., ecomed Verlags-GmbH, München

SCHOLZE, H.; HURBANC, M.; RUF, H. (1985): Vergleichende Betrachtungen zu Verhalten von Naturgips und Rauchgasgips - In: Zement-Kalk-Gips, Nr. 8/1985, Jg. 38, S. 431 - 436

SCHÜRMANN, H.-J. (1986): Entwicklungstendenzen in der Energieversorgung - ein aktueller Rückblick und ein offener Vorblick - In: Zeitschrift für Energiewirtschaft, 4/1986, S. 235 - 249

SCHÜRMANN, H.-J. (1989): Für die Gewährleistung von Umweltschutzzielen sind Neuorientierungen in der Primärenergiebilanz nötig - In: Handelsblatt, Nr. 218, Freitag/Samstag, 10./11. 11. 1989, S. 52

SCHULTESS, W. (1987 a): Möglichkeiten zur NO_x-Minderung für kleine und mittlere Anlagen - In: BWK, 39 (1987) 10, Special-NO_x-Minderung in Rauchgasen, R 23 - R 29

SCHULTESS, W. (1987 b): Erste Ergebnisse mit TA Luft Nachrüstungen bei Kesseln, Motoren und Turbinen - Technische Konzepte und Kosten, Vortrag auf der Fachtagung ENKON 87, Nürnberg, November 1987

SMBW (Staatsministerium Baden-Württemberg, Hrsg.) (1983): Energiebedarf - Umwelt - Kraftwerk, Stuttgart

SMBW (Staatsministerium Baden-Württemberg, Hrsg.) (1984): Minderung von Stickoxidemissionen aus Kohlekraftwerken in Baden-Württemberg, Stuttgart

SMBW (Staatsministerium Baden-Württemberg, Hrsg.) (1986): Wirtschaftliche Entwicklung - Umwelt - Industrielle Produktion, Stuttgart

SPRUNG, S. (1984): Emissionsprognosen beim Einsatz von Abfallbrennstoffen - In: Zement-Kalk-Gips, Nr. 10/1984 (37. Jg.), S. 519 - 522

SRU (Sachverständigenrat für Umweltfragen) (1974): Umweltgutachten 1974 Bundestag-Drucksache 7/2802, Verlag Kohlhammer, Stuttgart

STAHL, H.; JURKOWITSCH, H. (1985): Brikettierung von Rauchgasgips - In: Aufbereitungstechnik, Nr. 8/1985, S. 474 - 481

STAUSS, H.-J. (1990): Implementierung und Anwendung einer Software zur Entwicklung von regionalen Entsorgungsalternativen, Diplomarbeit am Institut für Industrielle Produktion, Universität Karlsruhe (TH)

STEINMÜLLER, (1988): Trennversuche von Kraftwerksflugaschen, unveröffentlichter Forschungsbericht der Fa. Steinmüller, Gummersbach

STRASSERT, G. (1984): Entscheidungen über Alternativen ohne Super-Zielfunktion: Schrittweise und interaktiv, Institut für Regionalwissenschaft, Universität Karlsruhe (TH), Diskussionspapier Nr. 14

TA LUFT (1986): Erste Allgemeine Verwaltungsvorschrift zum Bundes-Immissionsschutzgesetz (Technische Anleitung zur Reinhaltung der Luft, TA Luft) vom 27. 2. 1986, GMBl. 1986, Nr. 7, S. 93 - 144

TEMPELMEIER, H. (1983): Quanitative Marketing-Logistik, Springer-Verlag, Berlin - Heidelberg - New York

TEWORTE, W. (1983): Natriumsulfat und Natriumhydrogensulfat - In: Ullmanns Encyklopädie der technischen Chemie, Verlag Chemie, Weinheim - New York, Band 17, S. 211 - 229

TIETZ, H.-P. (1988): Standortkriterien für Abfallentsorgungsanlagen als Grundlage für die planerische Abwägung im Raumordnungsverfahren - In: Informationen zur Raumentwicklung, Heft 10. 1988, S. 681 - 690

TIETZ, H.-P. (1989): Methodische und kommunalpolitsche Konfliktpunkte bei Standortuntersuchungen für Abfallentsorgungsanlagen – In: Abfallwirtschafts-Journal, Nr. 11, November 1989, S. 3 –9

TL Min-StB (Forschungsgesellschaft für Straßen- und Verkehrswesen, Hrsg.) (1986): Technische Lieferbedingungen für Mineralstoffe im Straßenbau, Ergänzung für Füller, Köln

TSENG, P.C.; ROCHELLE, G.T. (1986): Calcium Sulfit Hemihydrate: Crystal Growth Rate and Crystal Habit – In: Environmental Progress, Vol. 5, No. 1, S. 5 – 11

TVAB (1986): Technische Vorschriften für die Abfallbeseitigung, lose Blattsammlung, Ergänzungslieferungen Stand Januar 1989, E. Schmidt Verlag, Berlin

UBA (Umweltbundesamt, Hrsg.)(1988): Aufbereitung von Kraftwerksreststoffen zur Umweltentlastung, Tanche 1, Steinkohlenflugaschen, FKZ 1440529 I, Zwischenbericht, Berlin

UMBW (Umweltministerium Baden–Württemberg, Hrsg.) (1988): Entsorgung von Reststoffen aus der Rauchgasreinigung, Teil 1: Großfeuerungsanlagen; Heft 1 der Berichtsreihe Luft Boden Abfall, Stuttgart Mai 1988

UMBW (Umweltministerium Baden–Württemberg, Hrsg.) (1990): Entsorgung von Reststoffen aus der Rauchgasreinigung, Teil 2: TA Luft–Feuerungsanlagen, Heft 5 der Berichtsreihe Luft, Boden, Abfall, Stuttgart, erscheint im Juni 1990

VGB (VGB–VDEW–BGG e. V., Hrsg.) (1986): Verwertungskonzept für Reststoffe aus Kohlekraftwerken – REA–Gips

VOLKART, K. (1986): Gibt's bald riesige Gipsberge? – In: Bauwirtschaft, Heft 33/1986, S. 1225

WAKABAYASHI, A. (1987): Manufacture of lightweight aggregate utilizing fly ash – In: Ash - a valuable resource, CSIR Conference, Februar 1987, Pretoria, Volume 2

WHG (1986): Gesetz zur Ordnung des Wasserhaushaltes – Wasserhaushaltsgesetz, vom 23. September 1986, BGBl. I S. 1529, S. 1654

WICKE, L. (1982): Umweltökonomie, Vahlen Verlag, München

WILLEKE, R.; WERNER, M. (1985): Abfalltransport auf Straße oder Schiene?, Entsorga Schriften 3, Bundesverband der deutschen Entsorgungswirtschaft (Hrsg.), Köln

WINKLER, R. (1990): Zur Konzeption und Bewertung technischer Entsorgungswegen, dargestellt für Reststoffe aus der Rauchgasreinigung, Dissertation, Universität Karlsruhe, in Vorbereitung

WIRSCHING, F. (1983 a): Gips - In: Ullmanns Encyklopädie der technischen Chemie, Verlag Chemie, Weinheim - New York, Band 12, S. 289 - 315

WIRSCHING, F. (1983 b): Trocknung und Agglomeration von Rauchgasgips - In: Umwelt Nr. 6/83, S. 435 - 438

ZAHNOW, P.-W. (1990): Konzeption und Implementierung eines B&B - Verfahrens zur Erstellung regionaler Entsorgungsalternativen, Diplomarbeit am Institut für Industrielle Produktion, Universität Karlsruhe (TH)

ZfE (1988): Report/Datenübersicht - In: Zeitschrift für Energiewirtschaft, 12. Jahrgang, Heft 4, Dezember 1988, S. 290 - 302

ZOBEL, A. (1988): Der Werkfernverkehr auf der Straße im Binnengüterverkehr der Bundesrepublik Deutschland, Duncker & Humbolt, Berlin

10 ABKÜRZUNGSVERZEICHNIS UND ANHANG

Verzeichnis häufig verwendeter Abkürzungen

AK	...	Aufbereitungskosten
AS	...	potentieller Aufbereitungsstandort
AT	...	Aufbereitungstechnik
ATR	...	Alkali–Trockenadditivreststoff
AWR	...	Alkaliwäschereststoff
B&B	...	Branch–and–Bound
CTR	...	Calcium–Trockenadditivreststoff
DMP	...	dekomponiertes modifiziertes Planungsmodell
DP	...	Deponiepreis
EA	...	Entsorgungsalternative
EK	...	Entsorgungskosten
EVU	...	Energieversorgungsunternehmen
EW	...	Entsorgungsweg
GO	...	getrennte Optimierung
HFA	...	Holzfeuerungsflugasche
HOK	...	Herdofenkoks
KB	...	Kapazitätsbereich
KWR	...	Calciumsulfit-/Calciumsulfatschlamm aus Kalk- und Kondensationswäsche
LEW	...	Logistischer Entsorgungsweg
LP	...	Lineare Programmierung
M	...	hinreichend große Zahl
MP	...	modifiziertes Planungsmodell
NFO	...	Netzflußoptimierung
ÖFA	...	Ölfeuerungsflugasche
REA	...	Rauchgasentschwefelungsanlage
RFA	...	Rostfeuerungsflugasche
RG	...	Rauchgasreinigungsgips (Dihydrat)
RS	...	Reststofftyp

SAR	...	Sprühabsorptionsreststoff
SAV	...	Sprühabsorptionsverfahren
SO	...	simultane Optimierung
ST	...	Senkentyp
TAV	...	Trockenadditivverfahren
TEW	...	Technischer Entsorgungsweg
TKQ	...	Transportkosten von den Quellen zu den Aufbereitungen
TKS	...	Transportkosten von den Aufbereitungen zu den Senken
TSV	...	Trockensoptionsverfahren
TO	...	teilsimultane Optimierung
TSS	...	Trockensorptionsreststoff aus Stömungsreaktor
TST	...	Trockensorptionsreststoff aus Schüttgut–Tiefbett–Reaktor
WA	...	Wirbelschichtasche
WLP	...	Warehouse–Location–Problem
Z	...	Anzahl der in einer Entsorgungsalternative geöffneten Aufbereitungsstandorte

Darüber hinaus ist im Abschnitt 5.2.2 (S. 118 – 120) eine zusammenfassende Liste von in mathematischen Ausdrücken häufig verwendeten Bezeichnungen enthalten.

Anhang 1: Regionenkarte von Baden–Württemberg

Anhang 2: Landkreiskarte von Baden–Württemberg

Anhang 3: Umweltfaktor der Emmissionsminderung

UMWELTFAKTOR DER EMISSIONSMINDERUNG

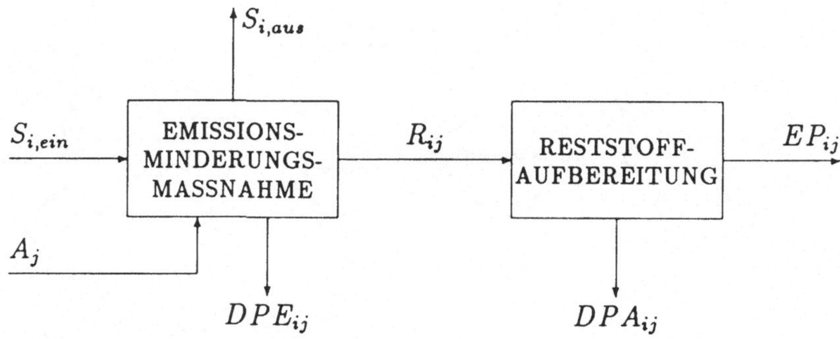

$$U_{EM} = \left(\frac{S_{i,ein}-S_{i,aus}}{S_{i,ein}}\right) \cdot \left(\frac{S_{i,ein}-S_{i,aus}}{A_j} \cdot \frac{M_j}{M_i}\right)^a \cdot \left(\frac{EP_{ij}}{A_j+S_{i,ein}}\right)^b$$

U_{EM} = Abscheidegrad · Additivausnutzung · Verwertungsfaktor

$S_{i,ein}$	:= Inputstrom des Schadstoffes i in $[kg/h]$
$S_{i,aus}$	:= Outputstrom des Schadstoffes i in $[kg/h]$
A_j	:= Inputstrom der schadstoffrelevanten Additivkomponente j in $[kg/h]$
R_{ij}	:= Outputstrom der Komponenten i und j in den für die Verwertung aufzubereitenden Reststoffen der EMM in $[kg/h]$
DPE_{ij}	:= Outputstrom der Komponenten i und j in den zu beseitigenden Reststoffen der EMM in $[kg/h]$
DPA_{ij}	:= Outputstrom der Komponenten i und j in den zu beseitigenden Abfällen aus der Aufbereitung in $[kg/h]$
EP_{ij}	:= Outputstrom der Komponenten i und j in den verwertbaren Endprodukten aus der Aufbereitung in $[kg/h]$
M_i	:= Molekulargewicht des Schadstoffes i in $[kmol/kg]$
M_j	:= Molekulargewicht des Additives j in $[kmol/kg]$
a, b	:= Exponenten zur Wertung der Additivausnutzung bzw. des Verwertungsfaktors, wobei gilt: $a + b = 1$ und $a, b \in \Re^+$, fakultativ

Def.: Wenn $A_j = 0$ dann gilt $\left(\frac{S_{i,ein}-S_{i,aus}}{A_j} \cdot \frac{M_j}{M_i}\right) = 1$, (100 % Additivausnutzung)

Def.: Für A_j muß gelten: $A_j \geq S_{i,ein} - S_{i,aus}$

Anhang 3 – Fortsetzung–

EINFLUSS DER EXPONENTEN *a* UND *b* AUF U_{EM}
(Verwertungssituation Baden–Württemberg)

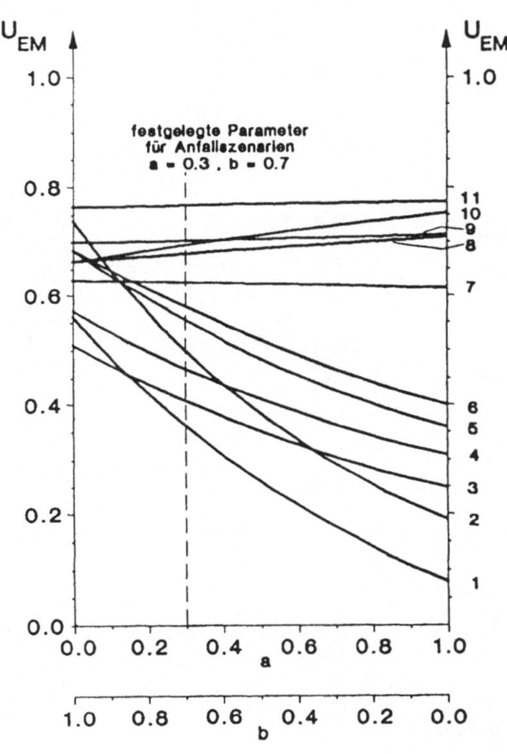

1 Calcium-Trockenadditivverfahren (ohne Reststoffrückführung), EW 2
2 Calcium-Trockenadditivverfahren (mit Reststoffrückführung), EW 2
3 Stationäre Wirbelschichtfeuerung mit Additiveinblasung, EW 3
4 Zirkulierende Wirbelschichtfeuerung mit Additiveinblasung, EW 3
5 Trockensorptionsverfahren (Strömungsreaktor), EW 3
6 Sprühabsorptionsverfahren, EW 3
7 Trockensorptionsverfahren (Schüttgut-Tiefbett-Reaktor), EW 2
8 Alkali-Trockenadditivverfahren, EW 1 - 3
9 Alkaliwäsche, EW 1 - 3
10 Kondensations- und Kalksteinwäsche (mit Oxidation), EW 2
11 Herdofenkoksentschwefelung, EW 1

EW ... Entsorgungsweg

Wirtschaftswissenschaftliche Beiträge

Band 28: Ingo Heinz und
Renate Klaaßen-Mielke
Krankheitskosten durch Luftverschmutzung
1990. 147 Seiten. Brosch. DM 55,-
ISBN 3-7908-0471-1

Band 29: Brigitte Kalkofen
Gleichgewichtsauswahl in strategischen Spielen
1990. 214 Seiten. Brosch. DM 65,-
ISBN 3-7908-0473-8

Band 30: Klaus G. Grunert
Kognitive Strukturen in der Konsumforschung
1990. 290 Seiten. Brosch. DM 75,-
ISBN 3-7908-0480-0

Band 31: Stefan Felder
Eine neo-österreichische Theorie des Vermögens
1990. 118 Seiten. Brosch. DM 49,-
ISBN 3-7908-0484-3

Band 32: Götz Uebe
Zwei Festreden Joseph Langs
1990. 116 Seiten. Brosch. DM 55,-
ISBN 3-7908-0487-8

Band 33: Uwe Cantner
Technischer Fortschritt, neue Güter und internationaler Handel
1990. 289 Seiten. Brosch. DM 75,-
ISBN 3-7908-0488-6

Band 34: Wolfgang Rosenthal
Der erweiterte Maskengenerator eines Software-Entwicklungs-Systems
1990. 275 Seiten. Brosch. DM 75,-
ISBN 3-7908-0492-4

Band 35: Ursula Nessmayr
Die Kapitalsituation im Handwerk
1990. 177 Seiten. Brosch. DM 59,-
ISBN 3-7908-0495-9

Band 36: Henning Wüster
Die sektorale Allokation von Arbeitskräften bei strukturellem Wandel
1990. 148 Seiten. Brosch. DM 55,-
ISBN 3-7908-0497-5